STUDENTI-RICERCATORI
per cinque giorni

a cura di
Liù M. Catena • Francesco Berrilli •
Ivan Davoli • Paolo Prosposito

STUDENTI-RICERCATORI
per cinque giorni

"Stage a Tor Vergata"

Liù M. Catena
Centro di Ricerca e Formazione permanente per l'insegnamento delle discipline scientifiche, Università degli Studi di Roma Tor Vergata

Ivan Davoli
Dipartimento di Fisica
Università di Roma Tor Vergata

Francesco Berrilli
Dipartimento di Fisica
Università di Roma Tor Vergata

Paolo Prosposito
Dipartimento di Fisica
Università di Roma Tor Vergata

Il libro è stato realizzato grazie al sostegno del Ministero dell'Istruzione, dell'Università e della Ricerca, *Direzione Generale per gli ordinamenti scolastici e per l'autonomia scolastica.*
All'indirizzo www.stageatorvergata.it, in continuo aggiornamento, è disponibile il materiale del progetto didattico *Stage a Tor Vergata*, il quale dal 2012 è parte del Progetto Didattico Nazionale *Stage nelle Università* (www.stageinuniversita.it).

ISBN 978-88-470-5270-3   e-ISBN 978-88-470-5271-0

DOI 10.1007/978-88-470-5271-0

© Springer-Verlag Italia 2013

Layout copertina: Ikona S.r.l., Milano

Impaginazione: Ikona S.r.l., Milano
Stampa: Grafiche Porpora, Segrate (MI)
Stampato in Italia

Springer-Verlag Italia S.r.l., Via Decembrio 28, I-20137 Milano
Springer fa parte di Springer Science+Business Media (www.springer.com)

A Melissa Bassi

Prefazione

Gli *Stage a Tor Vergata*, valido esempio di lavoro sinergico e integrato tra Scuola e Università, sono stati ideati con lo scopo di proporre una didattica in grado di agevolare l'apprendimento delle discipline scientifiche favorendo il coinvolgimento attivo di studentesse e studenti, del IV e V anno della scuola secondaria di II grado. Al contempo l'iniziativa si è dimostrata un'efficace fonte di stimoli e impulsi per gli insegnanti accompagnatori, i quali vengono espressamente chiamati in causa nelle attività di ricerca-formazione sul campo, attuate nei laboratori di ricerca del Dipartimento di Fisica dell'Università di Roma Tor Vergata.

Agli studenti è altresì rivolta un'attività di orientamento, per scelte mature e consapevoli riguardo l'accesso alle facoltà universitarie e al mondo delle professioni, che privilegia gli aspetti laboratoriali: i docenti universitari guidano i ragazzi nella progettazione e realizzazione di esperienze specifiche, tratte dalla realtà di ogni giorno.

I contenuti didattici, incentrati su una disciplina moderna e di frontiera come la scienza dei materiali, riguardano le tecnologie dell'ICT (Information and Communication Technology), della conversione fotovoltaica e dell'uso di nuovi materiali per la costruzione di grandi telescopi da terra e spaziali. Le attività sperimentali, portate avanti dagli studenti nei laboratori di ricerca dell'ateneo romano, sono assolutamente in linea con le indicazioni dell'Unione Europea, sempre più attenta e concentrata nel rafforzamento della ricerca per lo studio e l'utilizzo di nuove tecnologie applicate ai materiali innovativi.

Il libro è una puntuale testimonianza del lavoro svolto nella sua globalità. In esso il lettore troverà i contributi redatti dalle diverse categorie coinvolte nel progetto: personale universitario, insegnanti delle scuole e studenti. Questi ultimi sono presenti sia come autori di tesine portate agli Esami di Stato degli anni 2011 e 2012 e sia come soggetti intervistati. Ed è proprio dalla lettura delle loro affermazioni che emerge il gradimento per l'opportunità vissuta a Roma Tor Vergata soprattutto per le sue modalità operative, le quali confermano e avvalorano l'utilità delle attività di laboratorio per la comprensione della scienza e delle sue applicazioni tecnologiche.

Gli insegnanti, da parte loro, palesano opinioni molto positive sulla ricaduta di queste esperienze nella didattica ordinaria avendo, essi stessi, "maneggiato" tematiche non astratte ma strettamente connesse alla quotidianità mediante la prassi laboratoriale.

Il messaggio comunicato, in modo implicito o dichiarato, dagli individui interessati è che la didattica delle scienze può essere cambiata e innovata avendo, in ogni caso, cura di cautelare la motivazione e il protagonismo degli studenti, i quali in tal modo si assicurano migliori prestazioni in tema di apprendimento. Conquistano, inoltre, una maggior consapevolezza riguardo le proprie strategie cognitive sostenuti da una metodologia didattica basata sulla laboratorialità e le sue peculiarità: la cooperazione, il confronto, la riflessione, il problem solving, la costruzione di competenze.

La pubblicazione in questione infine è un'utile testimonianza dell'impegno, dello sforzo e della volontà – della Scuola e dell'Università - di superare e ignorare le sterili gerarchie del sapere con il primario obiettivo di formare i giovani affinché diventino cittadini consapevoli e preparati nell'attuale società della conoscenza, che sempre più spesso sollecita i propri componenti ad approfondite e ragionate scelte civiche e ambientali.

Carmela Palumbo
Direttore Generale
per gli Ordinamenti scolastici e per l'autonomia scolastica
del Ministero dell'Istruzione, dell'Università e della Ricerca

Indice

Introduzione

Prendiamo spunto da alcune dichiarazioni rilasciate da studentesse e studenti che hanno frequentato gli *Stage a Tor Vergata*, le cui interviste il lettore troverà nel capitolo conclusivo del presente libro.

Espressioni del tipo: "… al momento non utilizzo il metodo scientifico all'università, ma credo che in futuro mi servirà … ci si dovrà porre delle domande e verificare se quello che si è ipotizzato è vero oppure falso" o "il metodo sperimentale lo applico … nel senso che noi facciamo un'ipotesi su un paziente, verifichiamo e "sperimentiamo" la cura migliore per lui. In questo senso il metodo di ricerca è rimasto e credo che sia utile un po' in tutte le cose" oppure "… e poi lo stage ti dà una mentalità diversa: dopo aver fatto un'esperienza del genere, quando si studia si tende sempre a vederne il lato pratico. Quando uno ha più o meno capito come funziona un laboratorio, poi si chiede sempre "ma come sarebbe davvero?", specie studiando la teoria" destano nei responsabili del progetto un piccolo compiacimento, una contenuta soddisfazione unita alla speranza di aver raggiunto parte dei risultati che ci si proponeva di ottenere.

Progettare, proporre delle attività scientifiche, didattiche e formative che potessero orientare, in modo ragionato, gli studenti alla loro scelta di studi e sostenerli nel momento della decisione del percorso universitario. Fornire loro conoscenze e informazioni precise, rappresentando delle prospettive che potessero accendere o incoraggiare una passione. Il desiderio e la speranza di riuscire a trasmettere loro il "metodo", il quale una volta interiorizzato, e indipendentemente dalla futura scelta, non li avrebbe abbandonati, ma, più o meno, celatamente accompagnati. Ci piace immaginare che questo, in qualche misura, sia accaduto.

Hanno "vissuto", intensamente e per cinque giorni in due diverse fasi progettuali, le aule e i laboratori di ricerca del Dipartimento di Fisica dell'ateneo romano Tor Vergata; hanno "respirato" l'aria della comunità dei ricercatori, junior e senior; hanno visto con i loro occhi e toccato con le proprie mani strumenti e apparecchiature scientifiche. Hanno pertanto potuto comprendere la mentalità e l'approccio rigoroso dei ricercatori, "persone normali", "persone alla mano", come spesso essi li hanno descritti, "persone tranquillissime" animate tuttavia da una passione unica e travolgente verso la scienza e il metodo scientifico.

Non è certo questo il contesto più appropriato per affrontare il significato del

L.M. Catena, F. Berrilli, I. Davoli, P. Prosposito, STUDENTI-RICERCATORI
per cinque giorni. "Stage a Tor Vergata",
DOI: 10.1007/978-88-470-5271-0, © Springer-Verlag Italia 2013

"metodo scientifico" e determinare quali siano le strategie maggiormente efficaci per evidenziarlo nella pratica didattica: siamo lieti comunque che esso venga spesso richiamato nelle testimonianze dei ragazzi.

L'architettura e i contenuti degli *Stage a Tor Vergata* verranno scoperti da coloro che avranno la bontà di leggere questo libro, frutto delle attività di una squadra ben affiatata. Ciascun componente di essa, dal professore ordinario, al tecnico e al gestionale ha svolto il compito assegnato con dedizione, rispetto, collaborazione, serietà e coscienza. Questi atteggiamenti determinano il successo di un piano.

È nostro obbligo ringraziare una serie di persone e strutture. Iniziamo dalla Direzione Generale per gli ordinamenti scolastici e per l'autonomia scolastica del Ministero dell'Istruzione, dell'Università e della Ricerca che ha sostenuto e permesso la realizzazione del progetto. Un grazie di cuore alla prof.ssa Filomena Rocca, presente in prima battuta, e al prof. Antonio Scinicariello subentrato successivamente. Una sincera gratitudine è rivolta a tutti i docenti universitari degli *Stage a Tor Vergata* che hanno portato avanti le attività teoriche e sperimentali nei tre moduli didattici e hanno contribuito alla stesura del libro con la compilazione di articoli. Inoltriamo un riconoscimento particolare al prof. Nicola Vittorio, Direttore degli *stages*, per la fondamentale funzione assunta all'interno dell'iniziativa.

Come non ricordare la squadra operativa del progetto: Giordano Amicucci, Laura Calconi, Desy Catena, Sabina Simeone e Simona Davoli. Tutte persone dotate di grande professionalità e spirito di collaborazione.

"Invadiamo" per cinque giorni, per due volte all'anno, le aule, le sale riunioni, i laboratori didattici e di ricerca del Dipartimento di Fisica e per questo ringraziamo i Direttori che si sono succeduti e i colleghi.

Desideriamo rammentare che la gestione amministrativa degli *Stage a Tor Vergata* è ad opera dell'ITT Colombo di Roma, la cui Preside è la prof.ssa Ester Rizzi. Ma senza la maestria del Direttore S.G.A., dott. Mario Cicerone, ci saremo indubbiamente persi nei grovigli burocratici di un progetto così complesso, soprattutto oggi che è stato esteso ad altri tre Atenei italiani.

Un grazie anche alle scuole che hanno aderito all'iniziativa, citate una per una in un contributo interno, e agli insegnanti accompagnatori, alcuni dei quali hanno partecipato a questa pubblicazione con un proprio scritto.

Da ultimo, non certo per importanza, un forte abbraccio a tutte le studentesse e gli studenti che hanno raccolto l'invito delle loro scuole a confrontarsi con una realtà di studio non propriamente a loro vicina. Grazie per la loro freschezza, serietà e disponibilità al raffronto, non banale, con il mondo universitario.

Liù M. Catena
Francesco Berrilli
Ivan Davoli
Paolo Prosposito

Parte I
Il progetto

Le motivazioni degli *Stage a Tor Vergata*: introduzione al progetto

Nicola Vittorio
Direttore degli *Stage a Tor Vergata*
Dipartimento di Fisica, Università degli Studi di Roma Tor Vergata

Una delle convinzioni più diffuse tra gli studenti, che vengono interpellati riguardo la vocazione per le materie scientifiche, risulta essere *la necessità di aumentare le ore di laboratorio a scuola*. Questa indicazione è avvalorata da numerosi studi che lasciano intendere come l'inefficacia dei metodi didattici, usati per l'insegnamento delle scienze, spesso basati sulla teoria e sull'astrazione, sia una delle ragioni della modesta cultura scientifica presente nel nostro Paese. In altre parole, sarebbe necessario e auspicabile che dall'interazione della teoria con gli aspetti pratici e sperimentali delle discipline studiate derivasse la costruzione dei saperi scientifici. In tal modo non si perderebbe, anche, di vista l'importanza di fornire agli studenti corrette informazioni in merito a cosa significhi, nel concreto, il mestiere di fisico e di chimico, di ricercatore in generale.

In molti paesi europei l'utilizzo dei laboratori scientifici è parte integrante del processo di apprendimento dei discenti: in Inghilterra, ad esempio, metà delle ore dedicate all'insegnamento della Fisica e della Chimica sono attività curriculari di laboratorio.

In Italia, ahimè, troppo assiduamente l'utilizzo dei laboratori scientifici nelle scuole viene trascurato, anche per la frequente mancanza di personale tecnico preposto alla preparazione delle esperienze e al mantenimento delle apparecchiature. Inoltre, il laboratorio è di norma considerato come il "luogo" di svolgimento di attività pratiche e non come un'opportunità per un nuovo metodo di insegnamento, complementare alla lezione frontale, che permetta agli studenti di giungere a una consapevole interpretazione del proprio apprendimento.

Questo valore metodologico, attribuito al laboratorio, abita l'architettura didattica e formativa degli *Stage a Tor Vergata,* nati nel giugno del 2010 grazie al sostegno della "Direzione generale per gli ordinamenti scolastici e per l'autonomia scolastica" del MIUR e organizzati presso il Dipartimento di Fisica dell'Università di Roma Tor Vergata. In essi l'erogazione di una modalità di lavoro che consente agli studenti di ideare, realizzare, toccare e valutare attività condivise e partecipate con altri soggetti è assolutamente centrale. L'insegnamento delle materie scientifiche e tecniche imperniato sul laboratorio deve costituire una vera e propria operazione culturale, sicuramente a vantaggio della scuola – si pensi per esempio alla crescita professionale degli insegnanti in servizio e all'orientamento attivo degli studenti per le scelte universitarie – ma soprattutto per il futuro socio-economico del nostro Paese. Il ruolo assunto dall'istruzione

L.M. Catena, F. Berrilli, I. Davoli, P. Prosposito, STUDENTI-RICERCATORI per cinque giorni. "Stage a Tor Vergata",
DOI: 10.1007/978-88-470-5271-0, © Springer-Verlag Italia 2013

è strategico e decisivo nell'attuale società della conoscenza, la quale ci ricorda continuamente la natura sociale del conoscere.

L'istruzione e la formazione - collanti dell'irrinunziabile legame tra i mondi della
scuola, dell'università e del lavoro - devono assolvere il compito di contribuire allo
sviluppo completo delle persone: il risultato benefico che si ottiene supera i confini in-
dividuali e genera una fruttuosa ricaduta economica e sociale a indubbio profitto di
tutta la comunità.

Questa è la direzione intrapresa dall'Unione Europea che mira a costruire e sostenere
una *economia basata sulla conoscenza* come rappresentazione dell'insieme di ricerca,
innovazione e istruzione, facendo infatti ripetutamente riferimento al "triangolo della
conoscenza". L'obiettivo della UE è di difendere la propria competitività, nei confronti
di tutti quei paesi emergenti la cui concorrenza poggia su una manodopera a buon
mercato e, in alcuni casi, sul possesso di materie prime e risorse naturali, facendo leva
sul valore della conoscenza come mezzo propulsivo per la crescita della produttività e,
quindi, dello sviluppo economico, e per fornire un'adeguata risposta alle sfide dei
mercati internazionali.

Per mantenere elevata la competitività delle imprese è necessario sostenere l'innovazione di prodotto: di conseguenza l'attenzione dell'Unione Europea si è concentrata
sulla ricerca e l'applicazione di nuovi materiali e nuove tecnologie per la produzione
industriale e la realizzazione di nuovi prodotti. La UE considera l'impresa il motore
del processo di innovazione: *produzione, assimilazione e sfruttamento con successo*
delle novità prodotte dall'applicazione della ricerca scientifica. È ovvio che la ricerca
scientifica fornisce qui un contributo determinante, ma senza l'iniziativa e il lavoro
delle imprese - e la spaventosa crisi economica che ha colpito il vecchio continente ne
è una prova - non esiste produzione e distribuzione. Senza produzione e distribuzione
non c'è creazione di valore e crescita.

Si desume da questo panorama quanto sia indispensabile identificare strategie che
riconducano i giovani studenti a interessarsi alla scienza, alla tecnologia e alla loro interazione. La scienza svela la comprensione dei fenomeni naturali attraverso la loro
descrizione formale; la tecnologia raffigura l'efficacia dell'uso di tali descrizioni per
produrre strumenti e mettere a punto applicazioni.

Scienza e tecnologia sono la cornice e il quadro degli *Stage a Tor Vergata*. I tre moduli didattici incentrati sullo studio di materiali innovativi per l'astrofisica dello spazio,
per la conversione fotovoltaica e per le tecnologie dell'informazione e della comunicazione si prefiggono di fornire agli studenti, del IV e V anno delle scuole secondarie
di secondo grado, competenze di vario genere connesse all'utilizzo di tecniche standard
di laboratorio per la sintesi, il controllo, la caratterizzazione, l'analisi e la qualificazione
dei materiali innovativi o utilizzabili per le nanotecnologie.

I ragazzi ricevono, nelle aule e nei laboratori dell'Università di Roma Tor Vergata,
l'occasione di comprendere, in una modalità attiva, la scienza e le sue applicazioni. In
aggiunta, in una prospettiva orientativa del progetto, hanno ragguagli circa le possibilità
di scelta nel campo universitario e ottengono congrue notizie sulle opportunità professionali dei laureati nelle cosiddette scienze di base, spesso caratterizzate da stereotipi
e cliché, conseguenza di un'inadeguata e scarsa informazione. Luoghi comuni riguardo
il fatto che le carriere scientifiche abbiano una bassa ricaduta sociale e non offrano

prospettive di lavoro interessanti, ovviamente in rapporto alla loro difficoltà. Sono falsi pregiudizi che purtroppo danneggiano l'ambiente scientifico avvenire e spiegano, sciaguratamente, la bassa diffusione della cultura scientifica nel territorio nazionale. Ancora una volta bisogna rinnovare l'appello alla scuola, all'università e al mondo del lavoro per una manifesta e congiunta attività di monitoraggio e comprensione della prestigiosa significatività delle professioni svolte in ambito scientifico-tecnologico e di come esse si evolvono in termini di ruoli, competenze e prospettive. Lo sforzo deve essere comune in quanto il gap informativo è considerevole e il divario tra lo studio, da parte dei ragazzi, l'insegnamento delle materie scientifiche e la conoscenza dei reali sbocchi occupazionali è sicuramente marcato.

Anche in questa ottica la didattica laboratoriale ci soccorre efficacemente introducendo delle novità di metodo e di merito in grado di generare curiosità e meraviglia nello studio e di modificare positivamente i processi di insegnamento e di apprendimento. E cosa c'è di meglio di un laboratorio per generare curiosità e meraviglia? E perché gli studenti richiedono laboratori sperimentali a scuola? Perché in essi, come abbiamo ampiamente argomentato, i ragazzi possono sperimentare nuove pratiche di lavoro; la loro curiosità trova risposte; la progettualità è incoraggiata; applicano il metodo scientifico e sviluppano il pensiero critico.

Le attività di laboratorio proposte dagli *Stage a Tor Vergata* sono progettate con questo scopo. Gli studenti che partecipano agli *Stage a Tor Vergata* trascorrono complessivamente dieci giorni, in due distinte fasi temporali, di totale inserimento nell'ambiente universitario, nel mondo dei materiali e delle sue innovative applicazioni. Mi auguro che scoprano, con meraviglia e curiosità, non solo l'impiego dei nuovi materiali nei processi industriali e il loro utilizzo nella vita di tutti i giorni, ma principalmente la dimensione e il credito della ricerca scientifica. Spero, in conclusione, che interiorizzino compiutamente l'idea che, oggi più che mai, fare ricerca non è un lusso ma una necessità per assicurare benessere al nostro Paese, all'Europa e, soprattutto, alle future generazioni.

Uno *strano* curricolo…
continuo e laboratoriale

Filomena Rocca
Referente MIUR per A.A. 2010/2011
Ministero dell'Istruzione, dell'Università e della Ricerca, Dipartimento per l'Istruzione,
Segreteria Tecnica

Il curricolo è il principale strumento di progettualità didattica e si basa sull'integrazione tra conoscenze e competenze, intese come abilità e comportamenti funzionali all'esecuzione di specifici compiti. Nel caso di discipline scientifiche come la fisica, la chimica e anche la matematica esso può essere articolato in percorsi didattici caratterizzati:

- dallo **sviluppo verticale** (dalla scuola di base fino alla superiore), con strategie di insegnamento che rendano efficace, in un continuo **equilibrio-risonanza fra formalizzazione matematica ed esplorazione fenomenologica**, l'insegnamento delle reti di modelli che sono alla base della struttura concettuale delle discipline scientifiche;
- dall'attenzione alle **correlazioni tecnologiche** (strumentali, applicative e multidisciplinari) che caratterizzano l'uso di una significativa competenza culturale scientifica in una situazione socio-economica in rapida evoluzione come l'attuale;
- dall'attenzione al legame (sempre esistente, e cruciale sia per la comprensione sia per la motivazione) tra **gestione qualitativa e gestione formale (a diversi livelli) dell'interpretazione scientifica**: e quindi tra esperienze quotidiane e non strutturate da un lato e educazione strutturata dall'altro, sullo sfondo di un'esperienza di vita totalmente vincolata all'uso "applicato" di una competenza scientifica pervasiva e articolata;
- dall'attenzione ai **fondamenti** e alle **strategie-base** della disciplina (equilibri, conservazioni, invarianze, …), in relazione sia ai diversi testi classici e ai manuali, sia alle necessità/possibilità di successivi sviluppi e approfondimenti per i diversi tipi di professionalizzazione;
- dall'impiego sistematico di opportune **tecnologie informatiche e della comunicazione** nei confronti sia dei docenti (strategie di autoformazione e di spiegazione) che degli alunni (strategie di comprensione e di apprendimento): rendendo così possibili approcci globali integrati da una stretta correlazione fra simulazioni, modellizzazioni, esperienze on-line, didattica in rete, fino all'abitudine a un uso *flessibile e finalizzato* dei risultati di ogni indagine.

Con questi presupposti lo studio delle discipline dovrà essere affrontato in una

L.M. Catena, F. Berrilli, I. Davoli, P. Prosposito, STUDENTI-RICERCATORI
per cinque giorni. "Stage a Tor Vergata",
DOI: 10.1007/978-88-470-5271-0, © Springer-Verlag Italia 2013

visione epistemologica nuova, d'area e di saperi integrati che superino - ogni volta che l'argomento lo consente - le rigide distinzioni fra "materie", partendo invece dall'osservazione e dai problemi che la realtà offre alla riflessione e alla discussione culturale: si tratta, in sostanza, di utilizzare la *laboratorialità*. Per *laboratorialità* qui s'intende quella pratica attiva - in laboratorio ovviamente, ma soprattutto e sempre in aula - in cui esperienze pratiche, risoluzione di esercizi e problemi, utilizzo della multimedialità (dalle LIM, agli audiovisivi, alle risorse offerte dal web) si accompagnano anche alle necessarie acquisizioni teoriche, secondo una scelta che trova nella professionalità del docente il suo punto di equilibrio; una pratica metodologica "attiva" che faccia esperire allo studente il senso del problema che affronta e delle soluzioni che trova, che renda lo studente sempre più autonomo e sicuro, sempre più consapevole delle competenze che sta sviluppando; una pratica, insomma, che non è propria solo delle discipline scientifiche, ma dell'apprendimento e del fare scuola *tout court*.

È evidente infatti che si può parlare di *laboratorialità* per una pratica di ricerca scientifica, come per un'attività di traduzione, o di indagine critica e filologica sui testi letterari e storici. Alla base di questi approcci c'è: i) un comune processo hands-on e bottom-up, che si apre poi all'esplorazione della realtà secondo il paradigma della complessità; ii) la valorizzazione della logica come strumento di conoscenza critica; iii) la volontà di sviluppare negli studenti un approccio "a rete" dell'apprendimento, in cui siano valorizzati gli spazi della metacognizione, la discussione e l'apprendimento fra pari.

Quindi il laboratorio e l'aula *tout court* devono essere un "luogo" dove si stimola la curiosità e meraviglia, il pensiero critico e il metodo scientifico, si coinvolgono gli studenti in un lavoro condiviso e partecipato con altri. Quale situazione migliore per incentivare la creatività? La creatività non si esplicita solo nella sfera individuale, ma necessita di un "ambiente", di cooperazione e collaborazione. Inoltre, la creatività si sviluppa dal fare molte esperienze: più ricco è il bagaglio di esperienze, più abbondante è il materiale da elaborare, maggiore è la probabilità di fare collegamenti e di avere nuovi chiavi di lettura, di nuovo, in un'ottica metacognitiva.

Al fine di sviluppare in modo più approfondito alcune delle tematiche prima citate, nel seguito farò riferimento al documento denominato EXPERIMENTA, elaborato dal Comitato per lo sviluppo della cultura scientifica e tecnologica, reperibile sul sito istituzionale del MIUR[1], focalizzando solo alcuni degli aspetti affrontati come il concetto di continuità nel curricolo e il ruolo che assume il docente nella sua progettazione.

La continuità nella scuola

È indispensabile che il primo biennio delle superiori si ponga in continuità con la secondaria di primo grado, partendo da elementi di metodo e chiavi di lettura concettuali comuni per poi "esporre" tutti gli studenti a tutte le discipline scientifiche. È ovviamente importante che la matematica e le scienze sperimentali (biologia, chimica, fisica, ecc.) comincino a costruire il linguaggio della disciplina e il suo impianto epistemologico. Al tempo stesso l'uso attivo e non meramente dimostrativo del laboratorio e delle nuove tecnologie deve abituare lo studente a esplorare i fenomeni, imparando a osservarli e a descriverli con un linguaggio adeguato, utilizzando concetti già in suo possesso e sviluppando nuove conoscenze.

Quindi, il primo biennio, considerata la giovane età degli studenti e la sua caratteristica di scuola dell'obbligo, è lo spazio "naturale" per sviluppare in modo sistematico la pratica della laboratorialità, affrontando problemi che siano da un lato adeguati alle conoscenze e alle capacità di apprendimento dei ragazzi e dall'altro capaci di suscitare stupore e meraviglia, interesse per qualcosa di nuovo, sia nel contenuto sia nel metodo: quest'approccio, curiosity-driven o inquiry-based, bene si adatta alle applicazioni della scienza e della tecnologia alla vita quotidiana. La progettazione, realizzazione e sperimentazione di percorsi didattici che insegnino a "pensare" e "fare" la scienza renderanno lo studente sempre più autonomo e consapevole, già alla fine del percorso dell'obbligo, nel "maneggiare" il metodo scientifico, grazie al suo ruolo attivo nel processo di apprendimento. Questi percorsi didattici devono inoltre tenere in debito conto alcuni elementi innovativi che cominciano a essere abbastanza diffusi, dopo una fase di sperimentazione, in diversi paesi: l'apprendimento grazie all'interazione tra pari; la valorizzazione della formazione/informazione ottenuta in ambiti non formali, informali e, ancor di più, in ambiti multimediali.

È auspicabile quindi che il primo biennio delle superiori svolga una funzione orientativa pluridisciplinare. A parte rare ed encomiabili situazioni, a livello di sistema appare raramente presente un'impostazione orientativa della didattica. Nel caso specifico delle materie scientifiche del primo biennio, rendere orientativo il loro insegnamento significa anche sottolineare il rapporto con gli altri settori della scienza, evidenziandone gli aspetti metodologici comuni, in una logica di dialogo e integrazione tra le diverse discipline scientifiche. A completamento di questo, c'è un altro aspetto cui prestare attenzione: il principio di uguaglianza di tutti i cittadini dei paesi membri dell'Unione Europea, che, quindi, devono avere la stessa istruzione di base. In questo contesto nascono i "livelli essenziali delle prestazioni"[2] e gli assi culturali che definiscono i "contenuti minimi essenziali" per uno sviluppo autonomo della persona. Questo porta immediatamente a discutere quali competenze la scuola debba fornire perché gli studenti acquisiscano, già alla conclusione del primo biennio, una piena e consapevole "cittadinanza scientifica".

L'impianto del curricolo del riordino, unitario nella sua struttura, consente, in particolare nel triennio, di utilizzare proficuamente la quota di flessibilità per estendere il principio di opzionalità con indubbi vantaggi, dall'arricchimento vocazionale all'orientamento formativo, alla conseguente facilitazione della scelta post-secondaria, verso l'università, l'istruzione tecnica superiore, il mondo del lavoro. Dopo l'obbligo, conclusosi alla fine del primo biennio con una impostazione "generalista", di esposizione a tutto campo - come detto - alle discipline scientifiche

---

[1] http://www.istruzione.it/web/istruzione/prot6555_11.
[2] Art. 117 del Titolo V della Costituzione Italiana.

(e alle materie previste dal curricolo tout court), diventa infatti auspicabile e opportuno favorire interessi specifici degli studenti, attraverso un potenziamento del curricolo in direzione scientifica e, complementarmente, in direzione umanistica o linguistica o tecnologica, a seconda della specificità dell'indirizzo di studi e delle esigenze dei singoli istituti e della loro utenza.

Si tratta di rendere praticabile una vera cultura della scelta per lo studente, offrendogli percorsi opzionali che gli consentano di coltivare interessi e seguire inclinazioni. Questa opzionalità, prassi ormai consolidata in molti paesi, valorizza l'autonomia scolastica ed è fondamentale per un raccordo operativo tra scuola, università e mondo del lavoro, e contribuisce alla costruzione di quella filiera istruzione-formazione- innovazione in grado di fornire ai nostri giovani piena competitività nel mercato globale. È insomma un modello di opzionalità che, all'interno dello stesso istituto o di reti di scuole, prevede da un lato sezioni con potenziamento delle discipline scientifiche (incremento delle ore settimanali di matematica, fisica, chimica e scienze), dall'altro, in altre sezioni e in modo complementare, il potenziamento delle "altre" discipline (dalle lingue classiche e la filosofia, alle lingue straniere, alla storia dell'arte, ecc.). Non si tratta tuttavia di una semplice operazione di ingegneria curricolare, ma della creazione di una nuova "area di laboratorialità" che, sfruttando lo spazio di flessibilità, ma a parità di monte-ore complessivo di curricolo, introduca realmente, in particolare nella licealità, un modo nuovo di fare lezione, orientato al conseguimento di competenze del "fare", sia che si tratti di approfondire discipline scientifiche, sia che invece, ma analogamente, si vogliano potenziare le "altre", in una unitarietà metodologica e concettuale che, valorizzando trasversalmente il problem-solving e l'approccio diacronico e critico, favorisca la crescita di una personalità "intera", capace di esercitare la sua "cittadinanza attiva".

La continuità dalla scuola all'università

L'insegnamento della matematica e delle discipline scientifiche dovrebbero continuare in linea con quanto fatto nel secondo biennio, approfondendo la disciplina e il suo linguaggio formale, allargandone il raggio d'azione sia ai campi di ricerca più moderni che alle discipline confinanti, ma soprattutto facendo vedere le applicazioni della disciplina alla vita quotidiana e la stretta relazione che intercorre tra scienza e tecnologia nella formazione di competenze dinamiche in contesti lavorativi sempre in evoluzione. Queste competenze devono essere acquisite in una logica di Lifelong Learning.

Tutto questo diviene particolarmente efficace, e, soprattutto, qualificante nell'ottica dell'opzionalità precedentemente discussa, solo se si propongono insegnamenti di elevata specializzazione rivolti a studenti che manifestino, indipendentemente dalla sezione di appartenenza, una spiccata attitudine ad approfondire conoscenze disciplinari e acquisire competenze specialistiche in un certo settore. Inoltre, si può certamente studiare la possibilità di differenziare questi insegnamenti tenendo conto della propensione degli studenti, probabilmente già manifestata, alla continuazione degli studi o all'inserimento nel lavoro. Sembra quindi fondamentale pensare all'erogazione di moduli di approfondimento di alcune discipline in orario curricolare, facendo di nuovo uso della flessibilità che l'autonomia didattica concede alle istituzioni scolastiche, espressamente concepito come "tempo condiviso" da scuole, aziende e università.

A tale scopo diventa estremamente innovativa la creazione, per esempio, di laboratori "aperti" dove aree della programmazione curriculare si possano strutturare in project work condivisi con realtà aziendali o universitarie nella logica del team work, soprattutto nella continuità dell'attività ordinaria, ma anche con quella dell'alternanza scuola-lavoro e dello stage universitario.

La coprogettazione con le partnership territoriali deve aiutare a calibrare la forbice tra conoscenze e competenze sui bisogni formativi della scuola per tutti gli indirizzi di studio (liceali, tecnici e professionali). A tale proposito si rammenta che lo spazio della coprogettazione può, al limite, interessare l'intero spazio delle opzioni, fondendo in un unico quadro lo spazio dell'autonomia con quello della flessibilità. Il percorso così costruito rappresenta il contesto nel quale si sviluppa il sistema di valutazione che, di concerto con la scuola, la partnership realizzerà al fine di produrre un'istruzione di qualità, spendibile sia nel mercato del lavoro sia negli studi post-diploma. Ci sono già esperienze che vanno in questa direzione. Per esempio, il Piano Lauree Scientifiche[3] del MIUR ha proposto la realizzazione di laboratori di ricerca e progettazione didattica che vedono coinvolti insieme scuola, università e aziende nel progettare, realizzare, erogare e valutare questi laboratori. Il modello è stato ampiamente sperimentato su tutto il territorio nazionale e valutato con attenzione nel corso di questi anni da un Comitato Tecnico Scientifico del MIUR e da studi *ad hoc*[4].

Per quanto riguarda gli stage, appare di particolare interesse incentivare la partecipazione a iniziative che vedano i ragazzi del quarto e quinto anno inseriti in programmi di stage presso strutture di ricerca universitarie e aziendali, di enti di ricerca pubblici o privati. L'esperienza dello stage dovrebbe offrire allo studente un percorso formativo su una determinata disciplina scientifica e sulle sue applicazioni. La metodologia vincente è certamente quella di inserire un gruppo di studenti motivati, magari insieme ai loro insegnanti di area scientifica, in veri e propri gruppi di ricerca attivi in settori moderni e innovativi della ricerca scientifica. Vivere una full immersion in autentici laboratori di ricerca, attrezzati con apparecchiature di avanguardia, utilizzare la tecnica "hands-on" che consente allo studente di padroneggiare il proprio apprendimento perché operando concretamente, con gli altri e per gli altri, scoprirà dove vuole arrivare e perché. Di conseguenza gli studenti lavoreranno principalmente in team, insieme a docenti e ricercatori, con l'obiettivo che l'apprendimento è una conquista che si ottiene con la ricerca. Lo studente deve diventare attore e protagonista del processo di apprendimento attraverso un'attività laboratoriale impostata come un vero e proprio lavoro di ricerca, che preveda: l'individuazione della research question su una specifica problematica; l'individuazione di metodi e misure; l'acquisizione dei dati; l'elaborazione di modelli interpretativi e l'interpretazione dei risultati. Questo è lo spirito che ha animato il progetto didattico degli *Stage a Tor Vergata*[5], promosso dal MIUR (Direzione Generale per gli

---

[3] http://www.progettolaureescientifiche.eu.

[4] Si veda, per esempio, http://www.progettolaureescientifiche.eu/lindagine-dellistituto-iard.

[5] www.stageatorvergata.it.

ordinamenti scolastici e per l'autonomia scolastica)" e che ha visto protagonisti gli
studenti della scuola secondaria di secondo grado e i docenti e i ricercatori del
Dipartimento di Fisica dell'Università di Roma Tor Vergata.

I docenti protagonisti della continuità

La formazione dei nuovi insegnanti avrà un impatto di sistema solo sulla scuola dei
prossimi anni. La crescita professionale degli insegnanti in servizio appare quindi
molto più urgente, anche alla luce della riforma del ciclo secondario superiore e
della necessità di accompagnare una efficace attuazione delle nuove Indicazioni
nazionali per i Licei e delle Linee Guida per gli Istituti Tecnici e Professionali.

I percorsi e le attività per la crescita professionale degli insegnanti devono costituire elementi caratterizzanti della professione docente. Seguirli deve far parte di un
piano strutturato e articolato in termini di obiettivi di breve e medio periodo che,
pur nel rispetto di autonomie e specificità, possa definire a livello nazionale standard condivisi per una formazione di qualità. È necessario assicurare sia l'approfondimento disciplinare, culturale e scientifico, sia l'acquisizione di nuove competenze didattiche e metodologiche, con l'obiettivo di:

- acquisire dimestichezza scientifica e metodologica con il laboratorio e con la
  "laboratorialità";

- diminuire la separatezza delle discipline, aumentandone la superficie di contatto
  sia nell'insegnamento curriculare sia nella realizzazione di percorsi specifici;

- contestualizzare le varie scoperte scientifiche dal punto di vista storico e filoso-
  fico, rendendo chiaro il percorso fortemente non-lineare che ha portato da un
  lato alle "scoperte scientifiche" e, dall'altro, alle loro applicazioni;

- familiarizzarsi con gli sviluppi più recenti delle discipline per coinvolgere i
  ragazzi più motivati su argomenti di frontiera.

Questi obiettivi non si possono raggiungere senza l'impegno e la responsabiliz-
zazione individuale di ciascun insegnante, che ripensa l'insegnamento-apprendimento dei saperi disciplinari non riducendo gli obiettivi d'insegnamento, ma, piuttosto, adattandoli all'apprendimento. In questo processo il docente si trova naturalmente a dover riconfigurare il suo ruolo professionale, riequilibrando e anche dila-
tando le sue competenze. È pertanto necessario accompagnare questo processo con
azioni coordinate e certificate, finalizzate al miglioramento della pratica dell'insegnamento, motivate da una progettualità solida e condivisa, che si svolgano nella
dimensione della ricerca, sia disciplinare sia didattica. Rifacendosi alle esperienze
maturate da Indire, la formazione non deve riproporre l'idea di "corso", ma piuttosto quella, appunto, di "accompagnamento" in servizio, per valorizzare le esperienze e per creare le condizioni di un cambiamento sul quale riflettere insieme. La

creazione di ambienti - ispirati all'idea delle comunità di pratica - nei quali gruppi d'insegnanti condividono percorsi operativi e mettono in comune i saperi sviluppati nella pratica professionale può riuscire a intercettare e sviluppare la cosiddetta "conoscenza tacita".

Un esempio didattico di raccordo scuola-università e di orientamento formativo

Antonio Scinicariello
Referente MIUR per gli A.A. 2011/2012 e 2012/2013
Ministero dell'Istruzione, dell'Università e della Ricerca
Dipartimento per l'Istruzione
Direzione Generale per gli Ordinamenti Scolastici e per l'Autonomia Scolastica

Uno degli obiettivi prioritari del secondo ciclo di istruzione del sistema scolastico del nostro paese è certamente quello di accompagnare lo studente, al termine del proprio percorso di studi, a un proficuo inserimento nel mondo del lavoro e delle professioni, alla frequenza dei percorsi di istruzione e formazione tecnica superiore e al proseguimento degli studi nelle facoltà universitarie.

In tale prospettiva le iniziative e le attività di orientamento costituiscono senza dubbio strumenti indispensabili per contribuire alla costruzione di percorsi personalizzati e per potenziare la capacità di scelta degli studenti al fine di individuare interessi e predisposizioni specifiche e favorire scelte consapevoli in relazione ad un proprio progetto personale

Oramai da molti anni le azioni di orientamento e le iniziative di raccordo tra scuola - mondo delle professioni e del lavoro e tra scuola – università rappresentano una prassi consolidata nella maggior parte delle scuole secondarie superiori e vanno oltre gli aspetti puramente informativi. Esse infatti sono generalmente caratterizzate dalla realizzazione, in collaborazione tra scuola e imprese, tra scuole e università, di moduli formativi che si esplicitano prevalentemente attraverso la realizzazione di stage presso le aziende e le università. Esempi di questi anni sono rappresentati da stage realizzati nel settore industriale, nel settore economico e turistico, nel settore agrario e da molteplici modalità di raccordo tra il mondo universitario e la scuola tra cui si annovera il Progetto "Ponte" promosso dalla Direzione Generale degli Ordinamenti Scolastici e per l'Autonomia Scolastica del Ministero dell'Istruzione, dell'Università e della Ricerca. I moduli formativi hanno lo scopo di fornire a tutti gli studenti ulteriori strumenti utili per consentire loro una scelta motivata, cioè rapportata alle proprie reali capacità e aspirazioni. In particolare:

- per gli studenti che sono orientati verso l'inserimento immediato nel mondo del lavoro o verso proposte formative professionalizzanti in vista di una successiva transizione verso il lavoro, i moduli sono finalizzati a favorire la conoscenza delle situazioni lavorative, dei processi produttivi e delle innovazioni tecnologiche e a promuovere la cultura d'impresa;
- per coloro che intendono proseguire gli studi presso le facoltà universitarie, i moduli formativi rappresentano allo stesso tempo l'opportunità di conoscere, in un contesto operativo, temi, problemi e procedimenti caratteristici nei diversi

L.M. Catena, F. Berrilli, I. Davoli, P. Prosposito, STUDENTI-RICERCATORI
per cinque giorni. "Stage a Tor Vergata",
DOI: 10.1007/978-88-470-5271-0, © Springer-Verlag Italia 2013

campi del sapere e la possibilità di misurare il proprio bagaglio di competenze attraverso l'autovalutazione, la verifica e il consolidamento delle proprie conoscenze, in relazione alla preparazione richiesta per i diversi corsi di studio.

La necessità quindi di assicurare una più completa e qualificata preparazione dei giovani, ha trovato riscontro negli anni scorsi in alcuni provvedimenti normativi emanati dal M.I.U.R. In particolare:

- la definizione dei percorsi di orientamento per la scelta dei percorsi finalizzati al lavoro;
- la definizione dei percorsi di orientamento per la scelta dei percorsi universitari.

Questi due provvedimenti sollecitano e impegnano direttamente le scuole ad attivare e realizzare percorsi di orientamento per la scelta dei successivi percorsi universitari, dei percorsi professionalizzanti oppure per l'avviamento al mondo del lavoro dei propri studenti. In particolare, per quanto riguarda la prosecuzione degli studi universitari, le azioni da sviluppare devono essere indirizzate a:

- realizzare appositi percorsi di orientamento finalizzati alla scelta, da parte degli studenti, di corsi di laurea universitari;
- potenziare il raccordo tra la scuola e le università ai fini di una migliore e specifica formazione degli studenti rispetto al corso di laurea

Con questi provvedimenti le azioni di orientamento sono attività istituzionali che ogni istituzione scolastica deve assicurare ai propri studenti. Esse, dall'essere prassi, diventano azioni di sistema!

In questo ambito l'iniziativa che, oramai da tre anni, vede impegnata l'Università "Tor Vergata" di Roma assieme alla Direzione Generale degli Ordinamenti Scolastici e per l'Autonomia Scolastica del M.I.U.R. rappresenta un eccellente esempio di raccordo scuola – università e un efficace strumento di orientamento formativo. Infatti il Progetto Didattico Nazionale denominato "Stage nelle Università" consente agli studenti di partecipare a laboratori finalizzati a valorizzare, anche con esperienze sul campo, le discipline tecnico-scientifiche, a fare esperienza di momenti significativi della vita universitaria e di misurarsi con un diverso contesto di studio e di lavoro. In particolare l'Università "Tor Vergata" di Roma mettendo a disposizione le proprie risorse, esperienze e conoscenze scientifiche e tecnologiche, nonché i relativi supporti didattici permette agli studenti e ai docenti, delle classi quarte delle scuole secondarie di secondo grado, di applicare le loro conoscenze e capacità in un contesto reale che consente lo sviluppo di attitudini mentali rivolte alla soluzione dei problemi e alla valutazione di esperienze di processo superando la tradizionale logica dell'attività pratica legata semplicemente alla dimostrazione concreta di principi teorici. Questa modalità operativa permette altresì di consolidare, in modo permanente, le conoscenze che lo studente già possiede, quindi disponibili e utilizzabili per individuare, attraverso una partecipazione attiva, possibili soluzioni a problemi concreti. L'elaborazione del progetto proposto dall'Università di Roma "Tor Vergata" è quindi un momento molto significativo del processo di formazione in quanto sollecita una collaborazione tra le due componenti: lo studente, non più spettatore passivo ma protagonista nel processo di apprendimento, e l'insegnante/ricercatore che non trasmette solo saperi ma facilita l'utilizzo degli stessi, appresi a scuola, e la loro applicazione a casi concreti.

Durante questa modalità formativa vengono inoltre stimolati un insieme di comportamenti dato che essa, contestualmente, abitua al lavoro di gruppo e richiede, allo studente, una flessibilità delle proprie capacità, l'assunzione di responsabilità, il rispetto dei compiti assegnati. Allo stesso tempo essa è anche un'attività didattica che assume una particolare rilevanza come strumento per favorire lo sviluppo di competenze più alte per gli studenti, consentendo di approfondire il loro grado di conoscenze e misurare le loro capacità di analisi, di riflessione e di proposizione. All'Università "Tor Vergata" di Roma va il riconoscimento per il notevole impegno profuso e per l'opera svolta per il mondo della scuola. Attraverso lo sviluppo del Progetto, che in questo ultimo anno ha interessato un considerevole numero di studenti, visto il coinvolgimento di altri tre atenei italiani - Università dell'Aquila, Università di Camerino, Università della Calabria – coordinati dall'Università "Tor Vergata" di Roma, e con la realizzazione delle attività previste dal progetto stesso si concorre a perseguire l'obiettivo comune di migliorare e di innalzare il livello di apprendimento degli studenti e la diffusione della cultura tecno-scientifica.

Il circolo virtuoso di istruzione, ricerca e formazione nella cultura scientifica

Liù M. Catena

Project manager degli *Stage a Tor Vergata*
Centro di Ricerca e Formazione permanente per l'insegnamento delle discipline scientifiche,
Università degli Studi di Roma Tor Vergata

Leggendo il messaggio di posta elettronica che oggi[1] ho ricevuto ho deciso di modificare l'incipit del mio contributo e di ribaltare, almeno parzialmente, la successione degli argomenti che andrò a trattare. Riporto una parte del testo: "... insegno Scienze naturali al Liceo "Luigi Stefanini" di Mestre e ho accompagnato tre studenti allo Stage Estivo di Tor Vergata nel giugno di quest'anno. Ho partecipato al lavoro del modulo "Materiali per la conversione fotovoltaica" e vorrei riproporlo agli studenti della mia quinta tecnologico nell'ambito dell'area di progetto *Energia solare e risparmio energetico*, perché è decisamente coerente con i contenuti curricolari".

Il primo pensiero è stato: "Benissimo! il nostro lavoro ha favorito un reciproco scambio, ha facilitato il dialogo, ha ridotto le distanze tra scuola superiore e università. L'insegnante ha raccolto l'invito del nostro progetto a sperimentare, testare e realizzare nella propria scuola modalità organizzative e didattiche, incentrate sulla pratica del "laboratorio", che possano essere declinate all'interno delle attività curriculari e che introducano efficaci cambiamenti al panorama scolastico odierno".

L'insegnante sta comunicando che, in orario curricolare, ha scelto di riportare in classe quanto appreso nei laboratori di ricerca del Dipartimento di Fisica, dell'Università di Roma Tor Vergata, facendo uso della flessibilità che l'autonomia didattica riconosce alle istituzioni scolastiche: vale a dire percorsi di approfondimento disciplinare da contestualizzare nel cosiddetto "tempo condiviso" da scuole, aziende e università. *Project work* ideati con lo scopo di svecchiare, modernizzare la didattica e consentire agli studenti di "mettere" le mani e la testa dentro specifici problemi.

Il *project work* di nostra proposta, gli *Stage a Tor Vergata*[2], la cui sperimentazione e realizzazione è rappresentata in questo libro, costituisce un vero e proprio "ponte" tra la scuola e l'università, le quali dèbbono oramai presentarsi come un sistema a rete, con correlazioni che consentano il superamento delle antiche e reciproche chiusure che hanno per anni ostacolato un'efficace comprensione e trasformazione della realtà. Pertanto il progetto in questione trova una naturale collocazione nell'attuale e vivace dibattito riguardo il ruolo della scuola nella società della conoscenza. In essa l'istruzione ha una funzione strategica e il rapporto tra la scuola, l'università

---

[1] E-mail del 10 dicembre 2012.
[2] www.stageatorvergata.it.

L.M. Catena, F. Berrilli, I. Davoli, P. Prosposito, STUDENTI-RICERCATORI
per cinque giorni. "Stage a Tor Vergata",
DOI: 10.1007/978-88-470-5271-0, © Springer-Verlag Italia 2013

e il mondo del lavoro trovano un netto potenziamento, in quanto l'istruzione e la formazione determinano buona parte del futuro economico e civile di ogni Paese.

I tre moduli didattici offerti negli *Stage a Tor Vergata* affrontano delle tematiche scientifiche di assoluta avanguardia: la scienza dei materiali e le sue applicazioni all'astrofisica sperimentale. I contenuti scientifici e le attività sperimentali dei tre moduli si modellano perfettamente sugli orientamenti dell'Unione Europea, la cui attenzione si è fortemente concentrata verso il potenziamento dell'utilizzo delle nuove tecnologie e della ricerca di materiali innovativi. Tale volontà trova un valido esempio nel settore tecnologico dell'ICT (*Information and Communication Technology*)[3], connesso all'informazione e alla comunicazione, il quale riscuote grande interesse e uno sforzo di investimenti sia in ambito pubblico sia nel mondo imprenditoriale. Sono lieta di ricordare che un modulo degli *Stage* è intitolato "Materiali per ICT". Gli altri due non sono evidentemente da meno: uno affronta i problemi tecnologici connessi alle energie rinnovabili e l'altro all'uso di nuovi materiali per la realizzazione di grandi telescopi da terra e spaziali.

Alcune parole chiavi del progetto? Istruzione, innovazione, laboratorialità, conoscenza, formazione, creatività, ricerca scientifica e didattica. Ecco elencati gran parte dei pilastri culturali che sostengono l'iniziativa destinata a studentesse e studenti del IV e V anno della scuola secondaria di secondo grado.

Da giugno del 2010 ad oggi (AA.SS. 2010/2011, 2011/2012 e 2012/2013), in ciascun anno scolastico, circa trenta studenti, meritevoli ma soprattutto motivati, sono stati inseriti per cinque giorni, e in due distinte fasi formative, in tre gruppi di ricerca del Dipartimento di Fisica dell'Università di Roma Tor Vergata.

Per cinque giorni dieci studenti, per ciascun gruppo, "vivono" nei laboratori di ricerca, esplorano e apprendono le più recenti novità e tecnologie nella ricerca di nuovi materiali per lo sviluppo dell'ICT, della conversione fotovoltaica e dell'astrofisica sperimentale.

Lavorano in gruppi, guidati da docenti universitari, identificano gli obiettivi a cui giungere, si distribuiscono incarichi e responsabilità, si confrontano, organizzano, gestiscono e presentano le fasi della ricerca tenendo in considerazione la teoria di riferimento.

Cinque giorni, un'opportunità unica per comprendere la ricerca scientifica e cimentarsi in argomenti che riassumono la frontiera della ricerca.

Modulo "Materiali per l'astrofisica sperimentale", Stage Invernale 2011

---

[3] La competenza nelle Tecnologie dell'Informazione e della Comunicazione (TIC, il cui acronimo inglese è ICT) è una delle otto competenze chiave per l'apprendimento permanente: raccomandazione del Parlamento europeo e del Consiglio.
http://eur-lex.europa.eu/LexUriServ/site/it/oj/2006/l_394/l_39420061230it00100018.pdf.

In estrema sintesi questi sono gli elementi essenziali e caratteristici del progetto. Diversamente, nelle pagine successive cercherò di fornire una descrizione più ampia e maggiormente attenta del programma che si è confermato essere, nel corso degli anni, anche una buona opportunità di indirizzo per gli studenti che, giunti al V anno, guardano con ovvio interesse e curiosità il mondo dell'università e del lavoro.

Per una migliore e più immediata comprensione dell'architettura degli *Stage a Tor Vergata* ho suddiviso il testo che segue per argomenti.

Presentazione e scopo

Si tratta di un progetto didattico promosso dal MIUR - *Direzione Generale per gli ordinamenti scolastici e per l'autonomia scolastica* - e organizzato in collaborazione con l'Università degli Studi di Roma Tor Vergata, presso il Dipartimento di Fisica. Dopo due anni di sperimentazione, confortati dai risultati raggiunti sia in termini di modalità didattiche utilizzate e sia per quanto concerne il livello delle conoscenze teoriche-scientifiche e tecnologiche-applicative acquisite dagli studenti, il Ministero ha risposto positivamente alla richiesta di estendere l'impianto didattico e metodologico, già utilizzato negli *Stage a Tor Vergata,* ad altre tre università italiane.

Cosicché da giugno 2012 le attività svolte a Roma Tor Vergata sono replicate (il *format* è il medesimo) in altri tre atenei nazionali: Camerino, L'Aquila e della Calabria[4].

L'impianto formativo fonda il proprio essere sull'idea che l'apprendimento è una conquista, un traguardo che si ottiene attraverso la ricerca. Quindi il progetto nella sua totale elaborazione tiene conto dei passaggi fondamentali del sapere tecnico-scientifico alla base del quale alberga l'atteggiamento di curiosità verso la realtà circostante. Il disegno didattico è volto di conseguenza a sollecitare *curiosità e meraviglia* nello studente stimolando l'approccio alla scoperta e alla conquista intellettuale, mediante un lavoro metodico di comprensione dei fenomeni e delle variabili che entrano in gioco nella scienza. In che modo? I docenti universitari avviano e guidano gli studenti nella ideazione e produzione di modelli adeguati per la descrizione di fenomeni appellandosi al metodo scientifico e all'uso dell'attività laboratoriale, ovvero a una metodologia che conduce e accompagna lo studente verso l'interpretazione e l'esplorazione, lo appoggia nel lavorare in squadra valorizzando i diversi stili e ritmi di apprendimento e favorendo la creazione di competenze. Il "met-

Modulo "Materiali per la conversione fotovoltaica", Stage Estivo 2012

---

[4] È il Progetto Didattico Nazionale "Stage nelle Università" - www.stageinuniversita.it.

tere" le mani e la testa dentro specifici problemi consente allo studente di padroneggiare il proprio apprendimento: egli operando concretamente, con gli altri e per gli altri, scopre dove vuole arrivare e perché.

Due sono le fasi di svolgimento delle attività, tenute nel corso di due *Stage* saldamente legati e interconnessi per quanto riguarda l'elaborazione e lo sviluppo del programma, degli obiettivi e dei risultati attesi.

I destinatari per la *FASE 1. - Stage Estivo, mese di Giugno* - sono studentesse e studenti del IV anno della scuola secondaria di secondo grado e insegnanti di area scientifica, provenienti da varie regioni italiane. La *FASE 2. - Stage Invernale, mese di Febbraio dell'anno successivo* – contempla la partecipazione dei medesimi studenti che hanno seguito lo *Stage Estivo*, giunti al V anno, sempre accompagnati da insegnanti di area scientifica.

Il piano didattico, come anticipato, è strutturato in tre moduli denominati:
Materiali per l'astrofisica sperimentale.
Materiali per la conversione fotovoltaica.
Materiali per ICT - Information and Communication Technology,
e suddiviso in cinque giorni.

Per ciascun modulo trenta sono le ore di attività: dieci di teoria - lezioni e seminari - e venti di laboratorio e pratica sperimentale, svolta principalmente in *team*.

Nei cinque giorni degli *Stage* si hanno perciò tre squadre per tre moduli didattici connessi a tre gruppi di ricerca. Ogni squadra, costituita da docenti e tecnici universitari, studenti e insegnanti, affronta un percorso di formazione sulle prospettive applicative connesse allo sviluppo e all'utilizzo di nuovi materiali, avanzati e/o nanostrutturati, mediante un approccio innovativo e moderno.

Metodologia didattica

La pratica laboratoriale, è già stato enunciato ma è bene ribadirlo, rappresenta la cifra degli *Stage a Tor Vergata*, è il tratto fondamentale che caratterizza il progetto: se essa è una strategia molto efficace per l'insegnamento di tutte le materie lo è in modo particolare per quelle scientifiche.

Al termine dei due *Stage* ogni studente ha speso quaranta ore in attività laboratoriale: un'occasione straordinaria per scoprire, sperimentare e imparare nuovi metodi per poi interpretare, integrare, correlare e più ampiamente completare l'attività didattica tradizionale, portata avanti nelle scuole. Egli ha innegabilmente compreso - e le interviste agli studenti, raccolte nel capitolo finale del presente volume, ci rassicurano in tal senso - che il laboratorio è una "officina" di metodo, al di là del luogo attrezzato con strumenti e apparecchiature, e può divenire un mezzo per scoprire le proprie vocazioni.

L'esperienza vissuta, nel corso di questi tre anni, conferma che nel laboratorio lo studente diventa maggiormente consapevole delle proprie attività e strategie cognitive, dei propri processi di conoscenza e della capacità di saperli controllare e gestire nel migliore dei modi.

Il "mettere le mani in pasta" dà agli studenti la possibilità di esplorare direttamente i fenomeni scientifici: i ragazzi toccano, provano, sperimentano e vivono in prima persona le esperienze nei laboratori. La loro partecipazione diretta e pratica crea le condizioni reali per determinare un apprendimento attivo. Quest'ultimo è favorito dal positivo clima relazionale creato in modo semplice e naturale (anche questo elemento emerge chiaro e forte nelle interviste degli studenti), il quale determina un favorevole benessere psicologico nei discenti: essi sviluppano un maggiore senso di autostima e autoefficacia, sopportano meglio le difficoltà, lo stress e imparano a confrontarsi anche con gli individui considerati "lontani e inarrivabili".

Il livello di collaborazione è qualitativamente alto e gli studenti, se necessario, lavorano più a lungo sul compito assegnato e non rifuggono il confronto. Un atteggiamento del genere comporta il raggiungimento di risultati più brillanti e lo sviluppo di maggiori capacità di ragionamento e di pensiero critico. Imparano a impostare il

Modulo "Materiali per ICT (Information and Communication Technology)", Stage Estivo 2011

proprio lavoro mediante l'individuazione di una *research question* su uno specifico argomento: identificano metodi e misure, acquisiscono dati, interpretano i risultati ottenuti elaborando modelli teorici.

Gli studenti vengono sollecitati a suddividersi compiti e impegni, organizzare i periodi del lavoro, gestire i processi di ricerca, valutare con accortezza i passaggi teorici, riportare nella squadra le problematicità e le scoperte per giungere ad obiettivi condivisi. Tutto ciò, avviene lavorando principalmente in *team,* a volte in piccoli gruppi, insieme a ricercatori, docenti universitari e insegnanti. All'interno di tali piccoli gruppi il ruolo di questi ultimi è quello di facilitare e guidare i processi di apprendimento, orientati alla tecnica del *problem solving*, proponendo obiettivi per la cui realizzazione è richiesto il contributo personale di ogni soggetto.

È evidente che una simile raffigurazione sfrutta pienamente le caratteristiche didattiche del laboratorio: il confronto, la riflessione, la costruzione di competenze, l'apprendimento indirizzato alla metacognizione ma soprattutto la cooperazione. Cooperazione che necessariamente si crea tra gli studenti e che nel laboratorio genera scompaginazioni e recuperi inaspettati. La collaborazione tra lo studente incline all'astrazione e lo studente con maggiori abilità pratiche favorisce una magica, e spesso inattesa, contaminazione: la manualità funge da complemento all'astrazione e viceversa. È un'ulteriore attestazione che il "laboratorio", come metodologia didattica, funziona se lo studente ha un ruolo attivo e viene stimolato alla scoperta della comprensione di un concetto, di una formula e di un pensiero, mediante l'uso ragionato di strumenti d'indagine rigorosi.

Moduli didattici e materiali prodotti

Gli argomenti scientifici trattati, i risultati raggiunti con la ricerca e il loro trasferimento sul piano dell'insegnamento sono, con pertinenza, bravura e professionalità, dettagliatamente esaminati e sviluppati nei tre capitoli successivi, firmati dai diversi protagonisti di questa avventura intellettuale: docenti e ricercatori universitari, insegnanti e studenti. Da parte mia, in un siffatto contesto espositivo del progetto, desidero fornire uno sguardo d'insieme, una rapida panoramica di quanto presentato complessivamente nei dieci giorni di *Stage*, cinque estivi e cinque invernali, per svelare come le tre distinte categorie sono esse stesse interpreti e latori di una diffusione della cultura scientifica.

Il modulo Materiali per l'Astrofisica sperimentale si propone[5] "… di fornire un percorso formativo sui materiali di nuova generazione utilizzabili in campo astrofisico sperimentale, in particolare sui possibili nuovi materiali per la realizzazione di ottiche e strutture di supporto per telescopi da terra e spaziali. Le nuove frontiere tecnologiche, connesse con l'astrofisica, richiedono infatti materiali utili a realizzare ad esempio: specchi di grande apertura e leggeri, grandi strutture rigide, modulari e apribili (*deployable*) per missioni spaziali, ottiche resistenti alla radiazione per ottiche ad alto contrasto, ottiche criogeniche per telescopi che operano nel lontano infrarosso. In particolare i telescopi di prossima generazione richiedono strutture di supporto modulari, robuste e leggere e ottiche realizzate con materiali ad elevato contenuto tecnologico. Pensiamo a telescopi, o loro strumenti, realizzati con strutture in *carbon-fiber-reinforced plastic* (CFRP), oppure nel campo delle ottiche a riflessione, realizzati con materiali innovativi come il carburo di silicio (SiC) o i nanolaminati. […] Lo scopo del modulo è quello di realizzare un esperimento, replicabile all'interno di un normale laboratorio scolastico, per l'analisi di materiali innovativi utili in applicazioni astrofisiche, in particolare nella realizzazione di strutture di telescopi o strumenti di piano focale. […] Vengono discusse e presentate alcune nuove tecnologie applicabili in campo astrofisico attraverso un'esperienza coinvolgente e interattiva per gli studenti. Questo si situa all'interno del rinnovato interesse sia

---

[5] Testo descrittivo estrapolato dal sito del progetto, alla pagina: http://www.stageatorvergata.it/wp-content/uploads/2013/01/Modulo-didattico-Materiali-per-lAstrofisica-Sperimentale-ToV.pdf.

della comunità scientifica sia della componente industriale verso l'applicazione di materiali innovativi in astrofisica. L'esperienza permette di avvicinarsi in modo semplice alle tecniche di qualificazione ingegneristica di nuovi materiali con applicazioni scientifiche ma anche di carattere industriale, e alla realizzazione di semplici sistemi ottici. [...] Al termine dello Stage Estivo vengono realizzati i seguenti prodotti: un accelerometro digitale triassiale USB, un set di campioni di materiali diversi e il software di analisi e presentazione del lavoro. Al termine di quello Invernale: un telescopio, in fibra di carbonio, per uso astronomico".

Il modulo Materiali per la Conversione Fotovoltaica si prefigge[6] "... di fornire un percorso formativo connesso in prima battuta alla realizzazione di celle solari organiche e successivamente a celle modificate con l'introduzione dei nanotubi di

Telescopi in fibra di carbonio, Stage Invernale 2012

carbonio. Dopo una breve introduzione dei principi fisici alla base delle celle solari e della loro evoluzione, gli studenti acquisiscono, nel corso dei due appuntamenti didattici, gli strumenti base che permettono di realizzare celle solari di ultima generazione anche in un laboratorio scolastico, cosa impensabile fino a qualche anno fa. Gli studenti vengono invitati sia a preparare e testare i campioni, sia a produrre delle schede descrittive sugli argomenti esposti durante le lezioni. [...] I due Stage prevedono, nella parte delle lezioni teoriche, la presentazione dei concetti inerenti la produzione di energia da fonti rinnovabili, seguiti dalla descrizione dei principi fisici e di funzionamento delle celle solari di tipo classico (al silicio). Si procede alla descrizione delle nuove tipologie di celle solari in grado di utilizzare materiali

---

6 Testo descrittivo estrapolato dal sito del progetto, alla pagina: http://www.stageatorvergata.it/wp-content/uploads/2013/01/Modulo-didattico-Materiali-per-la-Conversione-Fotovoltaica-ToV.pdf.

molto comuni e di facile reperimento oltre che a ridurre la quantità di materiale utilizzato e i relativi costi di produzione. Nella sua parte laboratoriale il seminario intende far realizzare a ciascun studente una cella solare di tipo organico (Stage
Estivo) e successivamente confrontarla con una di tipo ibrido (Stage Invernale). [...]
Il principio di funzionamento di una cella fotovoltaica standard (a base di Si policristallino) viene confrontata con le celle solari di tipo diverso che attualmente sono
oggetto di ricerca (organiche o ibride). Inoltre si definiranno alcuni parametri, oltre
l'efficienza di conversione, caratteristici che rendono i vari tipi di celle competitive
tra loro. Il progetto intende offrire agli studenti la metodologia necessaria alla realizzazione pratica di una cella solare, sottolineando le fasi dove i costi e la tecnologia
potranno essere oggetto di miglioramento. [...] Al termine dello Stage Estivo ogni
studente realizza una cella solare di tipo organico; a conclusione di quello Invernale
è prodotta una cella solare di tipo ibrido. Le celle perfettamente funzionanti, messe
in serie con quelle degli altri allievi, forniscono un'energia sufficiente ad alimentare
un piccolo dispositivo elettronico (calcolatrice, allarme elettrico e altro)".

Il modulo Materiali per ICT, Information and Communication Technology, si ri-
promette[7] "... di fornire un percorso formativo sulle prospettive applicative che lo
sviluppo di nuovi materiali apre nell'ottica integrata e nell'optoelettronica. Dopo
un breve richiamo dei principi fisici dell'ottica geometrica, vengono esaminati i
meccanismi base del confinamento della radiazione elettromagnetica e illustrati
alcuni esempi di applicazioni di nuovi materiali in dispositivi ottici integrati utilizzati
nel campo dell'ICT (Information and Comunication Technology). Per permettere
agli studenti di comprendere i principi fisici su cui si basano i dispositivi ottici inte-

Celle solari che alimentano un dispositivo elettronico, Stage Estivo 2011

grati e optoelettronici, si parte da alcune nozioni fondamentali di ottica geometrica inclusi nei programmi ministeriali della scuola secondaria di secondo grado. Queste vengono trattate cercando di stimolare nei ragazzi una riflessione approfondita sui fondamenti fisici del fenomeno della propagazione della radiazione elettromagnetica nella materia. […] I concetti esposti durante le lezioni sono ampiamente approfonditi durante le ore di laboratorio attraverso la partecipazione attiva degli studenti alla deposizione di guide d'onda planari e ad alcune semplici misure di caratterizzazione ottica e morfologica delle stesse realizzate nei laboratori ospite. Gli studenti sono invitati a compilare delle brevi schede descrittive sui principi base dell'ottica guidata e dei dispositivi ottici integrati. […] Gli studenti imparano ad avvalersi di programmi di simulazioni per l'analisi e l'elaborazione delle misure, e di preparazione di pre-

sentazioni volte ad illustrare i risultati di una esperienza scientifica in maniera semplice ma rigorosa. […] Al termine dello Stage Estivo viene prodotta una guida planare con reticolo di Bragg per l'accoppiamento ottico; a chiusura di quello Invernale un dispositivo costituito da una guida canale e/o un beam-splitter ottico".

Controllo al microscopio ottico, Stage Estivo 2012

I laboratori, tutti situati presso il Dipartimento di Fisica dell'Università di Roma Tor Vergata, e usati per le attività sopra menzionate, sono i seguenti:

• Laboratorio di Fisica Solare.
• Laboratorio di Nanostrutture.
• Laboratorio di Ottica delle Superfici.
• Laboratorio di Scienza dei Materiali.
• Laboratorio NeMO (*New Materials for Optoelectronics*).
• Laboratorio MBE (*Molecular Beam Epitaxy*).
• Laboratorio STM (*Scanning Tunneling Microscopy*).

Il materiale didattico in essi prodotto resta a disposizione degli studenti e degli insegnanti, delle scuole di riferimento, per convenire a una pressoché completa "esportabilità del progetto".

Le esperienze scientifiche apprese a Roma Tor Vergata possono essere riproposte a scuola, in aula o in laboratorio, in orario curriculare, con l'auspicio che gli insegnanti incoraggino la comunicazione orizzontale e la trasmissione tra soggetti di pari status.

---

[7] Testo descrittivo estrapolato dal sito del progetto, alla pagina: http://www.stagcatorvergata.it/wp-content/uploads/2013/01/Modulo-didattico-Materiali-per-IICT-Information-and-Communication-Technology-ToV.pdf.

Istituti scolastici e insegnanti accompagnatori

Gli istituti scolastici, individuati dalla Direzione Generale per gli ordinamenti scolastici e l'autonomia scolastica del MIUR, provengono da varie regioni del Paese. A partire dallo *Stage Estivo* di giugno 2010 per arrivare a quello *Invernale* di febbraio 2013 le scuole, che hanno concorso alla benevole riuscita del progetto, sono state:
• Liceo Classico "Aristofane" di Roma.
• Liceo Classico "C. Botta" di Ivrea (TO).
• Liceo Scientifico "Guerrisi" di Cittanova (RC).
• Liceo Scientifico "Volterra" di Ciampino (RM).
• Liceo Scientifico "Aristotele" di Roma.
• Liceo Scientifico "Vallone" di Galatina (LE).
• Liceo Scientifico "Newton" di Chivasso (TO).
• Liceo Scientifico "Azzarita" di Roma.
• Liceo Scientifico e Linguistico di Ceccano (FR).
• Liceo Scientifico Tecnologico "Sarrocchi" di Siena.
• Licei Sperimentali "Stefanini" di Mestre (VE).
• ITIS "Giovanni XXIII" di Roma.
• ITIS "Majorana" di Brindis.
• ITIS "Majorana" di Avezzano (AQ).
• ITIS "Galilei" di Roma.
• IIS "Piazza della Resistenza" di Monterotondo (RM).
• Istituto Superiore "Telesi@" di Telese Terme (BN).
   Numerosi sono stati gli studenti incrociati, tanti quanti gli insegnanti accompagnatori. Una sincera dimostrazione di riconoscenza e stima è stata loro attribuita riservando, nel presente volume, uno spazio precipuo per raccogliere le loro riflessioni e suggestioni. È interessante rilevare come nei loro contributi emerga chiaramente il convincimento che il processo di apprendimento si poggia sulle strategie didattiche: "affrontiamo la tematica con gli studenti e vediamo come essi reagiscono". Previsione, sperimentazione e confronto: così si abituano i giovani a fare previsioni e a far esplicitare ai ragazzi i loro modelli interpretativi. Attraverso gli scritti dei docenti delle scuole chi legge comprende l'importanza di una laboratorialità creativa per guadagnare una piena cittadinanza scientifica e una giovevole cultura della scelta.
   Il lettore intuirà altresì che gli insegnanti, frequentando gli *Stage*, ricevono spunti e impulsi significativi riguardo la metodologia didattica, aggiornano le proprie cognizioni su campi di ricerca innovativi e traggono benefici stimoli destinati a migliorare il processo di insegnamento/apprendimento adottato quotidianamente in classe.

Apprendimento, valutazione, monitoraggio e tesine certificate

L'apprendimento degli aspetti teorici-scientifici e tecnologici-applicativi delle tematiche considerate è monitorato e valutato attraverso calibrati strumenti di verifica, che conducono a risultati affidabili per quanto riguarda il livello delle conoscenze acquisite da parte degli studenti. Ciò avviene mediante la somministrazione di un test, la mattina del primo giorno, che precede l'inizio delle attività dello *Stage* (Test in Ingresso). Il test, articolato in trenta domande a risposta multipla, con tre possibilità di risposta, viene firmato dagli studenti. Le medesime domande vengono formulate nuovamente l'ultimo giorno. Il superamento del Test in Uscita è condizione indispensabile per ricevere l'attestato di partecipazione e per ottenere il riconoscimento di 2 CFU, in caso d'iscrizione al Corso di laurea in Fisica e al Corso di laurea in Scienza dei Materiali presso l'Università di Roma Tor Vergata.

I punti di forza e le criticità dell'esperienza, nella sua prospettiva didattica e organizzativa, vengono attentamente monitorati mediante la distribuzione di un "Questionario di valutazione delle attività svolte". Esso viene redatto in forma anonima dagli studenti per consentire loro la massima libertà di espressione riguardo ogni tipo di osservazione e rilievo.

Le opinioni e i commenti degli insegnanti accompagnatori, tenuti in grande considerazione, sono desunti anch'essi attraverso le risposte date a quesiti presenti in un questionario *ad hoc*. Le domande poste agli studenti e ai docenti riguardano:

Consegna degli attestati di partecipazione, Stage Estivo 2012

l'interesse destato dagli argomenti dello *Stage*; la gravosità delle attività; l'utilità dell'iniziativa per la propria formazione; i vantaggi scaturiti dal contatto con il mondo universitario; la chiarezza di esposizione dei docenti; l'efficacia della lezioni; l'apprezzamento delle esperienze laboratoriali; l'adeguatezza, o meno, della propria preparazione per seguire lo *Stage*; la diversità dei contenuti trattati rispetto a quelli della scuola; la validità dell'attrezzatura scientifica e un parere generale sulla progettazione.

La fase immediatamente successiva alla redazione dei questionari è quella indubbiamente più emozionante. Il pomeriggio del quinto giorno dello *Stage* le studentesse e gli studenti di ciascun modulo presentano i risultati del proprio lavoro ad una platea di docenti universitari, insegnanti, studenti e genitori. Si misurano nella loro prima conferenza scientifica rivolta ad esperti e compagni di scuola.

Di frequente questa esposizione viene ripetuta in classe in orario curriculare. È un'ottima occasione per imparare e imparare a imparare.

I contenuti scientifici e i risultati dell'attività di ricerca svolta dai ragazzi diventano un prezioso materiale per l'elaborazione di tesine da presentare all'Esame di Stato. Lo studente prepara il testo e lo sottopone al vaglio dei docenti universitari, che lo hanno seguito nei due *Stage*, i quali attestano e assicurano la qualità del lavoro svolto.

Ciò è avvenuto in occasione degli Esami di Stato degli AA.SS. 2010/2011 e

Presentazione dei risultati, Stage Invernale 2013

2011/2012. Le tesine, certificate dai professori dell'Università di Roma Tor Vergata, sono state commentate dagli studenti con i membri della Commissione esaminatrice e hanno ottenuto significative valutazioni.

Comunicazione e interviste

Il sito web www.stageatorvergata.it consente la narrazione delle attività, degli incontri e dei confronti. Il suo aggiornamento è costante e con scrupolosa dedizione sono inseriti i diversi materiali realizzati: presentazioni multimediali, create dagli studenti, dei risultati scientifici ottenuti; testimonianze video; filmati e video didattici; poster scientifici; materiale fotografico; schede e dispense relativi ai laboratori realizzati; elaborati e approfondimenti tematici.

Il sito rappresenta principalmente uno spazio dove sono riversate, con modalità differenziate, impressioni, emozioni e nozioni.

La documentazione audiovisiva, eseguita nel corso dei due appuntamenti formativi, testimonia non solo le finalità del progetto, ma anche i suoi obiettivi, le metodologie didattiche adottate, il lavoro dei gruppi di ricerca e degli "studenti-ricercatori" (per cinque giorni). A proposito di questi ultimi, in un genuino slancio empatico, esorto coloro che leggono a prestare particolare attenzione alle ventitré interviste raccolte nel capitolo conclusivo del libro.

Le ho lette e gustate in anteprima. Sono rimasta da esse intensamente catturata:

Home page del sito www.stageatorvergata.it

la fresca schiettezza delle dichiarazioni è sorprendente e pertanto ho scelto di risolvere questa mia relazione riportando alcuni stralci delle loro affermazioni, le più significative dal mio punto di osservazione: "... la solita frase "la matematica per andare a comprare il pane non ti serve", frase che dicono tutti e che ho detto anch'io. Invece poi mi sono ricreduto perché ho visto che la fisica ha applicazioni nelle cose di tutti i giorni e lì a Tor Vergata ne ho avuto un riscontro palese". E ancora: "Mi ha colpito tanto lavorare con professori e ricercatori che sono a un livello avanzato: stare a contatto con i professori dell'università. [...] Io penso che soprattutto nelle scuole si dovrebbe puntare di più sul metodo scientifico e sperimentale: a scuola viene spiegata la fisica in maniera un po' superficiale e un po' noiosa. Mentre stare a contatto con i ricercatori, fare esperimenti, vedere come in realtà avvengono le cose può essere di aiuto ai ragazzi. Soprattutto materie come la chimica e la fisica sembrano noiose, ma proprio perché gli studenti non sperimentano queste materie in laboratorio. Si dovrebbe puntare molto di più sul fare più laboratori: non solo sui libri, teoria, teoria".

La semina è stata buona?: "Quest'anno, quando nel mio istituto hanno dovuto fare la selezione degli studenti per il nuovo stage, l'ho consigliato ai ragazzi che erano un po' indecisi, dicendo che era un'esperienza per loro molto interessante, che sarebbe potuta servire anche a livello didattico e anche come persone, perché non sono cose che si possono poi rifare. [...] Io non ho proseguito con l'università: è una decisione che mi porto avanti dalle medie, perché ero convinto che finite le superiori non avrei più voluto continuare negli studi. [...] Di solito sono un ragazzo molto fermo: una volta che decido una cosa, la porto avanti. Però lo stage mi ha messo qualche dubbio e se prima ero intenzionato proprio a non fare l'università, ora sto pensando se andare a fare i test d'ingresso il prossimo anno".

Mi congedo con l'aspirazione che gli *Stage a Tor Vergata* siano riusciti non solo a creare una salda sinergia tra ricerca e didattica ma anche a realizzare una didattica capace di educare l'intelligenza e di accrescere, in un ambiente attento alla sfera relazionale, i valori della condivisione, della partecipazione, della cooperazione e del riconoscersi nell'altro.

Stage Estivo 2010

Stage Invernale 2011

Stage Estivo 2011

Stage Invernale 2012

Stage Estivo 2012

Stage Invernale 2013

Parte II

Modulo didattico "materiali per l'astrofisica sperimentale"

I legami primordiali tra la scienza dei materiali, l'astronomia e l'astrofisica moderna

Francesco Berrilli
Responsabile scientifico del modulo didattico "Materiali per l'Astrofisica Sperimentale",
Dipartimento di Fisica, Università degli Studi di Roma Tor Vergata

La scienza dei materiali e la scienza degli astri, l'astronomia, hanno indiscutibilmente accompagnato l'uomo delle origini nel lungo cammino che lo ha condotto ai nostri giorni. La scienza dei materiali è così importante che le fasi della preistoria sono convenzionalmente divise proprio in base ai materiali che apprendevamo a estrarre e utilizzare. Dalla pietra, utilizzata da Homo Habilis nel Pleistocene per realizzare semplici strumenti, ai metalli come il rame, il bronzo e il ferro. Le condizioni climatiche che si vennero a creare in era mesolitica, più stabili e temperate rispetto alla precedente, portarono alla nascita dell'agricoltura. Di conseguenza l'uomo agricoltore fu obbligato a misurare il tempo e l'avanzare delle stagioni. Questa nuova richiesta, assieme al bisogno di orientarsi durante i viaggi per terra o per mare, fu probabilmente all'origine dell'astronomia, legata all'osservazione del cielo e del moto del Sole e dei pianeti.

Vediamo quindi come, sin dall'inizio della storia umana, il legame tra la scienza dei materiali e la scienza che investiga il cosmo ha tutte le connotazioni di un profondo legame culturale. Questo stretto legame è anche all'origine, nel XVI secolo, dell'astronomia moderna e prosegue fino ai nostri giorni. Infatti, anche i grandi progetti dell'astronomia e astrofisica dei nostri giorni sono legati alla nascita di nuove tecnologie che utilizzano materiali innovativi, adatti alle sfide imposte dai grandi strumenti ottici a terra e dai progetti di telescopi nello spazio.

Ma facciamo un passo indietro per capire come l'uso combinato di tecnologie e materiali abbia condotto alla nascita della moderna astronomia. Nel XVI secolo l'astronomo Tycho Brahe, di nobile famiglia svedese, fece realizzare nella sua Uraniborg (il castello del cielo) sestanti e strumenti per misurare la posizione di stelle e pianeti, in legno e metallo, di rivoluzionaria concezione. Tycho era perfettamente consapevole della necessità di usare buoni strumenti di misura per ottenere dati sulle posizioni il più possibile precisi. Per realizzare tali strumenti capì che era necessario utilizzare materiali adatti e così fece costruire un grande sestante a due bracci in noce stagionato. Scelse questo legno perché meno influenzato dalle variazioni meteorologiche rispetto ad altri legni e perché più leggero del metallo. Questo venne invece utilizzato per collegare i bracci del sestante. Infine, l'uso di un filo di piombo per il corretto posizionamento dello strumento, gli consentì di determinare la correzione da apportare alle proprie osservazioni. Queste risulteranno più accurate

L.M. Catena, F. Berrilli, I. Davoli, P. Prosposito, STUDENTI-RICERCATORI per cinque giorni. "Stage a Tor Vergata",
DOI: 10.1007/978-88-470-5271-0, © Springer-Verlag Italia 2013

In questo famoso dipinto della collezione Granger di New York possiamo vedere Tycho Brahe, al centro della stanza mentre punta con il dito una stella, assieme ai suoi assistenti. Tycho è ritratto nell'osservatorio che aveva fatto realizzare a Uraniborg. In primo piano vediamo anche rappresentato il grande quadrante a muro di cui abbiamo parlato. L'ottima fattura del quadrante e della sua scala graduata consentirono al grande astronomo di effettuare misure di altissima precisione (Tycho Brahe, *Astronomiae Instauratae Mechanica*. Wandsbek, 1598)

Sestante a doppio braccio descritto nel testo

di qualsiasi altra osservazione compiuta in precedenza. Sarà proprio l'altissima precisione raggiunta da Tycho a permettere a Keplero, nominato matematico imperiale dall'imperatore Rodolfo II, di affrontare e risolvere il mistero del moto di Marte e di proporre quelle leggi, ancora alla base del moderno volo spaziale, capaci di descrivere il moto dei pianeti attorno al Sole. E dopo pochi anni, un altro grande scienziato, Galileo Galilei, trasforma il "giocattolo" inventato da alcuni ottici olandesi, usato per vedere vicini oggetti lontani, nel cannocchiale, strumento di precisione con cui osservare il cielo. Capisce che per trasformare il cannocchiale in uno strumento utile all'uomo deve puntare al miglioramento delle tecnologie e dei materiali usati per realizzare le lenti. Fu così che Galileo, in meno di un anno, riuscì a costruire cannocchiali incomparabilmente migliori di quelli disponibili in quei tempi in Europa. Ma a spingere lo scienziato pisano all'utilizzo del cannocchiale fu anche un'idea rivoluzionaria e innovativa per l'epoca. Egli infatti riteneva che lo scienziato dovesse potenziare al massimo i propri sensi al fine di osservare la natura per mezzo dell'esperienza e non fidandosi solamente dei deboli sensi che aveva a sua disposizione. È questa grande idea che spingerà Galileo a effettuare quelle osservazioni che lo porteranno alle magnifiche scoperte descritte nel libro che apre la storia dell'astronomia moderna: il Sidereus Nuncius. Ed è la stessa idea che tuttora ci accompagna nelle grandi sfide tecnologiche necessarie a realizzare i grandi strumenti per l'astronomia del XXI secolo.

Ma cosa spinge ricercatori o giovani studenti verso l'astrofisica? Non si tratta solo di sfide tecniche; profonde domande e obiettivi scientifici mozzafiato sono alla base della necessità di studiare il cosmo e i corpi celesti che lo popolano. Ci sono questioni profonde come lo studio del momento della nascita dell'universo, scoprire i segreti del Sole e della formazione dei sistemi planetari, o di come possano svilupparsi ambienti ospitali per la vita. Questi sono obiettivi che ci portano a riflettere sull'universo stesso e sul significato della vita, qui sulla Terra e forse su altri pianeti. Si tratta di ricerche che forse ci porteranno a scoprire che non siamo i soli abitanti di quest'universo.

Quindi i futuri grandi progetti dell'astrofisica vogliono rispondere alle stesse profonde domande che accompagnano l'uomo dalle sue origini. Come funziona il nostro universo? Come sono nate le galassie, le stelle e i pianeti che vediamo oggi? Quali segreti custodisce ancora la nostra stella: il Sole? Possono ospitare la vita i sistemi planetari in orbita intorno ad altre stelle? È per questi motivi che, in tutto il mondo, le nazioni e le grandi agenzie stanno decidendo di realizzare telescopi dalle incredibili prestazioni o progettano di coprire intere aree desertiche con centinaia di radiotelescopi.

Va sottolineato il fatto che tutto questo costa pochissimo ai contribuenti. Il più

Antenne del sistema di radiotelescopi Atacama Large Millimeter/submillimeter Array (ALMA).
Si tratta di un progetto internazionale che partirà nei prossimi anni

importante progetto dell'astrofisica europea, un gigante con uno specchio del diametro di 40 metri dal nome E-ELT (European Extremely Large Telescope), non costerà molto più di una trentina di chilometri di autostrada. Eppure ci permetterà di affrontare alcune tra le sfide scientifiche maggiori del nostro tempo. Dal trovare pianeti simili alla Terra, in orbita intorno a stelle come il nostro Sole e che potrebbero ospitare la vita, fino a studiare le più lontane e antiche stelle e galassie che si formarono quando il nostro universo era ancora giovane. Anche un oggetto vicino come il nostro Sole, oggi, deve essere studiato con nuovi grandi strumenti. Questo perché non sappiamo ancora se la sua attività potrà un giorno modificarsi, creando problemi ai satelliti in orbita intorno alla Terra oppure cambiando la temperatura del nostro pianeta. All'interno dei grandi telescopi solari si hanno condizioni di calore che sulla terra si trovano solo nei nuclei delle centrali nucleari. Gli astronomi sono quindi chiamati a collaborare con gli scienziati che si occupano di nuovi materiali per trovarne di resistenti alle alte temperature, con caratteristiche termiche adatte all'utilizzo in condizioni estreme. Questo è ciò che accade nel progetto per il grande telescopio EST (European Solar Telescope), di 4 metri di diametro, nato perché nessun grande avanzamento nella conoscenza del Sole è oggi possibile senza un grande incremento nelle dimensioni dei telescopi. Tuttavia un telescopio solare di 4 metri rappresenta una grande sfida: nessuno strumento di tali dimensioni è mai stato costruito prima. Un ruolo primario nell'affrontare e risolvere le sfide tecnologiche, che la realizzazione di un tale strumento pone, sarà svolto dalla collaborazione tra gli scienziati e le industrie operanti in settori a elevata tecnologia.

In Italia ci sono molte industrie con competenze uniche in campi a elevata tecnologia ed esperte nell'utilizzo di materiali innovativi necessari a realizzare meccaniche di precisione e rigide, specchi in materiali ultraleggeri e termicamente stabili, supporti attivi per specchi di grande diametro.

La progettazione e realizzazione di un nuovo telescopio spaziale sono un altro ambito nel quale il rapido progresso nella tecnologia delle strutture e degli specchi è oggi di centrale importanza. Questo progetto esiste e nasce da una grande collabo-

Il telescopio europeo solare EST   Il futuro telescopio spaziale JWST

razione internazionale tra ESA, NASA e Agenzia Spaziale Canadese. Prende il nome di James Webb Space Telescope (JWST) e andrà a sostituire il famoso Hubble Space Telescope. Il JWST sarà il telescopio spaziale più potente mai costruito e permetterà di sondare le profondità del nostro universo nella regione infrarossa dello spettro elettromagnetico. Anche in questo caso un aspetto fondamentale consiste nella sua tecnologia assolutamente innovativa. In particolare saranno importanti i progetti di ottica ultraleggera e asferica, cioè la cui forma, molto diversa da quella delle superfici con le quali sono fatti i normali occhiali da vista o specchi per astronomia, permette di avere immagini molto più nitide.

Dobbiamo infine sottolineare che molti dei progetti che vedono assieme astronomi, ingegneri spaziali e fisici della materia hanno portato allo sviluppo di tecniche che trovano già impiego in campi di maggiore applicazione industriale e d'interesse più ampio, quali l'aerospazio, la medicina o l'ottica. Tutto ciò a dimostrare ancora una volta che la crescita culturale ed economica di una nazione può nascere solo grazie alla sintesi di tre elementi fondamentali: le menti curiose e interessate alla scienza delle nuove generazioni; un mondo politico attento alla formazione, scolastica e universitaria, e al supporto dell'industria più innovativa; e infine a quegli imprenditori lungimiranti che guardano allo sviluppo della ricerca e ai giovani più curiosi e appassionati.

Astrofisica sperimentale: aspetti didattici teorici

Dario Del Moro

Dipartimento di Fisica, Università degli Studi di Roma Tor Vergata

Lo stage estivo

La luce che proviene dalle stelle ci porta moltissime informazioni su quello che accade nell'Universo, ma i nostri occhi sono adatti per *leggere* solo una minuscola parte di ciò che è scritto nello spettro elettromagnetico. Inoltre, le nostre pupille sono troppo piccole per catturare i pochi fotoni che ci giungono dalle stelle e dalle strutture cosmiche più lontane e deboli, che ci risultano nella stragrande maggioranza dei casi, invisibili.

I telescopi sono i nostri occhi giganti per leggere il libro dell'Universo con il dettaglio e la chiarezza sufficienti per apprezzare le differenze tra stella e stella e tra galassia e galassia.

Le origini del telescopio e i telescopi di ieri

Seppure è ormai chiarito che Galileo non ha inventato il telescopio, il suo cannocchiale rimane sempre il punto di partenza per parlare della sua evoluzione negli ultimi quattrocento anni. Inoltre il confronto tra il telescopio di Galileo, quello utilizzato da Keplero e il telescopio a riflessione di Newton ci permette di analizzare le differenze tra i telescopi a rifrazione e quelli a riflessione.

Prendiamo ad esempio il grande rifrattore di Yerkes, uno degli ultimi telescopi basati sulle lenti. È perfetto per scoprire alcuni dei problemi che hanno portato all'abbandono dei rifrattori: il limite costruttivo per la dimensione delle lenti e la necessità di cupole di dimensioni enormi. Inoltre, la posizione del fuoco di osservazione era affollata di strumenti. Un telescopio a rifrazione, infatti, ha solo una posizione dove è possibile formare l'immagine.

Come esempio di telescopio a riflessione, prendiamo invece il telescopio Hale dell'osservatorio del Monte Palomar. È un ottimo esempio visto che ci permette di visualizzare i vari fuochi di un telescopio con montatura equatoriale. Nel caso del telescopio Hale, grazie all'uso degli specchi, si posso avere ben quattro postazioni dove si può analizzare l'immagine del cielo, ognuna con caratteristiche diverse.

L.M. Catena, F. Berrilli, I. Davoli, P. Prosposito, STUDENTI-RICERCATORI
per cinque giorni. "Stage a Tor Vergata",
DOI: 10.1007/978-88-470-5271-0, © Springer-Verlag Italia 2013

Il rifrattore da 40 pollici (1.02 m) dell'Osservatorio di Yerkes: il telescopio a rifrazione più grande mai costruito per uso astronomico

Il telescopio Hale da 200 pollici (5.08 m) e la sua montatura equatoriale

Questo consente agli astronomi di posizionare molti strumenti alle varie uscite del telescopio e di renderlo quindi molto più versatile.

L'Hale è il primo telescopio a utilizzare uno specchio primario monolitico (circa 5 m di diametro) in Pyrex, l'ormai comune vetro usato nelle pirofile da forno. L'innovativa soluzione del 1934 cerca di limitare le deformazioni delle immagini (aberrazioni), introdotte dalle deformazioni termiche del vetro. Si tratta di uno specchio terribilmente pesante, che ha imposto la realizzazione di una struttura a sostegno estremamente robusta e costosa.

Per anni si è pensato che l'Hale fosse il limite ultimo per le dimensioni dei telescopi. E invece l'evoluzione della scienza dei materiali ci ha permesso di trovare soluzioni alternative e migliori. Infatti, mettendo in evidenza le differenze dei vari materiali per quanto riguarda il coefficiente di espansione termica, la diffusività termica e la densità, possiamo vedere come il Pyrex non sia la migliore soluzione per realizzare specchi per telescopi.

Le stesse strutture di sostegno, calibrate per sostenere il peso e minimizzare gli stress dello specchio primario, si sono evolute nel tempo, aggiornandosi ogni volta venivano introdotte nuove soluzioni tecniche e nuovi materiali. A questo punto possiamo descrivere nel dettaglio alcuni materiali utilizzabili per la realizzazione degli specchi e delle montature e delle loro caratteristiche e performance. I materiali pesanti per realizzare gli specchi, come il Pyrex (o lo Zerodur suo diretto discendente), vengono sostituiti dal Berillio (costoso) e dal Carburo di Silicio. Questi nuovi materiali sono più flessibili e/o si deformano di più per stress termici, ma questo svantaggio viene minimizzato da strutture e tecnologie che compensano attivamente le deformazioni: è l'ottica attiva!

I telescopi di oggi

Solo pochi anni fa la tecnologia ha permesso di realizzare dei telescopi a specchi multipli formati da decine di elementi esagonali di circa un metro, come ad esempio i due telescopi Keck. Utilizzando centinaia di pistoncini si possono allineare i singoli elementi con un errore inferiore alle dimensioni di un capello e formare un'unica superficie riflettente.

Una tecnologia analoga può essere usata per correggere le deformazioni di uno specchio monolitico, ma sottile e quindi poco pesante.

Se poi questo specchio è fatto in leggerissimo Carburo di Silicio, come nel caso dei telescopi GEMINI, lo si può sostenere con una struttura a sua volta molto snella. Paragonandola a quella dell'Hale, sembrerebbe quasi di non essere in grado di svolgere la stessa funzione, mentre invece il risultato finale risulta essere molto più stabile.

Seguendo la storia dei telescopi, siamo entrati nell'era degli specchi attivi. C'è però una tecnologia ancor più avanzata che deriva da questi: l'ottica adattiva, usata per la correzione delle aberrazioni rapide introdotte dalle vibrazioni dello strumento e dall'atmosfera terrestre. Alcuni specchi possono essere deformati 1000 volte al secondo per compensare le aberrazioni introdotte dal movimento dell'aria. Percepiamo comunemente questo fenomeno quando aria molto calda si solleva dal terreno,

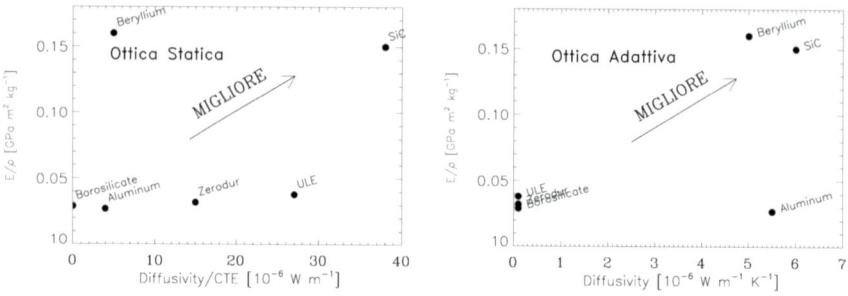

Materiali per la realizzazione di specchi primari a confronto. Il grafico di destra mostra il rapporto tra il coefficiente di elasticità E e la densità ρ contro il rapporto tra diffusività termica e coefficiente di espansione termica per alcuni materiali. Il grafico di sinistra mostra di nuovo il rapporto E/ρ contro la sola diffusività termica per gli stessi materiali

come ad esempio sopra a un'assolata strada in una giornata estiva. Se il nostro sistema per misurare le aberrazioni è abbastanza sensibile e rapido, possiamo correggere eventuali errori nel nostro sistema ottico, gli effetti della deformazione delle nostre ottiche per stress termici o dinamici e, in ultimo, gli effetti di distorsione dell'atmosfera terrestre.

Il telescopio Gemini Nord con il suo specchio primario da 8.1 metri

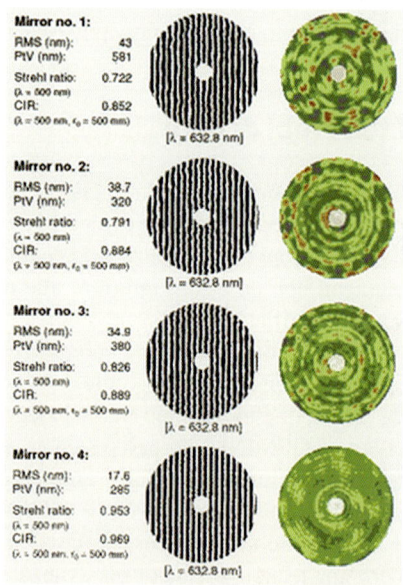

Interferogrammi e mappe di errori di fronte d'onda dei quattro specchi primari da 8.4 m di VLT. Il quarto specchio, completato a fine 1999 è quello con i difetti minori

Certo, possiamo evitare la complicazione dell'ottica adattiva mettendo il nostro telescopio in orbita intorno alla Terra, fuori dall'atmosfera. E quale telescopio è più famoso dell'Hubble Space Telescope? È stato un salto enorme di qualità sia nei materiali sia nella progettazione ma anche, purtroppo, nei costi. Il telescopio ad esempio ha sofferto nei primi mesi di forte astigmatismo, a causa di un errore di lavorazione dello specchio primario. Grazie ad una missione di riparazione il difetto è stato corretto e Hubble è diventato un enorme successo. Ma la realizzazione e la manutenzione di un telescopio spaziale è cento volte più costosa di quella di un telescopio di pari dimensioni a terra. Bisogna quindi avere degli ottimi motivi per lanciare un telescopio nello spazio.

A terra è invece possibile migliorare costantemente lo strumento. È questo il caso del VLT. Anzi dei VLT: i quattro telescopi gemelli dello European Southern

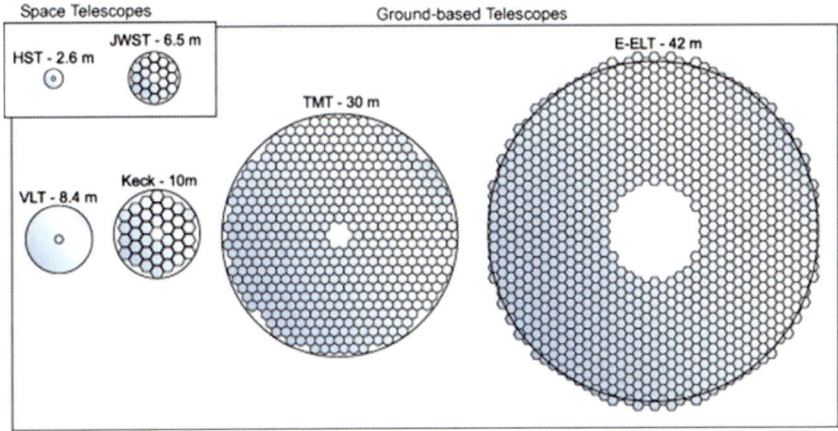

Contronto tra specchi primari di alcuni telescopi esistenti e futuri: gli specchi monolitici da 8.4 m dei VLT, gli specchi segmentati da 10m del Keck, da 30m del TMT e da 42m di E-ELT. Nell'inserto in alto, gli specchi dei telescopi spaziali Hubble (2.6m) e JWST (6.5m)

Le dimensioni della struttura di E-ELT a confronto con i VLT e il Colosseo

Observatory con i loro 4 specchi. Nei pochi anni che sono intercorsi tra la realizzazione del primo alla realizzazione dell'ultimo, le tecniche di abrasione e levigatura degli specchi sono migliorate abbastanza da ridurre la rugosità dello specchio primario di un fattore di grandezza. La qualità dell'immagine è migliorata di conseguenza. L'ultimo specchio lavorato si discosta pochissimo dalla sua forma ideale, al punto che, se fosse grande come l'oceano Atlantico, i suoi difetti sarebbero paragonabili a increspature dell'acqua alte solo 2 cm.

I telescopi di domani

Passando ai telescopi del futuro, il più atteso osservatorio spaziale è senza dubbio il successore dell'Hubble, il James Webb Space Telescope. Il suo specchio in Berillio e la sua struttura in grafite e Titanio rappresentano le migliori tecnologie attualmente disponibili.

E-ELT, con i suoi 40 metri di apertura, costituisce il gigante tra i futuri telescopi terrestri. A nuovi problemi corrispondo nuove risposte tecnologiche e l'utilizzo di materiali avanzati. Le problematiche per la realizzazione di strutture immense verranno risolte grazie a elementi auto-simili disegnati per ottimizzare rigidità e leggerezza insieme.

Lo stage invernale

Le lezioni della seconda parte dello stage contestualizzano la costruzione e l'assemblaggio del telescopio nell'esperienza di laboratorio. Inoltre viene spiegato l'uso e la manutenzione del telescopio, le necessarie precauzioni per l'osservazione del Sole e i concetti basilari per la manipolazione di immagini ed estrazione di informazioni dalle stesse.

Sistemi ottici

Riprendiamo i concetti visti sui telescopi, introducendo le equazioni delle lenti con particolare attenzione alla formazione di immagini, reali e virtuali. Il telescopio si comporta come un sistema di due lenti che raccoglie la luce e la concentra nella pupilla dell'osservatore. Da questo schema ricaviamo anche il concetto di ingrandimento, dato dal rapporto tra la lunghezza focale della lente obiettivo e quella dell'oculare. Viene introdotta anche l'importanza del diametro del telescopio. Più questo è grande, più luce si riesce a raccogliere. Allo stesso tempo la risoluzione dello strumento aumenta, permettendo di distinguere maggiori dettagli.
Infatti, la risoluzione spaziale di un telescopio perfetto è limitata solamente dall'effetto di diffrazione della luce sui bordi di ingresso del telescopio. Per esempio, nel caso di un telescopio di apertura circolare, l'immagine di un oggetto puntiforme viene trasformata nella cosiddetta Funzione di Airy. L'intensità dell'immagine in funzione

della sua posizione sul piano ottico θ è data dall'espressione:

$$I(\vartheta) = I_0 \left(\frac{2 J_I \left(\frac{kD}{2} \sin\theta \right)}{\frac{kD}{2} \sin\theta} \right)^2$$

ove J_1 è una funzione di Bessel del primo ordine, D è il diametro dell'apertura del telescopio, I_0 è l'intensità nel centro dell'immagine e $k=2\pi/\lambda$ è il numero d' onda. A causa di questo effetto, la risoluzione angolare limite per un telescopio perfetto è:

$$R = 1.22 \frac{\lambda}{D}$$

La risoluzione angolare R è quindi il più piccolo angolo di separazione risolvibile tra due oggetti vicini.

Per telescopi sulla Terra con un diametro maggiore di circa 10 cm, questa risoluzione non è mai raggiunta: come accennato prima, la turbolenza dell'atmosfera introduce delle aberrazioni tali da 'sfocare' sensibilmente le immagini acquisite col telescopio. In effetti, il cosiddetto 'seeing' atmosferico limita la risoluzione effettiva del telescopio ad essere

$$R_{eff} = \frac{\lambda}{r_0}$$

ove r_0 è chiamato Parametro di Fried, ed esprime la qualità del seeing. Un buon valore di seeing per un sito astronomico è dell'ordine dei 15-20 cm.

Acquisizione e trattamento immagini

Il telescopio che viene realizzato può essere utilizzato anche per osservazioni a occhio nudo, ma viene utilizzato prevalentemente con un sensore digitale.

Il sensore che viene montato nel fuoco del nostro telescopio è una CMOS e serve ad acquisire immagini del campo di vista del telescopio. Per poter lavorare su queste immagini è necessaria una introduzione basilare al trattamento di immagini, con i concetti di campionamento, tempo di integrazione, digitalizzazione a colori RGB o in scala di grigio. Ed inoltre per ottimizzare la visualizzazione delle immagini, sono necessarie alcune operazioni sulle stesse, come la correzione di Flat-field e l'equalizzazione dell'istogramma delle intensità.

Precauzioni durante l'osservazione del Sole

Per la nostra sicurezza durante l'utilizzo del telescopio è bene definire accuratamente le precauzioni da usare per l'osservazione del Sole.

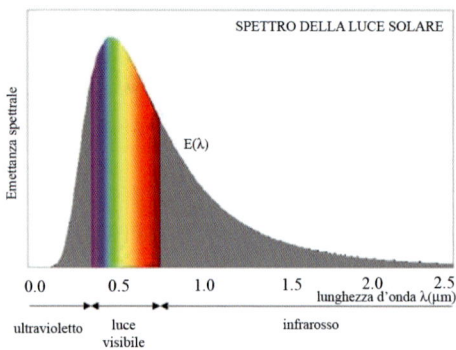

Spettro della luce solare (in grigio) e sensibilità dell'occhio umano (evidenziata dalla parte colorata)

Il problema principale nelle osservazioni solari è dato dalla gestione della notevole quantità di luce in arrivo dalla nostra stella, molto più intensa delle usuali sorgenti notturne. Se non gestita accuratamente un'osservazione del Sole può recare gravi danni allo sperimentatore che vuole indagarne le caratteristiche. Non si deve mai osservare quindi senza le opportune precauzioni. In questo caso le osservazioni sono effettuate mediante l'uso di opportuni filtri in Mylar. Viene data grande attenzione ai problemi legati alla sicurezza per l'osservazione del Sole e ai materiali adatti a renderla tale.

L'interazione tra lo spettro del Sole e la risposta della retina umana ci aiuta a spiegare perché alcuni materiali sono migliori di altri per schermare gli occhi e il telescopio. In alternativa, il metodo a proiezione, utilizzato da Galileo e da Scheiner, ci permette di visualizzare l'intero disco solare direttamente su un foglio appositamente preparato per le osservazioni.

Scheiner e un suo assistente utilizzano il sistema a proiezione

Astrofisica sperimentale: attività di laboratorio

Luca Giovannelli

Dipartimento di Fisica, Università degli Studi di Roma Tor Vergata

Introduzione

Le lezioni di laboratorio del modulo di astrofisica sono state dedicate alla costruzione di uno strumento in grado di analizzare, dalla propria scuola, lo stato di attività del Sole. Per riuscire in questo intento, è necessario applicare le informazioni sui materiali e le tecniche di costruzione di un telescopio, che sono state mostrate nelle lezioni teoriche e che vengono applicate anche nella costruzione dei moderni telescopi di grande apertura e in quelli spaziali. In questo modo le informazioni tecniche e scientifiche acquisite vengono comprese al meglio, applicandole al progetto che viene realizzato in prima persona dagli studenti.

La strada che porta alla costruzione del telescopio passa necessariamente per la comprensione dei materiali da usare per le diverse componenti. In particolare ci siamo soffermati sulle strutture che servono a sostenere e tenere allineati gli elementi ottici del sistema. Per i grandi telescopi queste strutture sono costituite da montature formate da elementi tubolari, il cui comportamento singolo è simile a quello di una trave. A tal scopo la prima parte del laboratorio è stata dedicata allo studio di barre di due diversi materiali, l'alluminio e la fibra di carbonio. Dopo essere stati caratterizzati con prove statiche e dinamiche, gli studenti sono stati in grado, alla fine della prima fase, di scegliere il materiale più adatto. Gli elementi portanti del telescopio, assemblato nella seconda parte dell'esperienza, sono costituiti proprio da barre di questo materiale. A partire dalle componenti di base i pezzi vengono montati, allineati e corredati di uno strumento per l'acquisizione d'immagini. Grazie allo strumento così costruito e caratterizzato è quindi possibile portare avanti osservazioni del Sole dal proprio istituto, studiandone l'evoluzione nel tempo.

Dal punto di vista metodologico, nelle ore di laboratorio vengono introdotti concetti e strumenti di analisi che si discostano dall'istruzione curriculare. Gli studenti si cimentano in attività di laboratorio che vanno quindi nella direzione delle attività di ricerca universitaria, lavorando in veri laboratori di ricerca. Concetti quale il campionamento digitale dei dati, vengono introdotti inizialmente in una breve spiegazione che precede l'attività sperimentale e successivamente subito applicate per l'acquisizione dei dati. Questi vengono poi interpretati cercando la fun-

L.M. Catena, F. Berrilli, I. Davoli, P. Prosposito, STUDENTI-RICERCATORI
per cinque giorni. "Stage a Tor Vergata",
DOI: 10.1007/978-88-470-5271-0, © Springer-Verlag Italia 2013

zione matematica che meglio li approssima, di cui si trovano i parametri che la caratterizzano. In questo modo viene introdotta la tecnica del fit matematico dei dati, un argomento difficilmente trattato nella didattica curricolare che si rivela un potente mezzo di analisi. La sequenza dei segnali viene così interpretata mediante una legge fisica, di cui si ricavano i parametri fondamentali in grado di caratterizzare il materiale.

Stage estivo

Nella prima esperienza di laboratorio gli studenti caratterizzano alcuni materiali mediante test dinamici e statici. Le montature dei grandi telescopi sono costituite da molteplici barre unite in elaborate geometrie. Il problema è qui semplificato nello studio dei singoli elementi. In particolare vengono analizzati i comportamenti di due barre di diverso materiale, lunghe un metro.

Anche la scelta dei materiali è semplificata: tra tutti i materiali visti a lezione si sceglie di testare un materiale molto comune, l'alluminio, e un materiale innovativo, ma sufficientemente facile da reperire e con costi non troppo elevati, la fibra di carbonio. L'alluminio è un materiale a basso costo, con buone caratteristiche meccaniche

Test dinamico su una barra di alluminio

la cui estrazione commerciale è relativamente recente. Fino a 200 anni fa, infatti, le difficoltà nella raffinazione dei minerali da cui era estratto lo portavano ad avere un costo superiore a quello dell'oro. All'inizio dell'800 poteva essere considerato un materiale innovativo data la sua leggerezza, facilità di lavorazione e resistenza alla corrosione. Oggi i suoi costi si sono notevolmente abbassati ed è considerato un materiale comune. Altri materiali scoperti in seguito hanno caratteristiche superiori, ma costi più elevati. Tra questi è stata scelta la fibra di carbonio, un materiale composito entrato nell'uso comune negli ultimi 30 anni. Sebbene i suoi costi siano ancora alquanto elevati, il suo utilizzo in vari ambiti lo rende ormai un materiale non troppo difficile da reperire. Due barre della stessa lunghezza e diametro, una di alluminio e una di carbonio, sono quindi utilizzate per determinare le caratteristiche di merito di questi due materiali.

I test sono divisi in statici e dinamici. Per il test dinamico viene utilizzato un accelerometro triassiale posto in punta alla barra da qualificare, che viene fissata a un'estremità da una morsa, in modo da poter essere idealizzata come una trave vincolata. La barra viene quindi sollecitata con un piccolo colpo in modo da mettere la barra in oscillazione; l'ampiezza dell'oscillazione diminuisce nel tempo poiché smorzata dalla risposta della trave. Tutto il movimento è registrato dal sensore digitale in grado di rilevare le accelerazioni comprese tra +5 g e − 5 g con una precisione di $2 \cdot 10^{-3}$ g (dove g = 9.81 m/s² è l'accelerazione di gravità sulla superficie della Terra). La massima frequenza di acquisizione e di 1 kHz. I dati così acquisiti da un computer vengono analizzati per estrarre i parametri fondamentali della legge del moto della punta libera della barra. La funzione matematica utilizzata per il fit dei dati è una sinusoide esponenzialmente smorzata:

$$s = A + Be^{-Ct} \sin(\omega t + \varphi)$$

dove s è lo spostamento in funzione del tempo t, ω è la frequenza angolare, ϕ è la fase, A e B due parametri e C è il coefficiente di smorzamento. Il fit permette di calcolare il valore di tutti e 5 i parametri (A, B, C, ω, ϕ) con cui la funzione approssima meglio l'andamento dei dati sperimentali. In particolare viene ricavato il coefficiente di smorzamento, che viene poi interpretato in relazione alla rigidità del materiale.

Per quanto riguarda l'acquisizione e il trattamento dei dati, gli studenti vengono introdotti a un linguaggio di programmazione che permette di dare specifiche istruzioni a un computer. Grazie a questo strumento si ha una gestione personalizzata della misura digitale e del successivo fit.

Il test statico viene invece effettuato applicando un carico noto all'estremità della trave, utilizzando un pesetto, di cui è stata precedentemente misurata la massa. Misurando lo spostamento relativo della punta si ricava il modulo di Young, legato alla rigidità del materiale.

Maggiore è lo spostamento, minore è la rigidità del materiale e quindi il modulo di Young (E). Questo, detto anche modulo di elasticità longitudinale, rappresenta il coefficiente lineare nella legge di Hook che lega la deformazione di un materiale (ε) allo sforzo applicato sull'oggetto (σ):

$$\sigma = E\varepsilon$$

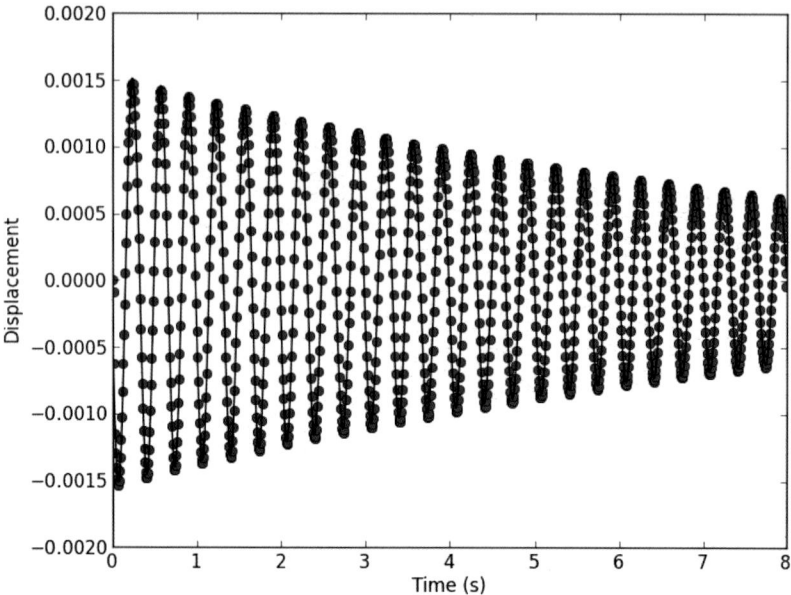

Dati sulla posizione della punta della barra (punti); sovrapposto (linea continua) il fit matematico di una sinusoide smorzata esponenzialmente

Questa approssimazione lineare è valida solo in regime di deformazione elastica del materiale, nel quale l'oggetto si piega e ritorna quindi nella posizione di partenza, senza deformarsi plasticamente. Il modulo di Young ha le dimensioni fisiche di una pressione e viene normalmente riportato in GPa. Il valore tipico per alluminio è di 70 GPa contro i 180 GPa per la fibra di carbonio. Il legno per confronto ha dei valori tipici intorno ai 10 GPa.

Le barre vengono quindi classificate in un diagramma di merito in cui in ascissa viene riportato il coefficiente di smorzamento e in ordinata il modulo di Young, normalizzato alla densità del materiale. Successivamente si valuta anche il costo come parametro per la scelta del materiale. In un secondo grafico viene riportato il modulo di Young normalizzato, in funzione del costo al metro delle barre. Tanto più alto è il modulo di Young, tanto più la trave è rigida e quindi adatta a sostenere le ottiche di un telescopio. Gli studenti applicano ai dati la teoria della propagazione degli errori e sono quindi in grado di associare delle barre di errore ai dati riportati nei grafici. L'esperimento è quindi analizzato criticamente anche sotto l'aspetto degli errori sistematici e casuali, permettendo agli studenti di comprendere appieno il processo di misura.

Più in generale vengono acquisite le capacità e competenze per le procedure per l'acquisizione di dati in un laboratorio e il concetto di inferenza dello sperimentatore sulla misura.

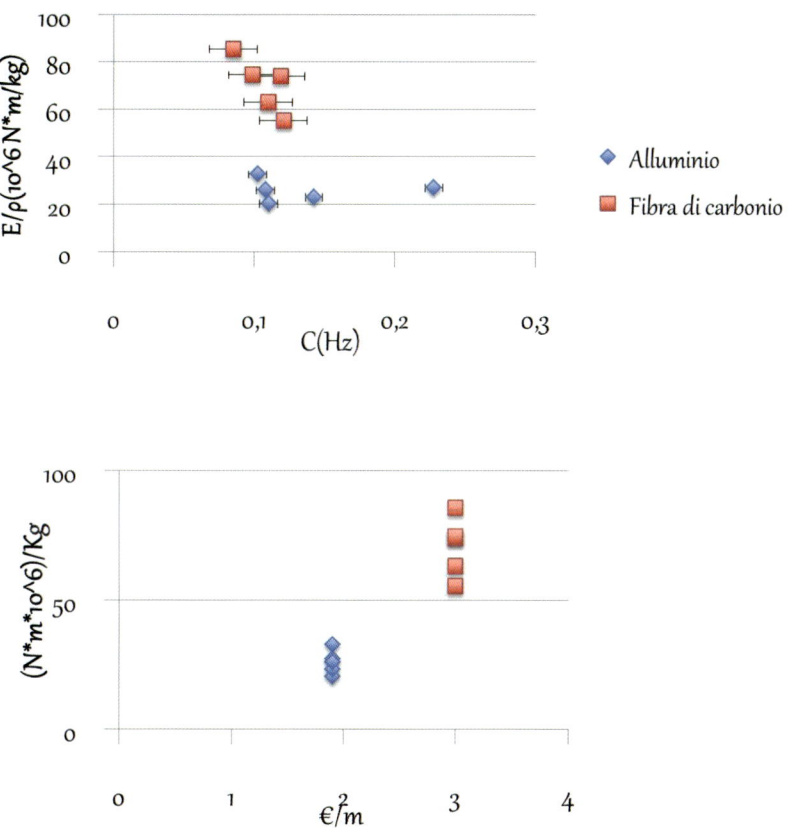

Diagrammi di merito con i dati sui due diversi materiali provenienti da 5 gruppi di lavoro.
Modulo di Young normalizzato alla densità (E/ρ) in funzione del coefficiente di smorzamento (C);
modulo di Young normalizzato alla densità (E/ρ) in funzione del costo per metro della barra

Stage invernale

Gli studenti, partendo dalle conoscenze sui materiali acquisite nella precedenza esperienza, si cimentano nella costruzione di uno strumento astronomico completo. La fibra di carbonio, era stata caratterizzata come materiale leggero e resistente e con proprietà in generale superiori all'alluminio. Utilizzando tutte le componenti necessarie, racchiuse in un kit, viene assemblato un telescopio rifrattore con focale di 900 mm, la cui struttura portante è appunto costituita da tre tubi in fibra di carbonio. Gli studenti assemblano quindi la struttura portante unendo i tubi in fibra di carbonio e i raccordi in PVC. Su questa viene installata la lente obiettivo e il gruppo meccanico del focheggiatore. La lente obiettivo ha un diametro di 90 mm; applicando la legge vista nel paragrafo *sistemi ottici* per il limite di diffrazione si ricava che lo strumento ha una risoluzione limite di 1.4 arcosecondi per luce con lunghezza d'onda di 500 nm. La struttura viene quindi bilanciata e viene effettuato l'allineamento ottico.

Una volta realizzato lo strumento, gli studenti apprendono, provando in prima persona, la tecnica per il puntamento e l'inseguimento di oggetti con montatura equatoriale motorizzata. La montatura del telescopio è infatti in grado di inseguire gli oggetti astronomici in cielo nel loro moto riflesso dovuto alla rotazione della Terra. A tal scopo è necessario saper orientare correttamente il telescopio, puntando il riferimento della stella polare. Viene anche insegnato un metodo per puntare con sufficiente precisione lo strumento nelle ore diurne, quando il riferimento della stella polare non è visibile.

Infine si affronta il problema di ricavare immagini da analizzare al computer. A questo scopo viene utilizzata una webcam opportunamente modificata. Dopo aver eliminato le ottiche, il sensore CMOS delle webcam viene posto sul piano focale del telescopio, dove l'obiettivo forma l'immagine dell'oggetto puntato. Date le ridotte dimensione del sensore questo permette un notevole ingrandimento portando ad avere una risoluzione di circa un arcosecondo per pixel.

I sensori CMOS sono attualmente i più utilizzati per ottenere immagini digitali, dalle fotocamere digitali ai cellulari smartphone. Ogni pixel è costituito da un fotodiodo e dall'elettronica di lettura e controllo, a differenza dei sensori CCD in cui l'amplificatore, esterno alla griglia di pixel, è comune per tutti. Questo rende i sensori CMOS più rapidi nelle fasi di lettura, anche se l'amplificazione differente da pixel a pixel li rende più rumorosi. L'effetto blooming, in cui un numero eccessivo di fotoni, saturando la capacità di raccolta di fotoelettroni del pixel, invadono i pixel vicini, non è presente nei CMOS. Inoltre, la capacità di ingegnerizzare fotodiodo ed

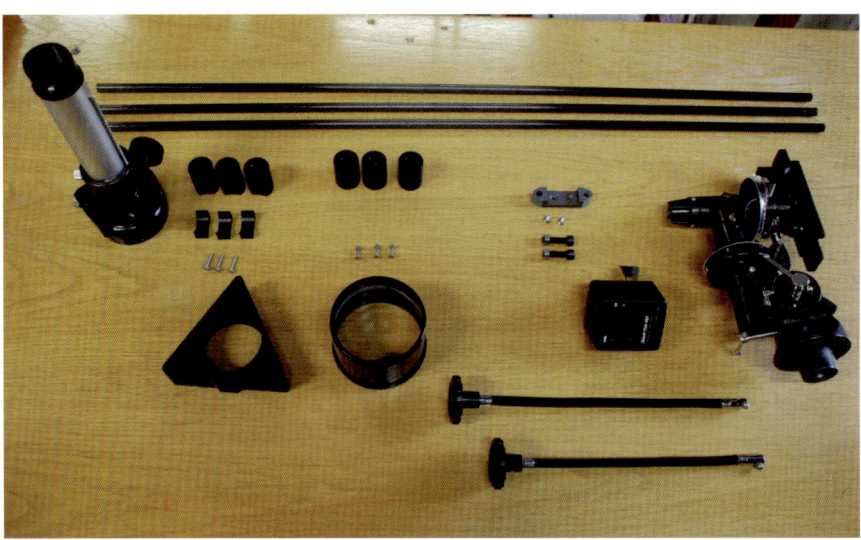

Il kit con tutte le componenti per l'assemblaggio del telescopio

Il telescopio, una volta completato, viene testato all'aperto

elettronica di lettura in un unico circuito integrato, permette di abbassare notevolmente i costi di produzione.

La tecnica viene quindi utilizzata per studiare il Sole con le opportune precauzioni già discusse. Il filtro in mylar permette di osservare la fotosfera solare, sia direttamente mediante un oculare, che con la webcam acquisendo immagini.

Viene introdotto quindi il fenomeno del ciclo solare e le origini magnetiche della presenza di macchie sulla fotosfera solare. Per studiare questo fenomeno con lo strumento realizzato si sfrutta un marcatore dell'attività solare molto utilizzato negli ultimi 150 anni, il numero di Wolf. Questo viene calcolato dalle immagini acquisite contando il numero di macchie (s) e di gruppi (g) in cui sono raggruppate secondo la formula:

$$R = k \, (10g+s)$$

con K=1 date le caratteristiche dello strumento costruito. L'intento finale è la realizzazione di un network di scuole per la misura del numero di Wolf che studi l'andamento del ciclo e sia in grado di acquisire i dati con una strumentazione standard che permetta facili raffronti tra i dati.

Stage a Tor Vergata:
ricaduta sull'attività didattica

Maria Rosaria Di Salvatore
Docente di Matematica e Fisica presso il Liceo Scientifico e Linguistico Statale di Ceccano (FR)

Gli allievi del Liceo Scientifico e Linguistico Statale di Ceccano (FR) hanno partecipato agli "Stage a Tor Vergata", fin dalla loro prima edizione nel 2010, seguendo
i tre moduli didattici proposti dallo stage: *Materiali per l'Astrofisica Sperimentale*,
Materiali per la Conversione Fotovoltaica e *Materiali per l'ICT (Information and
Communication Technology)*.

In particolare il modulo *Materiali per l'Astrofisica Sperimentale*, guidato dal
Prof. Francesco Berrilli, ha fornito un percorso sui materiali utilizzabili in campo
astrofisico sperimentale e, più in dettaglio, sui possibili materiali innovativi per la
realizzazione di ottiche e strumenti di supporto per telescopi da terra e spaziali.

La partecipazione allo stage, se da una parte ha coinvolto e appassionato gli
allievi, ha fornito, a noi insegnanti, un ulteriore momento di riflessione sul processo
di *insegnamento-apprendimento* nella nostra scuola.

Abbiamo notato che l'impostazione metodologica delle attività, incentrata sulla
laboratorialità, è risultata particolarmente efficace in termini di apprendimento da
parte degli studenti: attraverso attività di laboratorio alternate a lezioni teoriche, in
tempi brevi (cinque giorni), essi hanno acquisito sul campo conoscenze e competenze
anche su temi che esulano dai curricola scolastici tradizionali. Tra l'altro la presentazione da parte degli studenti, partecipanti allo stage, del lavoro svolto all'Università
agli alunni di tutte le classi quarte del nostro Liceo ha riscontrato un certo interesse
e una certa curiosità nei confronti delle tematiche trattate (*peer education*).

È nata così l'idea di progettare e sperimentare, in collaborazione con l'Università
di Roma Tor Vergata e con il "Museo Galileo" di Firenze, un percorso didattico da
inserire nel modulo di ottica del programma curricolare del secondo biennio del
liceo scientifico. Il percorso s'intitola *Sotto un'altra ottica* e riguarda *l'evoluzione
del telescopio, da Galileo alle nuove frontiere dell'ottica attiva e adattiva*.

Quadro concettuale del percorso

La ricerca astronomica è primariamente mossa dalla curiosità scientifica, ovvero
dal desiderio di esplorare l'ignoto fino ai confini dell'Universo osservabile. Ciò richiede lo sviluppo di tecnologie sempre più sofisticate. La tematica affrontata con-

L.M. Catena, F. Berrilli, I. Davoli, P. Prosposito, STUDENTI-RICERCATORI
per cinque giorni. "Stage a Tor Vergata",
DOI: 10.1007/978-88-470-5271-0, © Springer-Verlag Italia 2013

sente agli studenti di comprendere come il progresso tecnologico abbia permesso la costruzione di telescopi sempre più potenti con i quali è migliorata sempre più la conoscenza della realtà che ci circonda, nel caso specifico dell'Universo.

Il tema scelto si presta bene, dunque, a sviluppare la discussione sul rapporto tra scienza e tecnica nel nostro tempo e a colmare la distanza che spesso c'è nella scuola tra lo studio della scienza e quello delle sue applicazioni. Se da un lato la tecnologia è ormai entrata a far parte del nostro quotidiano, non sempre le idee scientifiche che a quelle tecnologie hanno condotto sono comprese o suscitano interesse. Il fatto che Galileo non avrebbe potuto rivoluzionare l'astronomia senza il cannocchiale è già una manifestazione dell'importanza assunta dagli strumenti di osservazione nel corso della Rivoluzione Scientifica. Pertanto il percorso, se da una parte va a consolidare e approfondire i contenuti teorici di ottica trattati nel curriculum tradizionale, dall'altra deve consentire agli studenti di cogliere la stretta correlazione tra scienza e tecnologia e di comprendere il ruolo fondamentale che le tecnologie hanno come strumento essenziale per lo sviluppo della scienza stessa. In più rispetto al curriculum standard, offre l'occasione per uno studio, nell'ambito della Scienza dei Materiali, sui materiali innovativi utilizzabili in campo astrofisico sperimentale.

L'aggancio alla figura di Galileo filosofo, scienziato e letterato, permette la progettazione d'interventi interdisciplinari con un respiro culturale ampio per poter superare la dicotomia ancora presente tra cultura scientifica e umanistica.

Gli argomenti sono presentati agli studenti in una prospettiva che cerca di tener conto del contesto storico-sociale entro il quale è maturata la loro invenzione, nella consapevolezza che "se la storia fosse considerata come qualcosa di più che un deposito di aneddoti o una cronologia, potrebbe produrre una trasformazione decisiva dell'immagine della scienza dalla quale siamo dominati" (T. Khun). Il ricorso alla storia della scienza non è solo un espediente narrativo per raccontare aneddoti e attrarre l'attenzione degli studenti, ma è fondamentale per far maturare in essi quello spirito critico senza il quale non vi è continuo sviluppo scientifico.

Organizzazione dell'attività didattica

La proposta didattica che stiamo progettando non può essere inquadrata unicamente in uno o più capitoli della sola fisica (astronomia, astrofisica) in quanto il tema considerato entra in forte interazione con altre discipline: filosofia, italiano, religione, chimica, scienza dei materiali, scienze della terra, biologia, inglese oltre che con la matematica e l'informatica.

La filosofia, l'italiano e la religione tracciano un profilo esauriente della figura di Galileo filosofo, scienziato, letterato e credente, e sviluppano il rapporto tra scienza e tecnica e scienza e fede dal periodo galileiano fino ai nostri giorni. La chimica pone il suo sguardo sulle caratteristiche dei materiali utilizzati per gli specchi e le montature di telescopi, l'informatica s'interessa del trattamento al computer delle immagini riprese dal telescopio. A tutto questo farà da sfondo la lingua inglese, lingua ufficiale della ricerca scientifica, e la matematica poiché "La filosofia naturale è scritta in questo grandissimo libro che continuamente ci sta aperto innanzi agli occhi, io dico l'universo, ma non si può intendere se prima non s'impara a intender la lingua e conoscer i caratteri nei quali è scritto. Egli è scritto in lingua matematica, e i caratteri son triangoli, cerchi e altre figure geometriche, senza i quali mezzi è impossibile a intenderne umanamente parola; senza questi è un aggirarsi vanamente per un oscuro labirinto" (*Il Saggiatore*, Galileo Galilei, 1564-1642), e la lingua inglese, lingua ufficiale della ricerca scientifica.

Metodologia

L'impostazione metodologica del percorso progettato è centrata sulla *laboratorialità e creatività*: lo studente diventa attore e protagonista del processo di apprendimento, attraverso la realizzazione di attività impostate come veri e propri lavori di ricerca. In questo modo l'apprendimento si conquista attraverso l'esperienza e la riflessione sull'esperienza, arrivando per via induttiva a conoscenze via via più formalizzate, smette di evolversi in maniera verticistica, ma prende forma reticolare.

Momenti esplorativi si alternano a momenti d'informazione strutturata e di laboratorio, ma si prevedono e sono fondamentali, anche lavori di gruppo che aprano spazi di riflessione e di confronto e favoriscano la costruzione cooperativa delle conoscenze. L'attività didattica diventa luogo della criticità interpretativa e della creatività produttiva.

In tutto questo l'insegnante è regista in un ambiente di apprendimento integrato: egli è promotore di occasioni di apprendimento che devono essere innanzitutto progettate, incoraggia ciascun alunno a esprimersi e, soprattutto, è abile nel mantenere il rigore scientifico e nel proporre una continua verifica degli apprendimenti da parte degli studenti (organizzazione del pensiero, acquisizione di metodi e di strategie).

L'utilizzo di strumenti come internet, LIM, supporti multimediali, molto familiari ai giovani, vede loro riconosciuti i propri interessi e le proprie abilità sebbene piegati a un fine preciso che, in questo caso, è l'apprendimento della scienza.

Punti di forza e di criticità

Lo sviluppo di questo percorso ha fornito sicuramente molti vantaggi, sia a livello individuale sia di sistema.

L'alunno viene messo in grado di capire il perché delle cose che fa, viene aiutato a costruire il proprio percorso di studi riuscendo a collocarlo significativamente nel proprio progetto di vita. I contenuti e i metodi di ogni disciplina si arricchiscono di senso e di motivazione quando sono posti all'interno di uno sfondo che ne giustifichi e contestualizzi la nascita, lo scopo e lo sviluppo. Attraverso la pratica laboratoriale, inoltre, l'alunno è chiamato a sviluppare comportamenti sociali di cooperative *learning* e di rispetto degli accordi e degli impegni presi.

A livello di sistema è stato possibile promuovere la cultura scientifica/tecnologica e orientare, rendendo gli studenti consapevoli dei propri interessi e delle proprie attitudini e in grado di fare scelte future responsabili.

Le debolezze e le criticità, più che con il metodo in sé, hanno a che fare con questioni logistiche e organizzative degli istituti scolastici: spesso mancano strutture e strumenti adeguati, in particolare i laboratori non sono attrezzati adeguatamente. Manca anche la possibilità di una formazione specifica per gli insegnanti, assolutamente necessaria se si vuole procedere nella direzione di un ripensamento delle metodologie di insegnamento. Oltre a questo, il lavoro di progettazione del percorso, effettuato pianificando bene tutta l'attività didattica, richiede per il docente ore e ore di lavoro in più.

Il percorso *"Sotto un'altra ottica": dal telescopio di Galileo alle nuove frontiere dell'ottica attiva e adattiva* è stato presentato al convegno "EXPERIMENTA 3. Pensare e fare scienza: percorsi didattici esemplari" e partecipa a *Il cannocchiale di Galileo* progetto sull'integrazione delle scienze e didattica laboratoriale dell'ANSAS-Indire. Il progetto si inserisce nell'ambito delle misure di accompagnamento al riordino del secondo ciclo di istruzione e come prosecuzione delle attività legate alle Delivery Unit ed è risultato essere uno dei vincitori alla manifestazione "Orientascienze per i docenti: Premio nazionale Didattica della Scienza (edizione 2012-13)" promossa da Confindustria, in collaborazione con il MIUR, con il Comitato per lo Sviluppo della Cultura Scientifica e Tecnologica, con la Conferenza dei Presidi delle Facoltà di Scienze, con l'Associazione Italiana Editori e l'Associazione Nazionale Presidi.

Ha ricevuto il 1° PREMIO ISTRUZIONE LICEALE: "…Progetto "Sotto un'altra ottica: dal telescopio di Galileo alle nuove frontiere dell'ottica attiva e adattiva"- Liceo scientifico e linguistico statale di Ceccano – CECCANO (FR) – Prof.ssa Maria Rosaria DI SALVATORE - con la seguente motivazione: *Il progetto bene armonizza il rapporto tra scienza e tecnologia. Strategico e lungimirante è stato il ricorso alla storia della scienza: l'aggancio alla figura di Galileo ha permesso la progettazione di interventi interdisciplinari con un respiro culturale ampio per superare la dicotomia ancora presente tra, le cosiddette, cultura scientifica e umanistica. Orienta rendendo gli studenti consapevoli dei propri interessi e delle proprie attitudini e in grado di fare scelte future responsabili…".*

È evidente che la partecipazione agli "Stage a Tor Vergata" è stata, per il Liceo Scientifico e Linguistico di Ceccano, un'esperienza molto interessante in termini di ricaduta didattica sulle classi del nostro istituto. Ma è importante sottolineare, come il clima di serena collaborazione con i docenti universitari e con lo staff tutto dell'organizzazione, abbia contribuito a ricreare negli insegnanti che hanno partecipato allo stage, quell'entusiasmo e quella voglia di mettersi in gioco indispensabili per svolgere al meglio il proprio lavoro.

Esperimenti in laboratorio con lenti e specchi

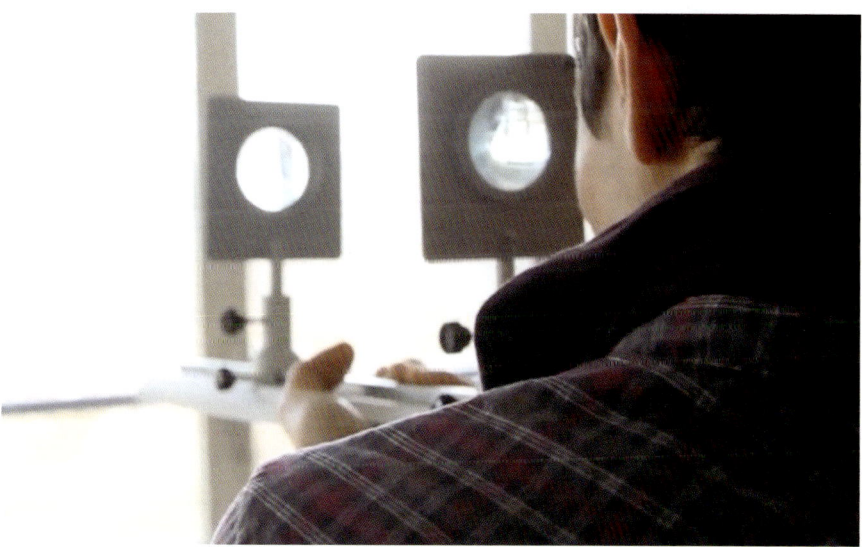

Costruzione di un cannocchiale con due lenti

Esempio di peer education   Esempio di peer education

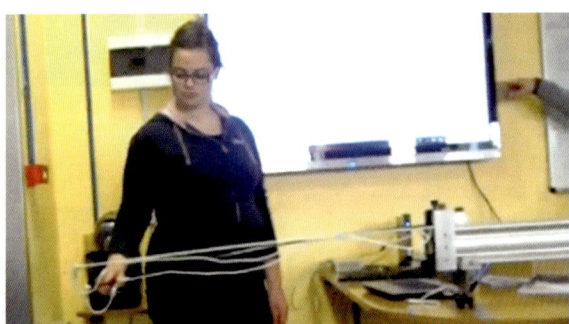

Determinazione del coefficiente di smorzamento di una
barra di alluminio e una di
carbonio

Montaggio di un telescopio a fibra di carbonio

Riflessi sulle attività didattiche ordinarie

Mario Del Prete
Docente di Elettronica e Telecomunicazioni presso il Polo Tecnologico dell'I.I.S. Telesi@ di Telese Terme (BN)

L'esperienza in oggetto concerne uno stage cui hanno partecipato tre allievi dell'Istituto di Istruzione Superiore *Telesi@* di Telese Terme (Benevento), seguiti e accompagnati da un docente.

L'I.I.S. *Telesi@* è una realtà scolastica variegata che include un Liceo Scientifico, uno Scientifico con opz. Scienze Applicate, un Liceo Classico, un Liceo delle Scienze Umane con opz. Economico Sociale, un Liceo Linguistico e infine un Istituto Professionale con Indirizzi *Elettrotecnica* ed *Elettronica*. In particolare i tre studenti coinvolti provenivano rispettivamente dal Liceo Classico, dallo Scientifico e dall'Istituto Professionale con indirizzo *Elettrotecnica*.

Ciascun allievo è stato indirizzato verso uno dei tre percorsi proposti: *Materiali per la conversione fotovoltaica*; *Materiali per l'ICT*; *Materiali per l'Astrofisica sperimentale*.

Quest'ultimo tra tutti, rivelatosi di forte interesse didattico, era finalizzato allo studio di materiali innovativi con applicazioni nel campo dell'astrofisica, con particolare riguardo ai problemi di realizzazione di strutture di supporto per telescopi di terra e spaziali.

Le tematiche di studio proposte hanno offerto molteplici spunti operativi sia dal punto di vista teorico che tecnico-pratico, sollecitando negli allievi la ricerca di un metodo di lavoro scientificamente rigoroso e senz'altro adeguato alle attuali frontiere della ricerca scientifica.

Gli argomenti affrontati in *Materiali per l'Astrofisica sperimentale* (assemblaggio di sistemi ottici, utilizzo del telescopio …) sono in parte già presenti nell'ordinaria programmazione della scuola superiore, ma unicamente a un livello elementare, non essendo generalmente previsto, per ovvie ragioni di carattere didattico, il conseguimento di specifiche e approfondite conoscenze da parte degli allievi.

Lo stage ha pertanto dato la singolare possibilità di proporre argomenti curricolari in forma didatticamente inusuale per gli studi secondari superiori, aggiornata al passo dello sviluppo scientifico e tecnologico e comunque specchio degli approfondimenti possibili rispetto alle basilari nozioni scolastiche.

Da sottolineare l'intervento diretto degli allievi medesimi nelle attività di laboratorio, durante le quali è stato possibile applicare tecniche e metodologie d'indagine scientifica tradizionali in parallelo alle più recenti e accreditate, la cui utilità, esulando dal particolare

L.M. Catena, F. Berrilli, I. Davoli, P. Prosposito, STUDENTI-RICERCATORI
per cinque giorni. "Stage a Tor Vergata",
DOI: 10.1007/978-88-470-5271-0, © Springer-Verlag Italia 2013

oggetto di studio, è vastissima e d'immediata spendibilità.

Vanno citate a tal proposito le tecniche di acquisizione automatica dei dati impiegate nello studio delle proprietà dei materiali, con le conseguenti problematiche connesse all'uso delle apparecchiature di misurazione elettronica, soprattutto riguardo all'approntamento e la manutenzione dei sensori e l'interfacciamento con il sistema di elaborazione dei dati. È di pressante interesse notare come simili argomenti risultino oggigiorno fondamentali nell'ambito della fruizione di un moderno laboratorio di Fisica; e come, d'altro canto, essi si trovano spesso ignorati dalla didattica corrente.

L'attività di lettura, registrazione ed elaborazione dei dati, in cui sono stati attivamente coinvolti gli studenti, condotta attraverso l'uso di opportuni e rigorosi software di alto livello ha suggerito interessanti spunti anche per la ricerca di spazi interdisciplinari. Altrettanto utili, soprattutto per l'immediata spendibilità e l'interesse suscitato negli allievi, le versatili tecniche di acquisizione ed elaborazione delle immagini carpite dai telescopi che sono state fattivamente adoperate sotto la guida dei docenti presenti.

Fondamentale per la riuscita didattica dello stage è stato il momento di assemblaggio del telescopio utilizzato dagli studenti.

Il paziente lavoro di montaggio integrale dell'apparecchio, di media complessità e comunque del tutto nuovo per gli allievi, l'accurata messa a punto del sistema ottico e le conseguenti esperienze hanno permesso di acquisire con impensabile celerità una buona padronanza dello strumento, nonché di sviluppare quella manualità che è parte integrante dell'attività di laboratorio.

Particolarmente emozionante per gli allievi si è rivelata l'interessante esperienza operativa compiuta con lo strumento appena assemblato, avente a oggetto l'osservazione del disco solare, unico astro visibile data l'ora diurna di svolgimento dell'attività di stage.

In conclusione si può affermare che tutte le esperienze proposte, in particolare quelle riguardanti le misurazioni di grandezze fisiche connesse alle proprietà dei materiali, sono riproducibili con un buon grado di approssimazione in un laboratorio di scuola secondaria superiore, e di più possono essere ulteriormente modificate e incrementate assecondando tanto l'indole degli allievi quanto le esigenze della didattica. Tra l'altro il telescopio offerto in dono all'Istituto si presta di per sé a infinite proposte di studio, come già è stato provato con il suo utilizzo in occasione della Scuola Estiva di Astronomia organizzata presso l'IIS *Telesi@,* con il supporto scientifico della SAIt (Società Astronomica Italiana), che al termine dell'anno scolastico 2011/12 ha mostrato la dimensione delle immediate e positive ricadute di simili suggestioni scientifiche sugli interessi e capacità degli allievi. In particolare in tale sede, grazie alla possibilità di effettuare osservazioni notturne, è stato possibile ampliare notevolmente l'ambito delle esperienze operative semplicemente puntando l'apparecchio telescopico verso il disco lunare; attività in sé non particolarmente complessa, ma rivelatasi immediatamente suggestiva e appagante per gli allievi, nonché didatticamente imprescindibile, essendo questo il primissimo passo verso l'uso autonomo dello strumento.

L'intera esperienza di stage, sia nell'aspetto emozionale sia specificatamente conoscitivo, è stata condivisa con i compagni dai medesimi allievi coinvolti in occasione di specifici interventi, mentre il materiale raccolto sotto forma di appunti e slide è stato messo a disposizione tanto degli allievi quanto dei docenti, e potrà essere utilizzato nella didattica ordinaria sin dal prossimo anno scolastico.

L'impulso impresso dallo stage va quindi nella giusta direzione ed è ragionevole ritenere possa fornire in futuro ulteriori positivi risultati.

IIS Telesi@, Telese Terme (BN) - Polo Tecnologico

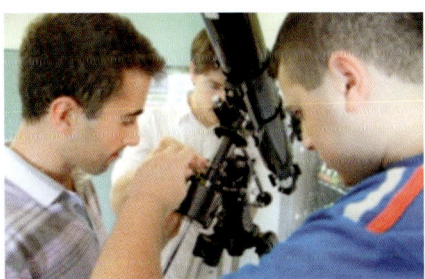 

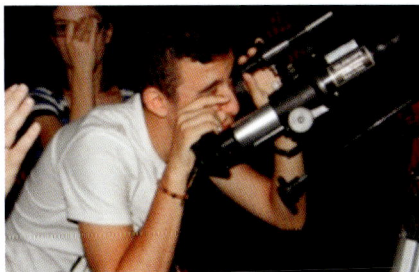

Tesine per l'esame di stato

Nuovi progetti per i Grandi Telescopi. Osservare il cielo nel Terzo Millennio

Tesina presentata all'Esame di Stato 2010/2011

Cesare Certosini

Studente del Liceo Scientifico Tecnologico Tito Sarrocchi di Siena

Prefazione

Ho deciso di scrivere una tesina riguardante i nuovi progetti per i grandi telescopi dopo aver frequentato due stages all'Università degli Studi di Roma Tor Vergata che trattavano temi vicino all'astrofisica. Il primo stage che ho frequentato (14-18 Giugno 2010) si articolava in corsi di ambito astrofisico: ho seguito quello di Meccanica Celeste. Il secondo stage (7-11 Febbraio 2011) trattava temi di fisica dei materiali. Ho seguito il corso di Astrofisica Sperimentale, tenuto dai ricercatori del laboratorio di Fisica Solare dell'Università di Roma Tor Vergata: Dario Del Moro, Luca Giovannelli e Martina Cocciolo. Abbiamo studiato i telescopi, la loro storia, le loro strutture, i loro materiali fino a parlare dei progetti in fase di realizzazione. Questi stages mi sono stati indicati dalla mia prof.ssa di Fisica Sonia Quattrini, per questo voglio qui ringraziarla. Gli argomenti trattati mi hanno appassionato, soprattutto per quanto riguarda le sfide ingegneristiche, le tecniche e i materiali utilizzati per superarle. Da questa esperienza ho maturato ancora di più l'interesse per l'ingegneria, in particolare per l'ingegneria meccanica.

Perché l'uomo osserva le stelle?

L'uomo ha osservato le stelle sin dalla preistoria affascinato dalla volta celeste sopra di sé.

In epoca preistorica l'uomo osservava le stelle per cogliere segni divini e, con lo sviluppo dell'agricoltura, per determinare i tempi dei propri raccolti.

Dal regno sumero si ha uno studio più approfondito delle stelle e una prima classificazione.

La volta celeste è stata oggetto d'inte-

Particolare di una nebulosa stellare

L.M. Catena, F. Berrilli, I. Davoli, P. Prosposito, STUDENTI-RICERCATORI per cinque giorni. "Stage a Tor Vergata",
DOI: 10.1007/978-88-470-5271-0, © Springer-Verlag Italia 2013

Galileo Galilei   Friedrich Johannes Kepler

resse per tutti i popoli successivi a tal punto che i fenici adottarono la Stella Polare come punto di riferimento per le loro navigazioni. Nel medioevo dove gli astronomi cattolici si rifacevano alla concezione tolemaica della volta celeste che meglio si confaceva alle Scritture, lo studio e l'osservazione delle stelle perse d'importanza anche per le pressioni della Chiesa. Gli unici astronomi occidentali che continuavano a osservare erano gli arabi; arabi, infatti, sono i nomi tutt'oggi utilizzati per molte stelle. I cinesi studiarono in modo molto approfondito le stelle e celebre è la dettagliata relazione che descrive l'esplosione della Supernovae SN 1054 che ha dato origine alla nebulosa del Granchio.

Con l'avvento di studiosi del calibro di Tycho Brahe, Galileo Galilei e Friedrich Johannes Kepler, che facevano uso del metodo scientifico e, gli ultimi due, dei primi cannocchiali, lo studio delle stelle diventa una scienza non più strettamente qualitativa ma anche quantitativa.
Nacque così l'astrofisica.

Perché i grandi telescopi?

L'uomo quando osserva il cielo vede molti oggetti puntiformi di cui però non si distinguono i dettagli superficiali, per riuscire a comprendere la loro natura egli si è dotato di strumenti via via sempre migliori.

Il cannocchiale galileiano

Il primo strumento a essere utilizzato fu il cannocchiale galileiano: uno strumento in grado di ingrandire gli oggetti che vi venivano osservati. Il cannocchiale era composto di un tubo con alle sue estremità due lenti, una convessa e una concava, che avevano il rispettivo fuoco in posizioni coincidenti.

Il suo nome tecnico è telescopio rifrattore, cioè un telescopio che sfrutta le proprietà di rifrazione della radiazione luminosa delle lenti di vetro.

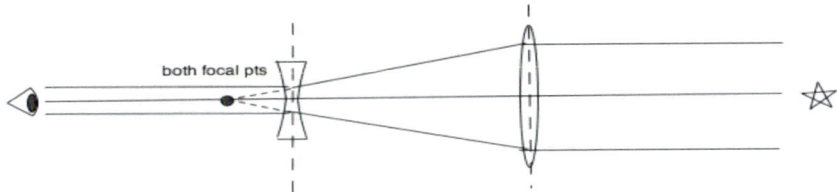

Schema ottico di un telescopio galileiano, è interessante notare la necessaria coincidenza dei due fuochi

Grazie ad esso le stelle conosciute e gli altri oggetti come pianeti e nebulose venivano visualizzati in modo migliore, inoltre, ne venivano scoperte di nuove.

La Magnificazione di un Telescopio

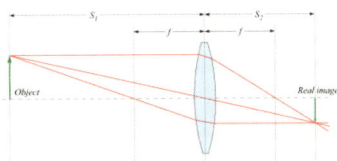

Il fattore più importante di un telescopio è la magnificazione, ovvero l'ingrandimento che il telescopio riesce a fornire dell'oggetto osservato in quel momento; essa dipende dal rapporto tra la lente dell'obiettivo e quella dell'oculare ($M=f_o/f_e$). Dobbiamo

Magnificazione di una lente

però considerare che, a parità di lunghezza focale dell'oculare l'ingrandimento aumenta con la lunghezza focale dell'obiettivo. Ciò è ottenibile con una maggiore lunghezza del tubo del cannocchiale, quindi, della distanza che la luce percorre all'interno di esso.

Il tempo d'integrazione

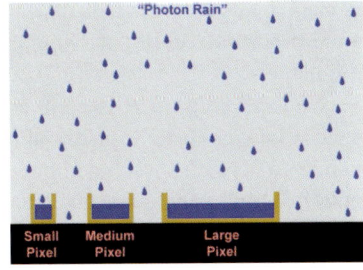

Un altro fattore da valutare è il tempo d'integrazione di un telescopio, ovvero la durata dell'esposizione necessaria affinché si ottenga una buona immagine. Ciò è strettamente collegato al concetto di flusso di fotoni: da una stella noi riceviamo una sorta di "pioggia di fotoni". Per aumentare il numero di fotoni che riceviamo in un determinato intervallo di tempo, e quindi ottenere un'immagine migliore, è necessario disporre di un contenitore più grande, quindi di uno specchio di dimensioni

Pioggia di fotoni

maggiori. Il tempo d'integrazione è inversamente proporzionale al quadrato del diametro del telescopio.
($t=fD^2$ da qui si evince che $D=(t/f)^{-2}$).

Il telescopio kepleriano

Una miglioria importante al telescopio galileiano fu apportata da Johannes Kepler, astronomo tedesco discepolo di Tycho Brahe, che
sostituì la lente concava dell'oculare con una
lente convessa posta a distanza maggiore di
f_o, come mostrato nella figura qui a fianco.

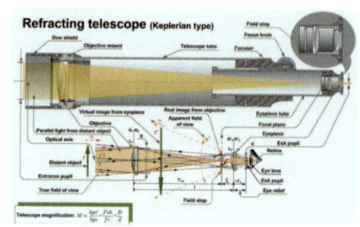

Risulta evidente che a parità di magnificazione il telescopio kepleriano è più lungo

Schema di un telescopio rifrattore

di quello galileiano di una distanza pari a $2f_e$ ($f_o + f_e$ invece di $f_o - f_e$), ma bisogna
considerare che in telescopi di grandi dimensioni f_o è molto maggiore f_e e quindi Δl
è trascurabile. L'unico svantaggio evidente è quello che l'immagine risulta capovolta
a causa della formazione dell'immagine dopo il punto focale della lente primaria.
Ciò lo rese poco popolare in campo commerciale dato che le maggiori vendite si re-
gistravano in campo militare per l'osservazione dei nemici, ma non costituisce un
problema per l'osservazione astronomica. Il più grande vantaggio del telescopio kepleriano è quello di sostituire la lente concava con una convessa, in modo da
aumentare di molto il campo di vista, estremamente limitato, del cannocchiale
galileiano. Inoltre si evita l'utilizzo di una lente concava difficile da produrre, ciò
limita i costi e rende più semplice la progettazione di telescopi più grandi.

Lenti o Specchi?

I telescopi moderni non utilizzano più le lenti come mezzo per deviare e raccogliere
la luce ma utilizzano gli specchi: sono di più facile costruzione e permettono di aumentare f_o senza aumentare la lunghezza del telescopio.
È importante considerare che uno specchio non soffre di aberrazione cromatica, in
quanto non c'è differenza tra la riflessione di due onde luminose con differente
lunghezza d'onda, cosa che non è vero per la rifrazione, dove ogni onda viene
deviata in misura diversa da una stessa
lente a seconda della sua lunghezza
d'onda.

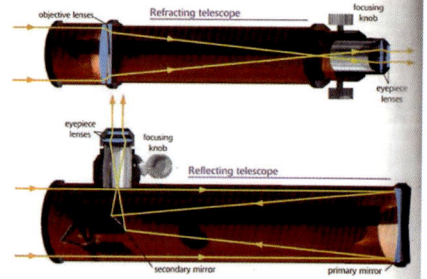

Uno specchio offre, rispetto a una
lente, vantaggi anche riguardo al peso
in quanto per uno specchio si possono
utilizzare tipologie di specchi chiamate
"lightweight" che riducono notevolmente
il peso della struttura. Come le lenti
anche gli specchi perdono parte della
luce raccolta, infatti la riflessione ha
un rendimento≈95%, cioè solo il 95%
della luce che giunge su uno specchio
è riflessa: ciò diminuisce sensibilmente

Confronto tra telescopio rifrattore e telescopio
riflettore

la qualità dell'immagine solo in un design ottico del telescopio che prevede un elevato numero di specchi, quindi non è particolarmente rilevante nella maggior parte dei telescopi che hanno un design Ritchey-Chrétien, Nasmyth o, in quelli più amatoriali, newtoniano. Gli specchi hanno però uno svantaggio rispetto alle lenti: mentre nel caso delle lenti i difetti di lavorazione della superficie sono dimezzati, negli specchi vengono raddoppiati proprio a causa della riflessione. Quindi gli specchi per avere la stessa resa di una lente devono avere imperfezioni della superficie quattro volte più piccole.

Aberrazione cromatica

Il telescopio ideale

Un telescopio dovrebbe rispettare alcune caratteristiche fondamentali.
*   **Una forma che rispetta quella di un paraboloide circolare** in modo da far convergere verso il punto focale tutti i raggi che giungono sulla lente. Questa forma è molto difficile da ottenere durante la lavorazione e ciò rende costoso l'utilizzo di specchi parabolici. Il telescopio newtoniano, il primo a essere dotato di specchi, montava uno specchio sferico, facile da costruire: esso però soffriva di aberrazione sferica, cioè la qualità dell'immagine era compromessa dalla sfericità dello specchio che non aveva un fuoco. Sotto è evidenziato come

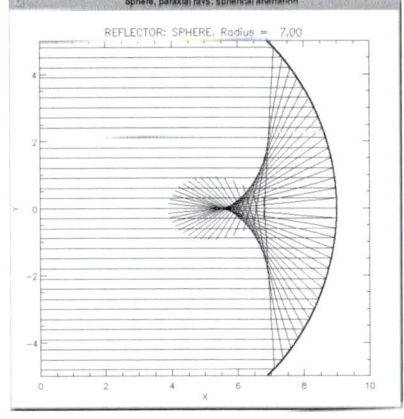

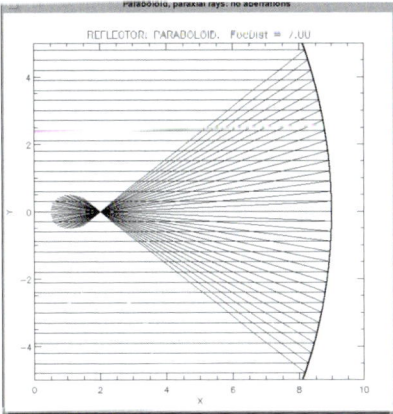

Aberrazione sferica per uno specchio   Specchio parabolico una circonferenza non presenti un fuoco preciso, a differenza di una parabola che fa convergere tutti i raggi in un unico punto.

Nei telescopi moderni sono spesso utilizzate forme iperboloidi che hanno il vantaggio di convergere nel suo fuoco molto più velocemente di specchi paraboloidi, ciò aumenta il rapporto tra magnificazione e lunghezza del telescopio. Inoltre combinando iperboloidi possono essere eliminate molte aberrazioni residue, presenti con il paraboloide, come coma e astigmatismo.

- **Essere quanto più grande possibile** per catturare il maggior numero di fotoni possibile e diminuire il tempo d'integrazione. La maggiore grandezza del telescopio permette di raccogliere un numero maggiore di fotoni in un intervallo di tempo e, di conseguenza, migliorare la qualità dell'immagine. La maggiore grandezza non migliora solo la qualità delle immagini, permette anche di aumentare il numero delle immagini fornite dal telescopio in un intervallo di tempo: se vogliamo ottenere un'immagine della stessa qualità su un telescopio di diametro d e uno più grande di diametro $k*d$, occorrerà catturare lo stesso numero di fotoni; considerando che sulla Terra giunge una "pioggia di fotoni" su due aree il cui rapporto è k^2, si

Telescopio Subaru

renderà necessario un intervallo di tempo t per ottenere l'immagine nel telescopio più piccolo, e un intervallo di tempo pari a t/k^2 nel telescopio più grande.

- **Essere il più leggero possibile** in modo da facilitare la gestione della meccanica e ridurre la deformazione causata dal suo stesso peso. Lo specchio e tutta la struttura sono composti principalmente da materiale metallico, acciaio e alluminio per la struttura, Berillio per lo specchio, e da vetri di vario tipo quali Pyrex®, Zerodur® e ULE® o ceramici come SiC; nonostante materiali sempre migliori e tecnologie costruttive e strutturali sempre più sofisticate, il peso di uno specchio di 8m come quello del telescopio giapponese Subaru (uno dei più grandi telescopi oggi esistenti) si aggira intorno alle 25 tonnellate e l'intera struttura intorno alle 612 tonnellate. Risulta quindi evidente che progettare specchi di diametro fino a 10 volte quello dello specchio di Subaru complica notevolmente l'intera struttura dell'intero telescopio, quindi, di tutto l'osservatorio. Con masse di quest'ordine di grandezza lo specchio tende a deformarsi sotto il suo stesso peso e si rivela indispensabile l'utilizzo di sistemi di ottica attiva (vedi paragrafo relativo) che mantengono inalterata la forma del telescopio. Per telescopi spaziali questo problema diventa ancora più importante fino a rivestire la principale sfida per i progettisti; per spedire in orbita un chilo di materiale sono necessari 150'000 $, pari al costo di tre chili d'oro. Una spesa così importante per la missione spaziale apre la strada all'utilizzo di materiali più costosi ma dalle ottime capacità fisiche come il Berillio e carburo di Silicio (SiC) che sono scartati nei telescopi terrestri per l'elevato costo.

- **Eliminare il seeing astronomico** così da non presentare problematiche relative alla deformazione delle immagini dovute all'atmosfera. La luce viene emessa dall'oggetto osservato in tutte le direzioni, ma il fronte d'onda che arriva sulla Terra è considerabile, a causa della grande distanza tra la Terra e l'oggetto, come un piano perpendicolare all'asse del telescopio. L'atmosfera terrestre presenta però zone aventi differente pressione e turbolenze che si fanno attraversare dalla luce in modo non uniforme e modificano il fronte d'onda che giunge sullo specchio primario, che non risulta più piatto; ciò produce aberrazioni sull'immagine, la più evidente (che risulta però la più semplice da risolvere) è quella chiamata "tip-tilt" che produce una vibrazione dell'immagine osservata. L'insieme di queste aberrazioni è racchiuso nel termine *seeing atmosferico*. Per ovviare a questo problema è stato costruito il telescopio spaziale Hubble e tutti gli altri telescopi spaziali. Un'altra tecnica che si è sviluppata negli ultimi anni è quella dell'ottica adattiva (vedi paragrafo relativo), cioè la compensazione dell'effetto della luce tramite l'utilizzo di attuatori posti dietro allo specchio e di sensori di fronte d'onda.

La Segmentazione dello Specchio

Una tecnica costruttiva che si è sviluppata in questi ultimi anni è quella della segmentazione dello specchio; essa consiste nel sostituire lo specchio monolitico con un numero maggiore di specchi più piccoli affiancati tra loro così da ottenere uno specchio virtuale di dimensioni maggiori. Questa tecnica permette di costruire specchi di dimensioni molto maggiori di quelle di uno specchio monolitico, mentre il più grande specchio monolitico al mondo si aggira infatti

Preparazione specchio primario James Webb Telescope

intorno agli 8 m di diametro, gli specchi adottati nei telescopi segmentati sono nell'ordine di grandezza di 1m, ciò semplifica la costruzione e il trasporto dello specchio, riduce anche le imprecisioni sulla superficie a circa 20-40 nm, traguardo più difficile da raggiungere per uno specchio dieci volte più grande. Grazie all'utilizzo di più specchi di peso minore sono ridotte anche le deformazioni dovute al peso dello specchio. Il corretto posizionamento è garantito dall'adozione di ottica attiva.

Ottica Attiva

Una tecnica largamente utilizzata nei nuovi progetti per
grandi telescopi è l'ottica attiva; questa tecnica prevede
l'impianto all'interno della
cell dello specchio di attuatori, che possono essere idrau-
lici o piezoelettrici, al fine
di mantenere la forma dello
specchio quanto più aderente
possibile al disegno del pro-
gettista. Questa tecnica è utilizzata per compensare le

Cell dello specchio primario di uno dei due telescopi Gemini
che include attuatori dedicati all'ottica attiva

deformazioni create dalla forza di gravità sia su specchi monolitici sia segmentati;
negli specchi segmentati questa tecnica facilita il mantenimento della corretta
posizione da parte delle varie unità. Siccome l'effetto della forza di gravità non varia
in modo caotico e repentino questi pistoni si muovono a una frequenza pari a 5 Hz;
una frequenza non particolarmente elevata consente di non sottoporre lo specchio a
sollecitazioni troppo elevate considerando che le correzioni date da questa tecnica
possono modificare la forma dello specchio anche di millimetri rispetto alla forma
che assumerebbe naturalmente se non adottasse tecniche di ottica attiva.

I Telescopi Spaziali

Per ovviare ai problemi creati dal seeing atmosferico è stato lanciato nel 1990
l'Hubble Space Telescope, il più famoso telescopio spaziale. Questi telescopi sono
costosissimi a causa dell'elevato costo di costruzione, di connessione con gli
scienziati a terra e soprattutto per il costo del lancio del telescopio e le eventuali
missioni di manutenzione del telescopio. Il target fondamentale di ogni telescopio
spaziale è senza dubbio la leggerezza, occorrono infatti 150'000 $ per spedire in
orbita un chilo di materiale, ciò rende ragionevole l'utilizzo di materiali più
onerosi ma dalle migliori qualità fisiche quali il carburo di silicio (SiC) e il berillio
(Be). La missione dell'HST terminerà nel 2015, quindi è in corso di realizzazione
un nuovo progetto per un grande telescopio ottico spaziale: il James Webb Space
Telescope.

James Webb Space Telescope

Il JWST è un telescopio spaziale di nuova concezione: è dotato di uno specchio
segmentato da 10 m composto da diciotto unità esagonali da 1,3 m ciascuna. A dif-

ferenza del suo predecessore HST, il
JWST è dotato di una struttura aperta
a tre specchi di tipo Nasmyth che al-
leggerisce il telescopio eliminando la
struttura cilindrica. L'assenza d'inquinamento luminoso da parte del Sole è
garantito dalla posizione del telescopio.
Il JWST orbiterà nel punto lagrangiano

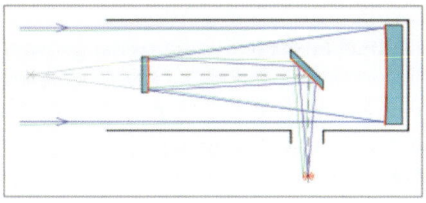

Configurazione Nasmyth

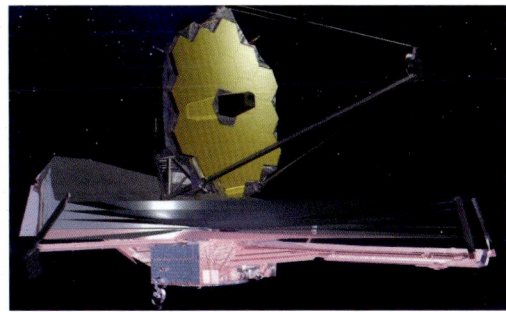

James Webb Space Telescope

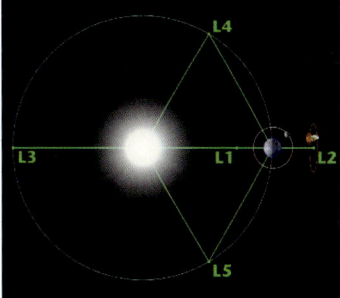

Punto Lagrangiano L2

L2 del sistema Sole-Terra, un punto geostazionario che permette al telescopio di
essere illuminato dal Sole sempre dallo stesso lato, dove viene posto uno scudo
termico in grado di porlo sempre in ombra. Questa particolare posizione garantisce
anche una maggiore protezione da urti con oggetti vaganti in quanto le risonanze
orbitali offrono ai corpi interessati particolari condizioni che proteggono i corpi da
asteroidi a medio-breve periodo. Il JWST presenta sul lato che si affaccia al Sole e
alla Terra uno scudo termico in polyimide, un sottile polimero che offre un
isolamento termico elevatissimo pur mantenendo basso il peso durante il lancio.
L'eccezionale apertura dello specchio del JWST (10m contro i 5m dell'HST) rende
difficoltosa l'istallazione del telescopio nella camera di lancio del razzo: sono state
create due ali da tre unità ciascuna che restano chiuse dentro la camera di lancio e
si apriranno una volta raggiunto il punto L2; una procedura analoga verrà utilizzata
per la struttura di sostegno dello specchio secondario.

Ottica Adattiva

L'utilizzo di telescopi spaziali riesce a ovviare al *seeing atmosferico*, tuttavia in
alcuni casi sono necessari specchi oltre i 10 m, attualmente non pensabili in
orbita. Per ottenere una migliore qualità dell'immagine e limitare i costi è stata
sviluppata una tecnica chiamata ottica adattiva: essa è simile all'ottica attiva, ma
sfrutta frequenze di lavoro maggiori (100 Hz invece di 5 Hz). L'ottica adattiva
utilizza degli attuatori che compiono movimenti che arrivano fino alla precisione

del µm seguendo le direttive fornite da sensori di fronte d'onda. Questi movimenti adattano lo specchio alla forma del fronte d'onda in modo da annullare gli effetti del *seeing atmosferico*. Questa tecnologia al momento non è applicata a specchi che superano i 30cm. L'ottica adattiva è applicata in alcuni progetti già funzionanti come il Very Large Telescope ed è prevista in tutti i progetti in fase di realizzazione, essi sono:

- Giant Magellan Telescope.
- Thirty Meter Telescope.
- European Extremely Large Telescope (E-ELT).
- Overwhelmingly Large Telescope (OWL).

Esaminiamoli ora in modo più dettagliato.

Giant Magellan Telescope

Il Giant Magellan Telescope è un progetto sviluppato da un team che comprende importanti università americane, australiane e il Korea Astronomy and Space Research Institute; è prevista l'inizio delle attività di osservazione nel 2018. Il sito identificato per la sua installazione è Cerro Los Campanas, un altopiano che si trova in Cile. Questo sito è particolarmente favorevole perché la cordigliera andina protegge la zona dalle perturbazioni che arrivano dall'Oceano Pacifico (questo telescopio è infatti vicino al deserto di Atacama, il più arido del mondo), l'altitudine (circa 2´550m) limita la quantità di atmosfera attraversata, quindi la probabilità che il fronte d'onda incontri una perturbazione è minore, l'inquinamento luminoso è pressoché nullo in quanto non ci sono grandi complessi urbani nelle vicinanze. Il Giant Magellan Telescope avrà un diametro complessivo di ≈25,5m grazie a sette segmenti circolari da ≈8,4m ciascuno. Questo telescopio è molto interessante perché presenta due soluzioni ingegneristiche che semplificano il progetto e ne abbattono i costi:

- particolare design gregoriano;
- utilizzo di sette unità circolari (1 centrale + 6 laterali).

Un design di tipo gregoriano è un design insolito che aumenta la lunghezza del telescopio a parità di magnificazione: il secondario è concavo e posto oltre il fuoco primario. Ciò permette però di posizionare dei diaframmi che eliminano raggi spuri che entrano nel sistema ottico. Il design ottico prevede uno specchio primario iperboloide, formato da sette segmenti circolari, uno specchio secondario posto dopo il punto di fuoco dello specchio primario anch'esso iperboloide concavo formato da sette seg-

Modello 3D del GMT dove si può vedere la struttura a sette specchi e la dome che lo racchiude

menti, ognuno corrispondente a uno del primario; il fuoco del telescopio si forma dietro allo specchio primario passando al centro di un'apertura che si trova al centro del segmento centrale dello specchio.

L'utilizzo della configurazione a sette specchi permette di riuscire a mantenere operativo il telescopio anche nel caso di rottura di un'unità o di manutenzione della stessa: nel caso di mancanza dell'unità centrale per rottura o per ri-alluminatura ciò non inficia particolarmente sull'operatività del telescopio, in caso di mancanza di un'unità laterale è necessario la sostituzione con un'unità identica, quindi basta avere una sola unità di scorta per garantire l'operatività del telescopio.

I vantaggi di questo telescopio sono senza dubbio la facilità di costruzione e di gestione e il costo non troppo elevato. Il difetto maggiore è la discontinuità dello specchio perché non raccoglie tutti i fotoni disponibili nella sua superficie virtuale, ma solo quelli che passano all'interno degli specchi.

Thirty Meter Telescope

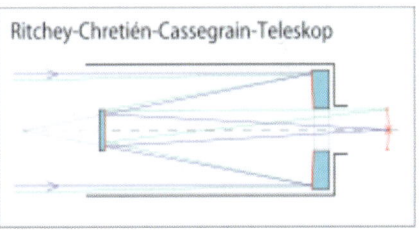

Un progetto americano più sofisticato che non presenta i difetti di GMT è il Thirty Meter Telescope, esso presenta uno specchio primario segmentato da 30m formato da 492 segmenti esagonali e un design Ritchey-Cretién. Il design Ritchey-Chrétien è un design molto simile al Cassegrain, il quale è la configurazione base dei telescopi moderni;

Schema ottico semplificato del Thirty Meter Telescope

il design Ritchey-Chrétien sostituisce lo specchio primario parabolizzato del Cassegrain con uno iperbolizzato in modo da eliminare l'aberrazione coma e garantire la compattezza della struttura; il secondario è di tipo iperbolico convesso.

I più importanti obiettivi di questo telescopio sono:
* studio dell'energia oscura e della materia oscura;
* studio delle prime stelle e galassie nell'Universo;
* studio del periodo della *ricombinazione*;
* studio della formazione ed evoluzione delle galassie per i precedenti 13 milioni di anni;
* studio della relazione tra buchi neri supermassicci e galassie;
* analisi stella per stella di galassie fino a 10'000'000 parsec di distanza;
* meccanica Celeste e formazione di stelle;
* scoperta e analisi di esopianeti;
* analisi chimica degli oggetti della fascia di Kuiper;

Modello 3D del Thirty Meter Telescope

- analisi chimica e meteorologia dei pianeti del sistema solare;
- ricerca della vita al di fuori del sistema solare.

Questo telescopio sarà 10 volte più sensibile di ogni altro telescopio terrestre senza l'utilizzo di ottica adattiva 100 volte più sensibile con l'utilizzo di ottica adattiva.

Il telescopio sarà posizionato nelle Hawaii sulla cima del vulcano Mauna Kea, a oltre 4000 m d'altitudine dove sono presenti moltissimi altri telescopi, tra cui i due telescopi Keck, il telescopio Subaru, e uno dei due telescopi Gemini.

European-Extremely Large Telescope

Il progetto più importante al mondo in fase di realizzazione è l'E-ELT: un telescopio terrestre con uno specchio primario da 42m formato da 984 segmenti esagonali da 1,4m ciascuno che diverrà il più grande telescopio ottico mai costruito. E-ELT sarà collocato in Cile, a Cerro Armazones, per motivi analoghi al GMT; il progetto si sta sviluppando verso un innovativo design a 5 specchi, i primi 3 dotati di ottica attiva, gli ultimi due saranno dotati di strumenti di ottica adattiva (M4 sarà dedicato alla correzione di aberrazioni di grado superiore al primo, M5 sarà dedicato alla correzione dell'aberrazione tip-tilt, di primo grado). Sono stati pensati anche dei design Ritchey-Chrétien, Gregoriani e a 6 specchi, ma quello a 5 specchi offre una serie minore di rischi. I principali obiettivi di questo telescopio sono:

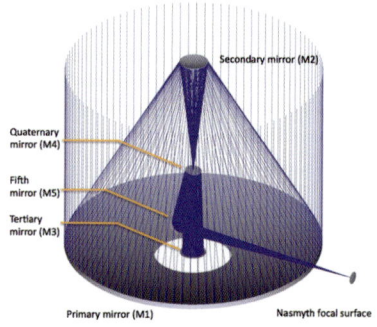

- ricerca e studio degli esopianeti;
- evoluzione degli esopianeti, dai giganti a quelli paragonabili alla Terra;
- studio degli ammassi di galassie;
- studio delle nebulose e delle supernovae,
- energia oscura e materia oscura;
- studio delle galassie con redshift maggiore (prime galassie);
- formazione ed evoluzione delle galassie.

Schema ottico dell'E-ELT

L'E-ELT è il progetto più ambizioso in fase di realizzazione, il cui costo si aggira intorno al miliardo di €.

Nonostante le immense proporzioni l'E-ELT non è il più grande progetto mai ideato, l'E-ELT è la "riduzione" di un progetto ben più grande: l'Overwhelmingly Large Telescope.

Modello 3D dell'E-ELT

Overwhelmingly Large Telescope

L'OWL è un progetto pensato dall'ESO che consiste in un telescopio con uno specchio primario da 100m con un design molto particolare: una struttura a 6 specchi composta da uno specchio primario sferico da 100m, un secondario piatto da 25.6m e un gruppo correttore formato da 4 specchi.

Lo specchio primario di questo telescopio è uno specchio segmentato formato da 3048 segmenti da 1.6m ciascuno in Zerodur® a profilo sferico. Lo specchio secondario è uno specchio piatto segmentato da 25.6m formato da 216 segmenti, ciò disturba la qualità dell'immagine, ma facilità l'installazione dello specchio perché non è necessaria una precisione estrema nel posizionamento. L'evidente aberrazione sferica che si genera è compensata dal gruppo correttore formato da 4 specchi che formano la parte finale del telescopio. M3 e M4 sono due specchi dedicati, grazie a tecniche di ottica attiva, alla correzione dell'aberrazione sferica generata da M1. M5 è uno specchio dotato di ottica adattiva che compensa aberrazioni di grado superiore al secondo, M6 è uno specchio dedicato alla correzione dell'aberrazione tip-tilt.

Modello 3D dell'OWL, è interessante notare la dome a scorrimento laterale

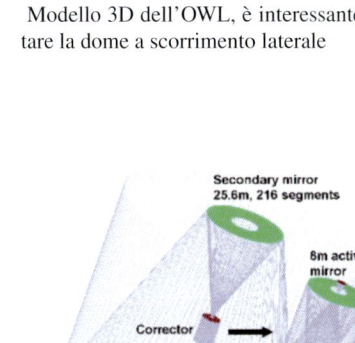

Schema ottico dell'OWL.

La struttura mobile arriverà a pesare 14800 tonnellate, ma può arrivare a sole 8500 tonnellate con l'utilizzo di carburo di silicio per la costruzione di tutti gli specchi. L'OWL sarà in grado di osservare con una magnitudine pari a 38 un oggetto 1'000 volte meno luminoso dell'oggetto più debole osservato dall'Hubble Space Telescope. E sarà in grado di analizzare spettroscopicamente pianeti grandi come la Terra nelle 40 stelle più vicine al Sole.

Due cose riempiono l'animo di ammirazione e venerazione sempre nuova e crescente, quanto più spesso e più a lungo la riflessione si occupa di esse: il cielo stellato sopra di me, e la legge morale in me. Queste due cose io non ho bisogno di cercarle e semplicemente supporle come se fossero avvolte nell'oscurità, o fossero nel trascendente, fuori del mio orizzonte; io le vedo davanti a me e le connetto immediatamente con la coscienza della mia esistenza.

Immanuel Kant

Sitografia

it.wikipedia.org
en.wikipedia.org
www.jwst.nasa.gov
www.gmto.org
www.tmt.org
www.eso.org/sci/facilities/eelt
www.eso.org/sci/facilities/eelt/owl

Bibliografia

Report presented by the ELT Telescope Design Working Group.
E-ELT Phase B Final Design Review (September 21-24 2010) - Report of the Review Board – Executive
    Summary.
Primary Mirror Segmentation Studies for the Thirty Meter Telescope.

Metodi di costruzione e materiali
per gli specchi dei grandi telescopi ottici

Tesina presentata all'Esame di Stato 2010/2011

Andrea Laurenti

Studente del Liceo Scientifico Tecnologico Tito Sarrocchi di Siena

Introduzione

Questo lavoro è un approfondimento che viene da un crescente interesse verso le tematiche legate all'astrofisica alle quali sono stato introdotto durante due stages, uno estivo e uno invernale, all'università "Tor Vergata" di Roma. Nel primo approccio (lo stage estivo) abbiamo trattato argomenti relativi alla meccanica celeste, ovvero riguardanti lo studio delle dinamiche di movimento dei corpi celesti, le influenze reciproche, la ricerca di esopianeti. Nel secondo stage, al quale ho partecipato all'inizio di febbraio 2011, abbiamo invece approfondito la fisica dei materiali, seguendo il corso di astrofisica sperimentale.

Oltre a lezioni frontali, abbiamo collaborato in un'attività di laboratorio allo scopo di studiare le proprietà di due materiali diversi: carbonio e alluminio. Grazie all'estrema chiarezza e disponibilità dei docenti, abbiamo capito quali sono le innumerevoli applicazioni della fisica e della matematica nell'ambito della progettazione di telescopi ottici, delle loro strutture e degli specchi che sfruttano. Proprio quest'ultima parte è quella che ho deciso di approfondire in questa tesina in cui parlerò appunto degli specchi montati sui grandi telescopi ottici, i loro metodi di produzione, i materiali maggiormente usati con le loro proprietà.

L'uomo, fin dai primi anni di osservazione, ha sempre cercato di aumentare le dimensioni dei telescopi. La grande dimensione dello specchio di un telescopio serve sostanzialmente a risolvere due problemi "tecnici" legati alla risoluzione dell'immagine che sono:
- diminuzione della diffrazione;
- aumento del flusso di fotoni.

Diffrazione

La diffrazione è un fenomeno che si ha ogni qualvolta un'onda trova un ostacolo sul suo cammino. Nel caso dei grandi telescopi essa è provocata dalla presenza dello

L.M. Catena, F. Berrilli, I. Davoli, P. Prosposito, STUDENTI-RICERCATORI
per cinque giorni. "Stage a Tor Vergata",
DOI: 10.1007/978-88-470-5271-0, © Springer-Verlag Italia 2013

specchio secondario, necessario per diverse funzioni, davanti a quello primario. L'immagine di un punto quando è affetta da diffrazione corrisponde a un cerchio luminoso al centro, detto disco di Airy, circondato da una serie di anelli concentrici via via meno luminosi.

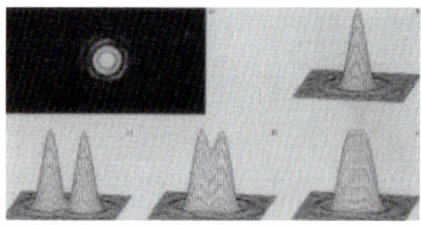

Fig. 1 Disco di Airy e limite di diffrazione

La dimensione *d* del disco di Airy è data dalla formula:

$$d = 2{,}44\ \lambda\ /D.$$

Dove D è il diametro dello specchio primario e λ la lunghezza dell'onda incidente.

Flusso di fotoni

Il flusso di fotoni corrisponde al numero di fotoni provenienti dalla sorgente, che colpiscono lo specchio nell'unità di tempo.

Come si nota dalla Figura 2, maggiore è la distanza dalla sorgente, minore sarà il flusso di fotoni.

Ovviamente la qualità di un'immagine dipende anche dalla quantità di luce (numero di fotoni) che colpisce la lastra o la CCD. Per migliorarla si possono seguire due strade:

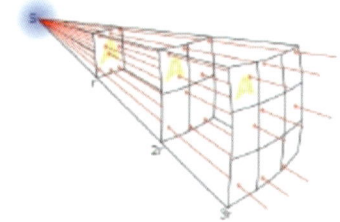

Fig. 2 Flusso di fotoni all'aumentare della distanza dalla sorgente

- aumentare il tempo di osservazione (tempo di integrazione);
- aumentare il diametro dello specchio primario.

Questo si nota bene dalla formula:

$$t = kD^{-2}.$$

Dove t è il tempo d'integrazione, D è il diametro dello specchio e k è un parametro che dipende dalle condizioni di visibilità del momento.

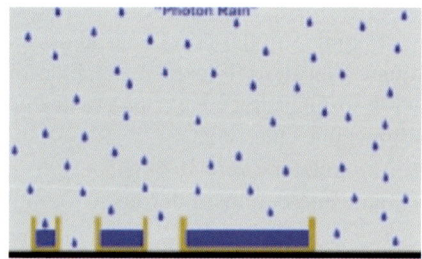

Fig. 3 "Pioggia di fotoni"

Inoltre è anche importante avere telescopi con focali relativamente lunghe per avere buoni ingrandimenti.

Carichi ai quali sono soggetti i grandi specchi

I grandi specchi sono costretti a sopportare costantemente diversi tipi di carico che sono sostanzialmente:
• statici;
• dinamici;
• termici.

Carichi Statici

I carichi statici sono quelli che rimangono uguali a se stessi o subiscono variazioni molto lente nel tempo. Essi sono dovuti ad esempio al peso stesso dello specchio o al vento che soffia costantemente sulla superficie ottica. Per contrastare le deformazioni provocate da questo tipo di carico, negli ultimi anni è stata introdotta la cosiddetta ottica attiva. Essa consiste nell'installazione di molti attuatori che sorreggono lo specchio dalla sua superficie inferiore in modo da mantenere la forma corretta della superficie stessa. Essi sono comandati da un software che analizza costantemente le deformazioni che subisce lo specchio tramite un'analisi del fronte d'onda riflesso, inviando repentinamente a ogni pistone le istruzioni per muoversi.

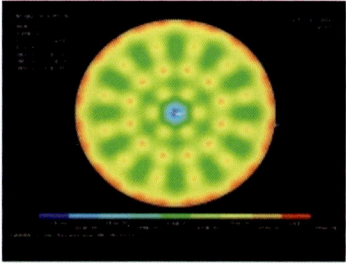

Fig. 4 Predizione della deformazione di uno specchio a causa del suo peso

Carichi Dinamici

I carichi dinamici, invece, sono quelli che variano di continuo nel corso del tempo, in alcuni casi con impulsi brevi e di grande intensità. Ne sono un esempio le enormi sollecitazioni provocate da un lancio spaziale o il vento che soffia a raffiche. Installare telescopi nello spazio serve per eliminare le deformazioni, provocate dall'atmosfera, del fronte d'onda emesso dalla sorgente che si vuole osservare. Per risolvere questo problema chiamato *seeing atmosferico*, da qualche anno è stata introdotta l'ottica adattiva. Anch'essa è un sistema basato su degli attuatori posti generalmente sul retro dello specchio secondario, comandati da un software che analizza il fronte d'onda emesso dalla sorgente.

Fig. 5 Lancio spaziale

L'ottica adattiva è attualmente applicata a specchi con diametro di 30 cm al massimo, a causa dell'elevata frequenza con la quale essi si devono muovere per eliminare l'effetto "tremolante" che l'atmosfera provoca nell'immagine.

Carichi Termici

La terza tipologia di carico è quella termica. Questi carichi sono dovuti alle solleci-tazioni meccaniche provocate nel materiale dalle variazioni di temperatura come quelle delle escursioni termiche diurne. Questo tipo di deformazioni può essere compensato dagli attuatori dell'ottica attiva.

Proprio a causa di tutti questi tipi di carico il materiale di cui è composto lo specchio deve soddisfare altrettanti requisiti oltre ai requisiti ottici necessari per co-struire uno specchio di qualità.

Requisiti Ottici

Essi sono strettamente legati alla capacità d'osservazione del telescopio. Il blocco che andrà a costituire lo spec-chio deve quindi poter es-sere lavorato, anche se di grandissime dimensioni, e infine levigato in modo da ottenere una superficie estremamente liscia. Essa deve poi poter essere rive-stita (alluminata) da un sot-tile strato di materiale riflet-tente come alluminio, argento o oro.

Fig. 6 Uno specchio appena alluminato

Requisiti Meccanici

Essi sono legati alle deformazioni che subisce lo specchio. Il materiale di cui è composto deve essere leggero, cioè avere bassa densità, ma deve anche avere una buona rigidezza, ovvero deve deformarsi poco anche in relazione a grandi carichi. Quest'ultima caratteristica è ben espressa da un parametro detto *modulo di young(E)*. Esso si ottiene dal rapporto sforzo/deformazione, ed è caratteristico di ogni materiale. Si nota dalla definizione che più grande è, minore sarà la deformazione di un oggetto fatto di quel materiale a parità di carico applicato. Inoltre, per un materiale è impor-tante la sua rigidezza specifica espressa dal rapporto E/ρ cioè modulo di Young su densità. Se esso è alto significa che il materiale oltre a rispondere bene meccanicamente è anche leggero.

Requisiti Termici

Essi sono legati al rapporto che c'è tra materiale e variazioni di temperatura. Sono ben descritti da tre grandezze:

Fig. 7 Deformazione termica dei binari

Fig. 8 Estrema capacità isolante di un sottile strato di Aeroge

- Conducibilità termica (k): indica quanto il materiale è "adatto" a far propagare il calore al suo interno.
- Diffusività termica (λ): indica quanto rapidamente il calore va a riscaldare il corpo. Più è bassa e più tempo ci metterà il corpo a scaldarsi sottoposto a una variazione di temperatura.
- Coefficiente di espansione termica (α): indica quanto il materiale si deforma sottoposto a una variazione di temperatura.

A questo punto, introdotte le proprietà e i requisiti da soddisfare, possiamo iniziare a parlare dei vari tipi di specchi. Essi sono cinque: flat back, meniscus, spun cast, lightweight e segmented.

Flat Back

La costruzione di uno specchio flat back è la più semplice di tutte. Consiste nel prendere un grande disco di materiale e scavare solo su una faccia la superficie ottica destinata all'alluminatura. L'alluminatura è il processo di co-

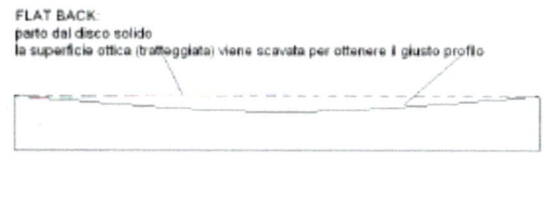

Fig. 9 Sezione di uno specchio flat back

pertura con un sottile strato di spessore inferiore ai 100 nanometri di materiale riflettente (generalmente l'alluminio o argento). Gli specchi di questo tipo sono attualmente meno utilizzati a causa della loro geometria non ottimale, che aumenta notevolmente il peso all'aumentare del diametro dello specchio stesso.

Meniscus

Questo tipo di specchio si ottiene sago-
mando il blocco di materiale ottico sia
sulla faccia superiore che su quella inferiore. In questo modo si riduce il peso
dello specchio. Specchi meniscus sono

Fig. 10 Sezione di uno specchio Meniscus

montati sul "VLT" (Very Large Telescope), un complesso di quattro telescopi
installati in Cile sulla montagna "Cerro la Silla", a sud del deserto dell'Atacama.
Ognuno di essi ha un primario di 8,6 m. di diametro, e tramite tecniche di osservazione interferometriche, possono lavorare insieme per ottenere immagini con una
risoluzione angolare di qualche secondo d'arco, che permette di distinguere i fari di
una macchina alla distanza della luna!!!

Spun-Cast

Questo tipo di specchio si ottiene accostando tanti
specchi più piccoli di forma esagonale e fondendoli
insieme. Lo specchio finale rimane quindi sempre
uno solo. Un esempio di specchio spun-cast sono
gli specchi da 8.4 metri di "LBT" (Large Binocular
Telescope), un telescopio che fa parte del Mt. Gra-
ham International Observatory vicino Safford, in
Arizona.

Fig. 11 Un'immagine del "LBT"

Lightweight

Questa tecnica è pensata per aumentare al massimo il rapporto tra rigidezza e peso
dello specchio e per questo motivo sono tra le più utilizzate, in particolare per applicazioni spaziali in cui la leggerezza del
telescopio è un requisito fondamentale a
causa degli elevati costi di lancio. Essi si
ottengono mediante due metodi:
• Scavando delle tasche di diverse
forme (in genere triangolari o esagonali), direttamente nel disco solido di
materiale ottico flat-back o meni-
scus.Un esempio sono i singoli specchi che compongono lo specchio primario del James Webb Space
Telescope (il quale è inoltre uno specchio segmentato, spiegato di seguito
nel testo).

Fig. 12 Specchio lightweight con tasche esa-
gonali

• Interponendo un core anch'esso dotato di celle esagonali o triangolari (honeycomb) tra i due strati di materiale ottico come si nota dalle Fig. 12 e 13. Un esempio è lo specchio primario del telescopio spaziale Hubble.

Segmented

Gli specchi segmentati si ottengono avvicinando tanti specchi esagonali più piccoli tra loro senza fonderli insieme come nel caso dello spun-cast, ma lasciandoli separati assicurandosi che il "gap" tra uno specchio ed un altro non influisca sulla qualità dell'immagine. Applicazioni di questo tipo si trovano nel telescopio "Keck" installato alle Hawaii a 4000 m. di altitudine in modo da ridurre al minimo l'inquinamento luminoso, le turbolenze e le escursioni termiche. In conclusione possiamo dire che anche la scelta del tipo di specchio influisce notevolmente sui comportamenti meccanici/termici dello stesso. La scelta del materiale di costru-

Fig. 13 Specchio lightweight con tasche triangolari

Fig. 14 Lo specchio segmentato del Keck telescope

zione rimane comunque ciò che più influenza questi ultimi.

Entriamo allora nello specifico parlando dei principali materiali utilizzati attualmente. È opportuno dividerli in diverse classi a seconda delle loro caratteristiche: esse sono cinque più una, che è costituita dai materiali compositi in cui confluiscono alcune delle altre.

Metalli

I metalli sono elementi chimici che occupano un posto preciso nella tavola periodica e sono spesso usati sotto forma di leghe come acciaio bronzo ecc. Essi sono caratterizzati da una densità generalmente elevata e da una buona resistenza meccanica. Inoltre sono buoni conduttori termici ed elettrici e hanno la caratteristica di essere duttili. Infine alcuni di essi riflettono bene la luce, e per

Fig. 15 Metalli

questo vengono utilizzati per aumentare le proprietà ottiche di una superficie, in particolare l'alluminio, l'argento e l'oro.

A causa dell'elevata densità e delle proprietà termiche non ottimali i metalli non vengono utilizzati per la costruzione di grandi specchi, ad eccezione del berillio che, avendo anche una bassa densità e buone proprietà sia termiche che meccaniche, è attualmente usato per la costruzione degli specchi del *James Webb Space Telescope*.

Ceramici e vetri

Questi materiali sono composti che contengono un elemento metallico e uno non metallico (ad esempio gli ossidi).

Sono caratterizzati da una bassa densità, da un'elevata durezza superficiale e sono infine poco duttili.

Tra i materiali usati in astronomia presenti in questa classe troviamo lo Zerodur e l'ULE (particolari tipi di vetri), di cui parleremo più avanti. Tra i ceramici con eccellenti proprietà meccaniche/termiche troviamo il carburo di silicio (SiC).

Fig. 16 Alcune lenti in Zerodur

Polimeri ed elastomeri

I polimeri sono macromolecole formate da molti gruppi molecolari (unità ripetitive) uguali o diversi che si ripetono a catena con lo stesso tipo di legame (covalente). Esistono polimeri di diversi tipi, classificati secondo vari metodi. Possono essere lineari, ramificati o reticolati ma la classificazione che più ci interessa è la seguente:
- polimeri termoindurenti;
- polimeri termoplastici;
- elastomeri.

Fig. 17 Esempio di polimeri

Le resine termoplastiche fondono al di sopra di una certa temperatura caratteristica, quelle termoindurenti al contrario una volta formate (cioè "cotte"), al di sopra di una certa temperatura caratteristica si decompongono, quindi non possono essere formate una seconda volta.

Gli elastomeri sono una classe "speciale" di polimeri, caratterizzata da avere deformazioni molto alte rispetto alle altre materie plastiche a parità di carico applicato.

Compositi

Essi sono composti da più materiali semplici differenti. Ognuno di essi è una fase e quindi la struttura del composito non è omogenea. Questo serve per conferire al materiale proprietà multiple caratteristiche di ogni fase che lo compone. In generale un composito è formato da dei costituenti che a seconda della loro funzione si dividono in *matrice* e *rinforzo*.

La matrice racchiude il rinforzo garantendo la coesione del materiale e la giusta dispersione della fibra. Essa può essere di natura polimerica (ad esempio le resine epossidiche), metallica (ad esempio alluminio o titanio) o ceramica come nel caso del carburo di silicio.

Il rinforzo è invece costituito da una fase dispersa all'interno della matrice e si può trovare sotto forma di fili, tessuti o particelle. Il rinforzo viene immerso nella matrice e sottoposto a un ciclo termico detto "di cura" per unire le due fasi e formare il pezzo finale. Ovviamente rinforzo e matrice hanno proprietà meccaniche/termiche differenti: questo rende più complesso lo studio del comportamento del materiale.

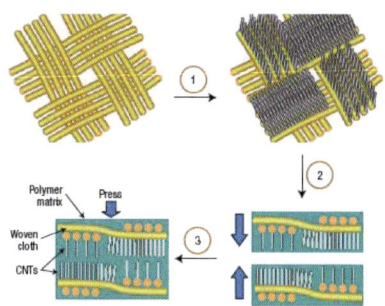

Fig. 18 Schema di lavorazione di un tessuto composito

Fig. 19 Un rinforzo in fibra di carbonio

Esempi comuni di compositi sono le resine rinforzate con fibra di carbonio (automobilismo), il calcestruzzo o la vetroresina.

Adesso possiamo parlare di alcuni tra i materiali attualmente più utilizzati in astronomia per costruire grandi specchi.

Zerodur/ULE

L'ULE (Ultra Low Expansion) e lo Zerodur, sono vetri ceramici attualmente molto utilizzati per costruire specchi grazie a:
- un coefficiente di espansione termica pressoché nullo, proprietà che riduce molto le problematiche relative alle deformazioni termiche e che conferisce grande stabilità dimensionale;
- la bassa densità propria dei vetri;

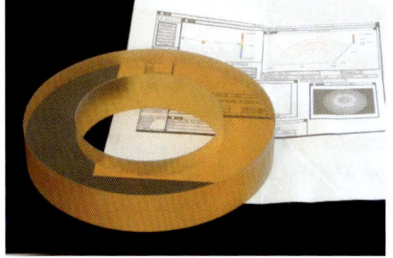

Fig. 20 Un disco di Zerodur

- la possibilità di essere lavorati per ottenere le proprietà ottiche desiderate (polishing e coating).

Essi, oltre ad essere usati per specchi flat-back o meniscus, trovano applicazioni anche nella costruzione di specchi lightweight con struttura honeycomb. Un esempio si trova nello specchio primario del celeberrimo telescopio Hubble, che ha una struttura lightweight con substrati ottici e honeycomb di ULE.

Berillio

Come si vede dal grafico, il berillio è un ottimo materiale per la costruzione di specchi, specialmente dopo l'introduzione dell'ottica attiva.

Le principali caratteristich sono:
- densità molto bassa (circa quattro volte meno dell'acciaio);
- elevato modulo di Young;
- elevata conducibilità, bassa diffusività e basso coefficiente di espansione termica;
- punto di fusione tra i più alti nei metalli leggeri (1551,15° Kelvin).

Esso è però penalizzato dalla sua tossicità per inalazione e dal suo costo elevato. Per lavorarlo sono infatti necessarie precauzioni particolari. Ciò nonostante il berillio rimane un metallo utilizzato prevalentemente in progetti per telescopi spaziali. Ad esempio trova un'applicazione nello specchio del James Webb Space Telescope, che avrà un primario lightweight segmentato di 6,5 metri di diametro (contro i 2,4 dell'Hubble) composto da 18 segmenti più piccoli tutti dotati di ottica attiva.

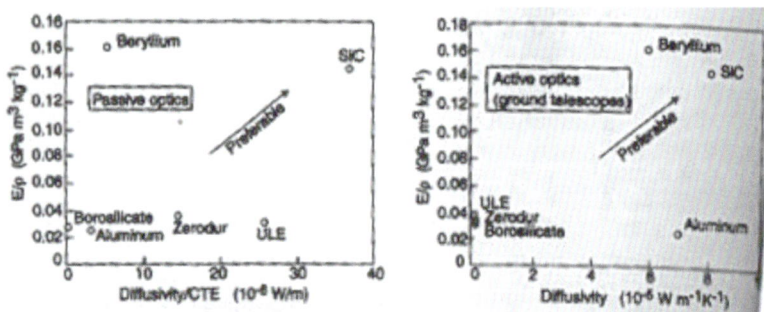

Fig. 21 Da notare lo spostamento verso destra del berillio dopo l'introduzione dell'ottica attiva

Carburo di silicio

Il carburo di silicio (SiC) è un ceramico sintetizzato a partire da silicio e carbonio. Esso ha una durezza intermedia tra il corindone e il diamante, viene quindi classificato tra i materiali superduri. Si presenta sotto forma di almeno settanta forme cristalline ma le più comuni sono la forma α e β. La prima ha una struttura romboedrica o esagonale e si forma a temperature superiori ai 2000° C, mentre la seconda ha un reticolo cubico a facce centrate e si forma al di sotto dei 2000° C. Quest'ultima ha un elevatissimo modulo di young, una densità relativamente elevata (meno di due volte di quella del berillio) e un coefficiente di espansione termica basso. La forma α viene prodotta prevalentemente tramite un processo di sinterizzazione usando polveri dell'ordine del micron insieme ad additivi che ne facilitano

Fig. 22 Un cristallo di carburo di silicio

la fusione. Si ottiene così un materiale a base di α-SiC puro per il 99% e poroso per il 3%. La forma β invece viene prevalentemente usata per depositare sottili strati sopra ad altri materiali a base di SiC ma meno costosi e meno pesanti, a causa dei processi di sintetizzazione lenti (Chemical vapor deposition - deposizione di vapori chimici), gli elevati costi di produzione e la difficoltà nel polishing dovuta all'estrema durezza. Tuttavia si possono ottenere specchi interamente in β-SiC con un processo apposito, che prevede due fasi. In un primo momento si converte grafite in β-SiC con una struttura con il 20% di porosità; la seconda fase prevede il riempimento delle porosità nella zona della superficie ottica con altro β-SiC attraverso la deposizione di vapori chimici.

E il futuro ???

Attualmente le ricerche hanno seguito diverse strade maggiormente orientate verso la costruzione di specchi più grandi e più leggeri, soprattutto lightweight e segmentati Alcune delle tecnologie in fase di studio sono le seguenti:

- dispersione di microsfere di vetro con un coefficiente di espansione termica pressoché nullo in sol-gel. Così si ottiene un composito che può costituire un core molto leggero e più robusto degli attuali honeycomb. Questa ricerca è portata avanti e finanziata dall'"Air Force Research Laboratory's Materials and Manufacturing Directorate" (AFRL/ML);
- l'uso di schiume a base di silicio, alluminio, carbonio e carburo di silicio. Esse possono essere create anche a partire da microsfere cave di vetro creando così schiume sintattiche (compositi formati da matrici in resina polimerica e rinforzi in forma di microsfere) leggerissime ma resistenti.

Proprio quelle a base di carbonio sono molto promettenti soprattutto per le applicazioni spaziali. È possibile progettare la schiuma in fase di produzione in modo che soddisfi i requisiti meccanici, termici ed elettrici desiderati. Inoltre le ricerche stanno cercando di migliorare la microstruttura della schiuma per migliorare la resistenza alla compressione, tensione e aumentarne il punto di rottura. Inoltre si sta cercando un metodo per ricoprirle con uno strato di materiale levigabile che copra i pori della schiuma impedendo l'attacco da parte dell'ossigeno atomico e che costituirà il substrato ottico. Infine le ricerche stanno indagando la possibilità della realizzazione di materiali compositi a matrice ceramica o metallica e rinforzo in fibra di carbonio.

Conclusioni

Come diceva Albert Einstein, "la preoccupazione per l'uomo e per il suo destino deve sempre costituire l'interesse principale di tutti gli sforzi tecnici. Non dimenticatelo mai in mezzo a tutti i vostri diagrammi e alle vostre equazioni." L'uomo deve vedere nello studio del cosmo la chiave per aprire i cassetti in cui sono chiuse da millenni le risposte alle domande che da sempre si è posto: chi siamo?, da dove veniamo?, cosa c'era prima di noi?, è possibile colonizzare altri pianeti? Per questo motivo gli sforzi della ricerca scientifica non cessano mai, e continuamente si trovano nuove soluzioni tutte da scoprire.

Alcuni studiosi pensano che la costruzione di specchi leggeri abbia raggiunto il suo limite teorico ma esiste già un progetto della Nasa chiamato "Actuated Hybrid Mirror Telescope", che riguarda la costruzione di un telescopio con uno specchio ibrido costruito con l'uso di nano-laminati, nano-strutture metalliche che ridurranno sensibilmente il peso di uno specchio in favore della robustezza sempre più alta.

Sitografia

- · http://it.wikipedia.org;
- · http://www.nasa.gov;
- · http://www.eso.org;
- · http://ammtiac.alionscience.com/pdf/AMPQ8_1ART10.pdf

Parte III

Modulo didattico "materiali per la conversione fotovoltaica"

I nuovi materiali e lo sviluppo delle celle solari

Ivan Davoli

Responsabile scientifico del modulo didattico "Materiali per la Conversione fotovoltaica"
Dipartimento di Fisica, Università degli Studi di Roma Tor Vergata

Fin dalle origini gli uomini hanno cercato di trasformare i materiali a loro disposizione in oggetti di uso quotidiano, utili a migliorare le proprie condizioni di vita. Con il miglioramento delle condizioni di vita, poi, miglioravano anche i materiali prodotti che diventavano sempre più complessi e più preziosi.

Questo concetto è ben spiegato dagli antropologi culturali che per datare l'Evoluzione della Specie Umana utilizzano i nomi dei materiali più diffusi nei ritrovamenti archeologici: Età della Pietra, Età del Rame, Età del Bronzo etc. Se in uno scavo archeologico si trovano oggetti di pietra e oggetti di rame, ma non si trovano oggetti di bronzo è ragionevole pensare che l'organizzazione sociale di quella comunità era più evoluta di una società che ha lasciato solo reperti in pietra ed era meno evoluta di una comunità fra i cui reperti si trovano anche materiali di bronzo. Questa strettissima relazione fra organizzazione sociale e sviluppo tecnologico dei materiali, non è valida solo per le società primitive, è vera lungo tutta la storia dell'uomo ed è vera anche nella nostra epoca. I materiali a cui oggi siamo interessati non sono certamente nuovi coltelli o nuove anfore, ma superconduttori e semiconduttori, plastiche biodegradabili e materiali a memoria di forma, nanotubi di carbonio e macromolecole: tutti materiali che rispondono alle più moderne esigenze del mondo contemporaneo.

Al reperimento di nuove fonti energetiche la generazione della seconda metà del

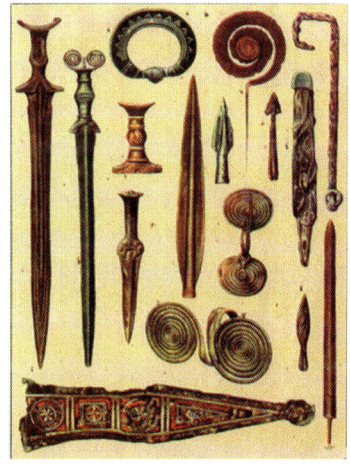

Fig. 1 Decorazioni ed armi dell'età del bronzo

Fig. 2 Levitazione magnetica

L.M. Catena, F. Berrilli, I. Davoli, P. Prosposito, STUDENTI-RICERCATORI
per cinque giorni. "Stage a Tor Vergata",
DOI: 10.1007/978-88-470-5271-0, © Springer-Verlag Italia 2013

XX secolo, quelle successive e molto verosimilmente anche le prossime a venire hanno prestato e presteranno una particolare attenzione.

In passato l'abbondante ed economica disponibilità di petrolio non ha certamente incentivato la ricerca di fonti di energia alternative. D'altronde tutta l'economia del XX secolo si è sviluppata grazie alla facile reperibilità di petrolio e di altri idrocarburi. Queste fonti energetiche che vanno sotto il nome di "combustibili fossili", con i loro bassi costi e la loro facilità di trasporto, hanno determinato lo sviluppo della terza rivoluzione industriale caratterizzata dalla vasta mobilità dei prodotti e delle persone (automobili, camion, treni, navi, aeroplani). Di contro non si può negare che il reperimento di queste fonti è stata la principale causa di molti conflitti militari anche recenti (es. la Guerra del Golfo) e di un preoccupante deterioramento delle condizioni ambientali (effetto serra ed inquinamento atmosferico). Ma con il passare del tempo in settori sempre più vasti di opinioni pubbliche si è fatto strada la consapevolezza che le fonti di petrolio e di gas naturale sono esauribili e l'inquinamento che producono è così elevato da compromettere seriamente le condizioni climatiche del nostro Pianeta.

È ovvio, quindi, che da qualche tempo a questa parte la ricerca di fonti di energia alternative è diventata una priorità di molti centri di ricerca e di molte Università. Prima che il petrolio diventi una rarità, il suo prezzo diventi oltremodo improponibile o cosa molto più probabile, prima che la qualità dell'ambiente sia irrimediabilmente compromessa le fonti di energia alternative dovranno essere una realtà e non solo un'auspicabile speranza. La qualità della vita delle nuove generazioni sarà, in un

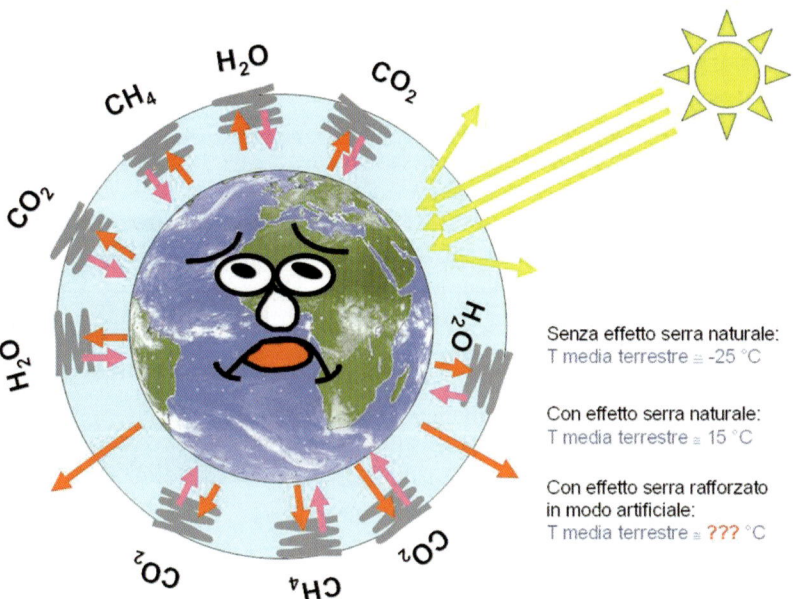

Fig. 3 Effetto serra

modo o nell'altro, condizionata dalle risposte e dai risultati che gli scienziati riusciranno ad avere nella ricerca sulle fonti di energia alternative.

Da queste considerazioni nasce la convinzione che spiegare e far capire cosa è una cella solare non è argomento riservato solo agli addetti ai lavori. Per intenderci la foto-conversione solare è un argomento che tutti possono e devono comprendere. Capire come funziona una cella solare interessa anche chi dovrà solo usufruire dei risultati della ricerca in questo settore. Di seguito parleremo di celle solari, di come sono nate, come si sono sviluppate e come si caratterizzano facendo particolare attenzione a presentare in modo corretto e semplice questi concetti a una platea di giovani molto variegata senza fare distinzione fra giovani che pensano di legare il proprio futuro alla ricerca di nuove fonti di energia e giovani che saranno interessati a percorrere nel loro futuro strade diverse. Siamo infatti convinti che tutti, in un futuro più o meno prossimo, avranno il problema di capire quanto "pulite" e quanto efficienti sono le fonti di approvvigionamento energetico che la tecnologia e i governi potranno offrirgli.

La prima cella solare è stata costruita nel 1954 presso i Laboratori Bell di Murray Hill del New Jersey, e a tutti gli effetti, a loro, va il riconoscimento di questa scoperta/invenzione.

È vero però che i primi studi relativi alla conversione elettrica della luce solare risalgono a oltre un secolo prima, esattamente al 1839; anno in cui il fisico Francese Alexandre Edmond Becquerel assemblando due elettrodi di platino in una soluzione acida con l'aggiunta di cloruro di argento osservava "come della corrente elettrica possa generarsi durante reazioni chimiche indotte dalla luce". Successivamente altri scienziati si sono cimentati nella comprensione del fenomeno, ma i risultati sul rendimento dei dispositivi erano così miseri (1883 Charles Fritts costruisce una prima cella solare usando selenio e oro, con un'efficienza inferiore all'1%) che presto si abbandonò l'impresa. L'attività di ricerca riprese vigore nel 1905, grazie all'interpretazione che Albert Einstein diede dell'effetto fotoelettrico (fenomeno diverso, anche se connesso con l'effetto fotovoltaico). Infatti la comprensione della doppia natura della luce, energia e materia, è uno dei cardini della meccanica quantistica, teoria che sta alla base della moderna Scienza dei Materiali, delle nanoscienze e delle nanotecnologie. Questi concetti sono ormai parte integrante del lessico comune, anche se il significato preciso sfugge a chi ha una conoscenza del mondo esclusivamente "intuitiva". Quando le dimensioni degli oggetti coinvolti in un fenomeno fisico, chimico o biologico diventano piccoli quanto la miliardesima parte di un metro (1 nm = 10^{-9} m), la comprensione intuitiva, che la natura macroscopica del mondo reale sviluppa negli esseri umani, perde la sua validità. Su scala nanometrica la descrizione dei fenomeni deve seguire le leggi della

Fig. 4 Gerald Pearson, Calvin Fuller, Daryl Chaplin

meccanica quantistica. Leggi che hanno una struttura logica non strettamente intuitiva che si apprende attraverso studi universitari perché si basa su concetti probabilistici e la matematica necessaria a rappresentarli non è proprio banale. È stata questa nuova visione del mondo microscopico, con tutte le sue implicazioni tecnologiche, a permettere l'invenzione del transistor (brevetto del 23 dicembre 1947) e di conseguenza la "rivoluzione dei nuovi materiali".

I primi anni del XX secolo sono stati caratterizzati dal conseguimento di importantissimi risultati scientifici: la teoria della Relatività, la Meccanica Quantistica, la Superconduttività. Eccellenti scoperte il cui entusiasmo era però riservato alla ristretta cerchia dei ricercatori. La tecnologia segnava il passo. I materiali usati rimanevano pochi e quasi gli stessi di sempre: ferro, rame, legno, carta, cuoio, lana, ecc. Sì! si sapeva dei materiali semiconduttori quali silicio e germanio, ma non se ne sfruttavano le proprietà. Con la liquefazione dell'elio (1911) era stata scoperta la superconduttività, ma i superconduttori venivano studiati senza un reale interesse applicativo e fra i materiali sintetici si usava solo la Bakelite o il neoprene. Insomma esistevano conoscenze scientifiche e potenzialità tecnologiche più che mature per realizzare una vera e propria rivoluzione industriale, ma mancava l'elemento catalizzante che permettesse la nascita e il proliferare di nuovi materiali. È stata appunto l'invenzione del transistor a dare inizio a quella che oggi, a buon ragione, si può definire una nuova era: l'era dei materiali elettronici.

Con la scoperta/invenzione del transistor, avvenuta grazie al lavoro di alcuni scienziati americani (premio Nobel del 1956), la diffusione dei calcolatori e dei computer fu rapidissima segnando l'inizio dell'informatica. I principi base dei computer erano già noti, l'algebra booleana e tutti gli algoritmi necessari a lavorare con i sistemi binari erano stati sperimentati. Mancava solo un dispositivo elettronico, come il transistor, che sostituisse le fragili valvole termoioniche, che risultavano ingombranti, molto costose e avevano bisogno di continue manutenzioni. L'algebra binaria è molto comoda e potente, ma richiede un enorme quantità di circuiti elettrici elementari, ciascuno dei quali necessita di dispositivi per amplificare e raddrizzare i segnali elettrici. Prima dell'invenzione del transistor, si usavano le valvole termoioniche fragili e ingombranti che limitavano l'estensione della memoria. Infine la giunzione a base di silicio è molto affidabile non ha filamenti caldi e non è ingombrante, anzi può essere miniaturizzato quasi all'infinito.

Il transistor dominò in brevissimo tempo l'industria elettronica soppiantando in tutti gli apparecchi l'uso delle valvole a filamento caldo. Questo contribuì in modo determinante alla diffusione delle radioline a

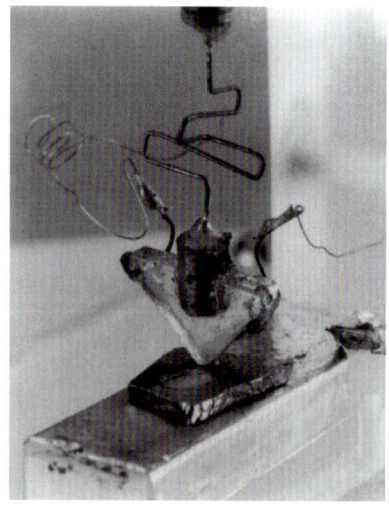

Fig. 5 Primo transistor

transistor oltre che allo sviluppo dei computer. Il mercato degli apparecchi radio ebbe un vero e proprio "boom economico" dei cui effetti risentì in particolare l'industria elettronica e più in generale tutta la Scienza dei Materiali. Come spesso accade sulla scia di una ricerca vincente si sviluppano anche ricerche in settori che al momento sembrano ancillari. Si avviarono importanti ricerche nel settore della foto-conversione osservata nelle giunzioni p-n, anche se a quel tempo il problema dell'approvvigionamento energetico e dell'inquinamento atmosferico non erano priorità molto sentite.

Nei settori scientifici specializzati era noto che quando i fotoni colpiscono una giunzione p-n si crea una coppia elettrone - lacuna e le cariche di questa coppia vengono drenate agli estremi della giunzione dal campo elettrico formatosi per effetto delle cariche minoritarie. Una giunzione, colpita da una sorgente luminosa, si comporta come una sorgente elettrica e le cariche prodotte possono alimentare un circuito esterno con carico resistivo. Questo in estrema sintesi è il processo di foto-conversione che governa tutte le celle solari a semiconduttore. Negli ultimi cinquanta anni il rendimento delle celle a semiconduttore è cresciuto regolarmente, passando da qualche percento misurato nei primissimi dispositivi fatti con il silicio fino al 35% osservato nei semiconduttori eterogenei (GaAs) e usati per situazioni particolari (pannelli solari per satelliti astronomici) o al 18% per le celle al silicio policristallino prodotti su scala industriale. Ma per quanto importante sia stato il progresso scientifico in questo settore l'utilizzazione di celle solari è a tutt'oggi limitata al 5% di tutto il fabbisogno energetico mondiale e la possibilità di soppiantare completamente le risorse tradizionali con il fotovoltaico è lungi dal verificarsi. I costi di produzione, per Watt di picco, sono ancora troppo alti se confrontati ai costi di produzione di energia da combustibili fossili. C'è quindi ancora bisogno di ricerca. Ricerca di nuovi materiali, ricerca di nuove architetture, ricerca di nuovi bisogni.

Quello fin qui illustrato è un po' la storia delle celle solari basate sui semiconduttori e il loro meccanismo di funzionamento. Meccanismo comune a tutti i semiconduttori che costituiscono la stragrande maggioranza di tutte le celle solari prodotte e commercializzate fino ad ora. Dalle più efficienti celle di GaAs (oltre il 35%) ai film sottili di CIGS ($CuIn_xGa_{1-x}Se_2$) che possono essere depositati su substrati flessibili, purtroppo le celle a base di semiconduttori non si possono realizzare in ambienti a bassa tecnologia. Per questi dispositivi sono richiesti processi complessi di purificazione, di drogaggio e di deposizione che sono tecnologicamente fuori della portata del grande pubblico. Quindi se vogliamo realizzare dei dispositivi fotovoltaici che incuriosiscano i

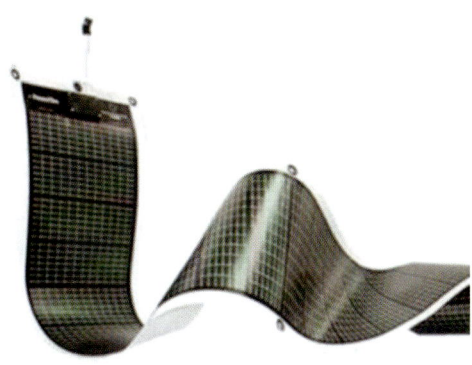

Fig. 6 Fotovoltaico a film sottile

giovani, anche senza uno specifico bagaglio scientifico, dobbiamo puntare su cose diverse che siano facili da comprendere e semplici da realizzare.

Qualche anno fa uno scienziato svizzero ha sviluppato e messo a punto una cella che funziona seguendo lo stesso principio della fotosintesi clorofilliana. I raggi solari colpiscono una molecola che promuove un elettrone in uno stato eccitato e successivamente, attraverso semplici meccanismi di termalizzazione, viene estratto dal dispositivo e messo in circolo in un circuito elettrico esterno. Questa cella è molto meno efficiente delle celle solari a semiconduttore ed è anche meno stabile, ma la semplicità di realizzazione e i costi decisamente molto bassi la rendono interessante ai fini didattici e degna di attenzione nella speranza di ulteriori sviluppi. Di seguito verrà riproposto il principio di funzionamento e la pratica per realizzare questo diverso tipo di cella solare.

La molecola che realizza la foto-conversione nelle celle note come "Celle di Grätzel" è l'antocianina, un pigmento idrosolubile presente in molti frutti di bosco e in altri prodotti agricoli caratterizzati di solito da un colore rosso cupo. Questa molecola viene messa a contatto con i nano cristalli di TiO_2 che a loro volta sono spalmati su un vetrino conduttore e semitrasparente che ne costituisce un elettrodo. Il contro elettrodo è formato da un conduttore e chiude la cella che viene riempita da un elettrolita a base di Iodio e ioduro di potassio (vedi Fig. 7).

Quando la luce colpisce l'antocianina, un elettrone da un livello LUMO (acronimo che indica uno stato elettronico molecolare di basso livello) si trasferisce a un livello HOMO (stato elettronico di alto livello) per trasferirsi rapidamente sul fondo della banda di conduzione del semiconduttore TiO_2. Questo processo è facilitato dalla dimensione nanometrica dei cristalli di TiO_2 che pur mantenendo le proprietà semiconduttrici del cristallo di TiO_2 ne favoriscono il rapporto superficie/volume. In questo modo molte molecole di antocianina si trovano vicine al TiO_2 così che l'elettrone eccitato nell'antocianina ha una buona probabilità di decadere sul fondo della banda di conduzione del semiconduttore e proseguire fuori del dispositivo. A questo punto l'antocianina si è ridotta elettricamente e la sua neutralità dovrà essere ristabilita dall'elettrolita che costituisce l'altra interfaccia dell'antocianina.

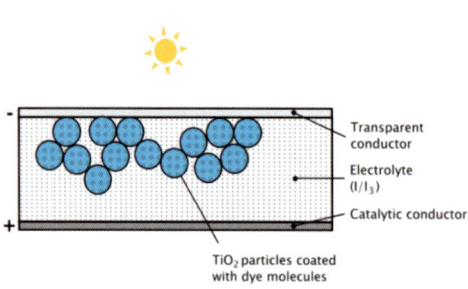

TiO$_2$ particles coated
with dye molecules

Transparent conductor

Electrolyte (I/I_3)

Catalytic conductor

Fig. 7 Principio di funzionamento di una DSSC

Celle fotovoltaiche organiche

Massimiliano Lucci e Ivan Colantoni
Dipartimento di Fisica, Università degli Studi di Roma Tor Vergata

Uno degli argomenti proposti per lo stage svolto a Tor Vergata è stato la realizzazione e caratterizzazione di celle solari di tipo organico. Questa scelta è stata dettata sia dalla volontà di sensibilizzare gli studenti su un argomento importante come la produzione di energia da fonti rinnovabili, sia dalla necessità di proporre un argomento attuale su cui gli studenti potessero lavorare direttamente in laboratorio "toccando con mano" i dispositivi. Si è cercato inoltre di svolgere tali attività in totale sicurezza e senza far venire a contatto gli studenti con apparati e attrezzature troppo complicate da utilizzare.

Le celle solari di nuova generazione (di tipo "Grätzel" e organiche [1-3]) hanno suscitato negli ultimi anni molto interesse sia scientifico sia tecnologico, candidandosi come valida alternativa alle costose e rigide celle solari basate su silicio. Le nuove celle solari, infatti, presentano notevoli vantaggi in termini di costi di produzione e semplicità costruttiva anche se numerosi sforzi devono ancora essere fatti per migliorarne aspetti come l'efficienza e l'affidabilità, cercando di limitare l'uso di materiali costosi.

Il campo delle celle solari organiche comprende tutti quei dispositivi la cui parte foto-attiva è basata sui composti organici del carbonio, alcuni esempi di materiale organico utilizzabili per realizzare celle solari sono illustrati in Fig. 1. La struttura base di una cella organica è semplice: essa è detta "a sandwich" ed è composta di un substrato, generalmente vetro ma anche plastica flessibile, e da una o più sottilissime pellicole, che contengono i materiali foto-attivi, compresi tra due elettrodi conduttivi (Fig. 2).

Le celle organiche più efficienti, ispirandosi al processo di fotosintesi clorofilliana, utilizzano una miscela di materiali in cui un pigmento assorbe la radiazione solare e altri composti, che formano la cella, estraggono la carica per produrre elettricità. La gamma di pigmenti che possono essere impiegati include quelli a base vegetale, come le antocianine derivate dai frutti di bosco, i polimeri e le molecole sintetizzate opportunamente in laboratorio in modo da massimizzare l'assorbimento dello spettro solare.

Irradiazione solare e disponibilità di elettricità solare

La fonte di energia inesauribile e gratuita da cui parte il processo fotovoltaico è la radiazione solare.

L. M. Catena, F. Berrilli, I. Davoli, P. Prosposito, STUDENTI-RICERCATORI
per cinque giorni. "Stage a Tor Vergata",
DOI: 10.1007/978-88-470-5271-0, © Springer-Verlag Italia 2013

Fig. 1 a) Frutti di bosco da cui è possibile estrarre Antocianine, pigmenti naturali con cui è possibile realizzare celle solari organiche; b) pigmenti naturali depositati su vetrini ITO (ossido di indio e stagno) (da sinistra: *Fragaria, Leptolyngbya, Trichormus*)

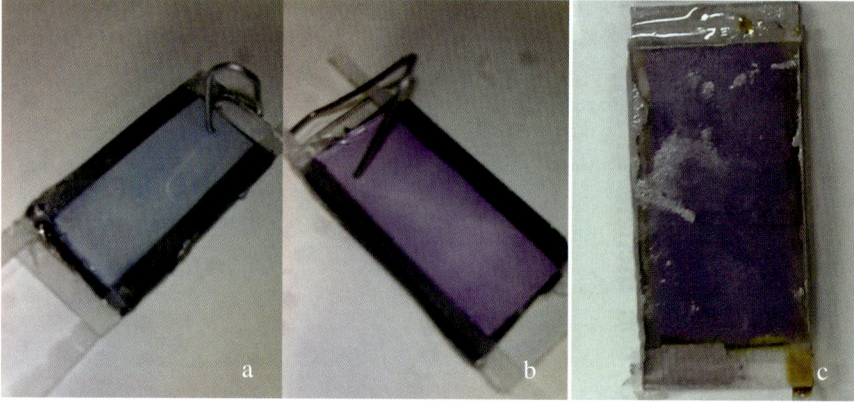

Fig. 2 Esempi di diversi tipi di cella fotovoltaica organica in fase di sviluppo all'Università di Tor Vergata [4] su substrato di vetro (da sinistra: *Trichormus* e *Leptolyngbya, Rubus*)

L'intensità della radiazione solare che arriva sulla terra è approssimativamente 1353 kw/m^2, un numero anche chiamato "costante solare". La radiazione solare è emessa dalla fotosfera del sole alla temperatura di 6000 k, Fig. 3, che le da una distribuzione spettrale che somiglia molto a quella di un corpo nero alla corrispondente temperatura. Passando attraverso l'atmosfera terrestre la radiazione solare è attenuata dalla dispersione provocata dalle molecole dell'aria e dalle particelle di polvere, così come dall'assorbimento provocata dalle molecole dell'aria, in particolare ossigeno, ozono, vapore acqueo e diossido di carbonio. Questo conferisce un'impronta caratteristica allo spettro della radiazione solare che arriva sulla superficie della terra come è possibile vedere in Fig. 3.

L'irradiazione solare disponibile in un certo luogo dipende dalla latitudine, dal-

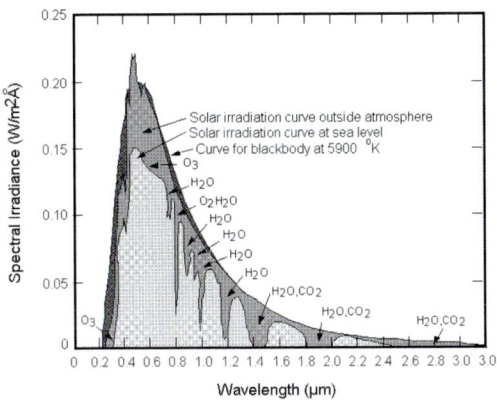

Fig. 3 Lo spettro globale standard d'irradianza solare AM 1. 5

l'altitudine, dal clima e dalla condizione climatica nel momento specifico in cui si effettua la misura. L'irradiazione solare totale annuale sulla superficie orizzontale è 700-1000 kwh/m^2 nell'Europa del nord, 900-1300 kwh/m^2 in Europa centrale, 1300-1800 kwh/m^2 nel sud Europa, 1800-2300 kwh/m^2 all'equatore.

La stima dell'importanza di queste densità di energia solare annua, convertita in elettricità, può essere fatta confrontandola ad un consumo di elettricità annuale medio di una famiglia tipo. Un consumo tipico di elettricità per una famiglia nord-europea di 4 persone che abita in una casa di 120 m^2 e che usa il riscaldamento elettrico è di circa 18500kwh/anno. la radiazione solare che arriva sulla stessa area nord-europea è di circa 1000 kwh/m^2/anno, convertita in elettricità attraverso un sistema fotovoltaico con un'efficienza totale del 10% si ha circa 12000 kwh/m^2 quindi circa il 65%del consumo annuale, mettendo il doppio di area si riesce quindi a soddisfare tranquillamente il fabbisogno energetico di una famiglia tipo.

Il fotovoltaico e i suoi parametri

Il "fotovoltaico" è un processo diretto di conversione dell'energia solare in energia elettrica, evitando la produzione di CO_2. Quando la luce solare incide su una giunzione formata da Silicio N e Silicio P si genera una corrente elettrica continua che può essere convertita in alternata – tramite un dispositivo chiamato inverter – per essere utilizzata negli apparati più comuni. La densità di potenza media che riceviamo dal sole è di circa 1 kW/m^2 ma solo una parte di essa viene convertita in potenza elettrica dai pannelli fotovoltaici. Per quantificare la capacità di conversione dei pannelli viene definito un parametro chiamato Efficienza η, che ci indica quale frazione della potenza fornita dal sole viene convertita in potenza elettrica.

Efficienza: η = max potenza elettrica ottenibile dalla cella / potenza totale della radiazione solare incidente sulla cella.

Per le celle fotovoltaiche al silicio l'efficienza è intorno al 10-17%, cioè un metro quadrato di celle al silicio produce una potenza di 100-170 Watt. Dall'invenzione della prima cella al silicio nel 1951 i progressi nel campo del fotovoltaico sono stati enormi e ancora oggi la ricerca va avanti molto speditamente. I pannelli fotovoltaici più comuni sono quelli basati sul silicio monocristallino, silicio policristallino o silicio amorfo depositato sotto forma di film sottile. Il vantaggio delle celle monocristalline è l'elevata efficienza che possono raggiungere, circa il 25% in laboratorio e il 17% per le celle commerciali. Di contro c'è l'elevato costo di realizzazione che può essere abbassato se si usa silicio policristallino a scapito però dell'efficienza (20% in laboratorio e 15% in commercio). Per realizzare celle si può usare anche silicio amorfo, il quale ha la caratteristica di assorbire la luce più efficacemente del silicio cristallino e quindi permette di realizzare celle a film sottile con spessore di pochi millesimi di millimetro. Tale caratteristica permette di realizzare celle flessibili con efficienze del 14% in laboratorio e 7-10% in commercio. Celle fotovoltaiche ad alta efficienza possono essere realizzate con altri semiconduttori tipo Arseniuro di Gallio (GaAs) e Fosfuro di Indio e Gallio (InGaP), dove l'efficienza arriva anche al 36% (in laboratorio) se si utilizza una struttura a tripla giunzione, dove ogni giunzione assorbe una porzione dello spettro solare. Questa soluzione purtroppo è molto costosa, cosicché altri materiali riscuotono maggiore interesse per queste applicazioni.

Un passo avanti in questo senso è stato fatto con la scoperta di una nuova tecnologia, come detto in precedenza, basata su materiali organici, in quanto il processo di realizzazione è a basso costo essendo associato a tecnologie chimiche con minore quantità di materie prime costose e con un minor impatto ambientale. La tecnologia al momento non è ancora matura per entrare sul mercato data la bassa efficienza raggiunta (circa 10% in laboratorio) e il tempo di vita ancora breve (circa due anni). In ogni caso si ritiene che possa essere migliorata di molto se si tiene conto che le celle organiche sono state scoperte da poco e si sta facendo nel mondo un grande lavoro di ricerca da parte di molti gruppi.

La cella di Grätzel

Una cella di Grätzel produce energia elettrica convertendo i fotoni della luce solare, in maniera del tutto analoga alla fotosintesi con cui le piante si alimentano. In questo dispositivo un pigmento organico (antocianina) viene eccitato dalla luce solare, e conseguentemente si ottiene la generazione di una coppia elettrone-lacuna. La cella è costituita da un elettrodo di vetro conduttore sul quale è disposto uno strato mesoporoso di semiconduttore TiO_2 in forma di nano cristalli. Lo spessore di TiO_2 è di circa 5-20 μm, il fatto che sia mesoporoso fornisce una area superficiale maggiore (circa 1000 volte) rispetto ad uno strato liscio di TiO_2 , in questo modo si aumenta notevolmente l'area di interfaccia TiO_2/Dye, cioè l'area equivalente della cella solare e quindi l'efficienza globale.

Questo elettrodo viene successivamente ricoperto dal colorante organico (Dye, una soluzione alcoolica a base di antocianina), e le molecole aderiscono alla superficie dei grani di semiconduttore. La cella oltre che da uno strato di TiO_2 ricoperto da un sensibilizzante organico è costituita anche da un altro elettrodo conduttivo ricoperto da un catalizzatore di platino o carbonio. Tra i due elettrodi a chiudere il circuito elettrico c'è un elettrolita liquido, tipicamente a base di iodio/ioduro.

Quando la luce solare colpisce una molecola di colorante, si genera una coppia elettrone-lacuna, e l'elettrone che viene a trovarsi ad un livello energetico più alto riesce a trasferirsi, per effetto di prossimità, alla banda di conduzione del semiconduttore (TiO_2) perché trova un livello energetico più favorevole su in cui andare, lasciando il colorante ossidato. L'elettrone, che si trova ora nella sua banda di conduzione del TiO_2, può migrare fino al contatto elettrico disposto sul vetrino conduttivo. Nella molecola di colorante, ora ossidata, viene subito ristabilita la condizione di neutralità iniziale perché un elettrone proveniente da un elettrolita liquido con cui è in contatto migra verso di lui e alla fine ritorna allo "stato fondamentale" [5]. In questo modo a seguito di fotoni provenienti dalla radiazione solare ci troviamo con eccessi di carica elettrica negativa all'elettrodo del TiO_2 e con delle mancanze di carica elettrica nell'elettrolita liquido, si è quindi formato uno sbilanciamento di cariche cioè una tensione elettrica a seguito di un irraggiamento solare che è utilizzabile per alimentare un carico.

Nel processo è indispensabile il catalizzatore per la cessione dell'elettrone dal vetrino all'elettrolita che altrimenti avverrebbe troppo lentamente. Quando la molecola di colorante viene ossidata lo iodio dell'elettrolita le cede immediatamente un suo elettrone, si veda figura 4. Lo iodio nella cella si può quindi trovare sotto due forme, come ione ioduro (I-) e come ione tri-iodio (I_3-), ed è coinvolto nella seguente serie di reazioni di ossidoriduzioni (R indica il colorante): (i) nell'elettrolita è presente lo ione ioduro; cede l'elettrone al colorante eccitato e diventa ione tri-iodio, (ii) lo ione tri-iodio migra verso il contro-elettrodo, dove viene ridotto a ioduro e (iii) lo ioduro migra verso l'elettrodo con la titania, cede nuovamente l'elettrone al pigmento e chiude il ciclo.

La scelta dei materiali da utilizzare nella cella solare deriva dalla verifica dei livelli di energia delle molecole e del semiconduttore, in modo tale che il ciclo degli elettroni possa avvenire senza troppa

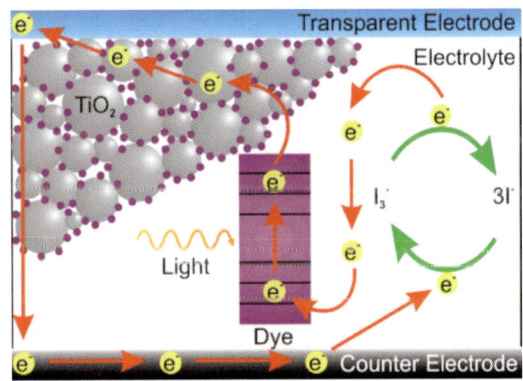

Fig. 4 Principio di funzionamento della cella di Grätzel

resistenza (e quindi senza troppa dissipazione di energia) e senza che incontri barriere di potenziale. In figura 5. sono mostrati i valori dei livelli energetici occupati dall'elettrone man mano che esso compie un ciclo. Inizialmente si trova nel colorante R occupando l'orbitale meno energetico (stato fondamentale). La luce solare lo eccita aumentando la sua energia fino ad avere un valore tale da poter passare in banda di conduzione (CB) del semiconduttore e può essere utilizzato per alimentare un carico.

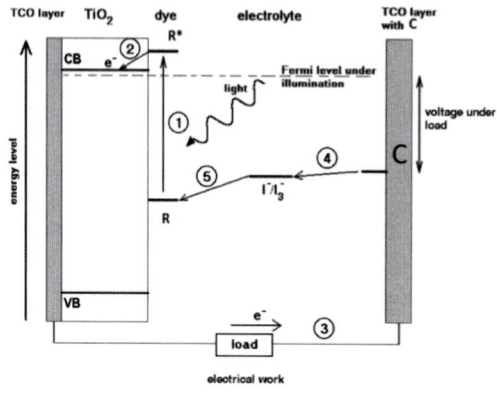

Il circuito si chiude quando l'elettrone arriva sul catalizzatore di grafite, dove occupa un livello ad una energia minore di quella posseduta sul primo elettrodo, poi viene ceduto allo iodio, dove occupa un orbitale ancora meno energetico. Questo schema è utile per comprendere quanto sia fondamentale conoscere le energie in gioco di modo da renderle compatibili con il processo.

Fig. 5 Schema della cella di Grätzel in cui sono evidenziati i valori dei livelli energetici di un elettrone

Dopo che gli studenti hanno realizzato le celle solari di tipo "Grätzel" utilizzando dei pigmenti estratti dai frutti di bosco ci siamo occupati della caratterizzazione elettrica.

La caratteristica elettrica delle celle solari e Set-up per la caratterizzazione I-V

Gli schemi elettrici riportati dalla Fig. 6, rappresentano i due possibili schemi del set-up di misura per la caratterizzazione I-V (tensione-corrente) di celle solari DSC.

Per ricavare la caratteristica I-V si procede in maniera molto semplice, prima si misura la corrente di cortocircuito (si collega l'amperometro alla cella solare) e la tensione a vuoto (si collega il voltmetro alla cella solare) dopodiché si realizza uno dei due circuiti precedenti, s'illumina la cella solare con la lampada e si procede alla misura di tensioni e correnti al variare del carico.

Per completezza si ricorda che il circuito sulla sinistra si usa per valori di carico bassi (la resistenza offerta dal voltmetro è molto maggiore di quella di carico, quindi

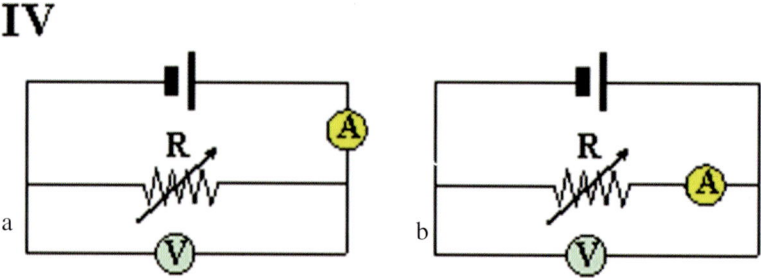

Fig. 6 schemi per la caratterizzazione I-V dei campioni

tutta la corrente che circola nell'amperometro circola anche nel carico) mentre quello di destra si utilizza per valori di resistenza di carico elevati (la resistenza dell'amperometro – dell'ordine di qualche Ohm – provoca una caduta di potenziale trascurabile).

La cella fotovoltaica è sostanzialmente un diodo di grande superficie. Esponendola alla radiazione solare, la cella si comporta come un generatore di corrente, il cui funzionamento può essere descritto per mezzo della caratteristica tensione-corrente.

Tra la curva caratteristica di una cella al buio e quella di un diodo non ci sono evidenti differenze: in entrambi i casi la parte significativa della curva è nel primo quadrante, Fig. 7. Tuttavia, quando la cella è illuminata, la sua caratteristica è leggermente deformata e traslata verso il basso di una quantità che dipende dall'intensità dell'irraggiamento, come si vede soprattutto nel quarto quadrante.

In generale la caratteristica di una cella fotovoltaica è funzione di tre variabili fondamentali: intensità della radiazione solare, temperatura e area della cella.

La **temperatura** non ha un effetto significativo sul valore della corrente di corto circuito; al contrario, esiste una relazione di proporzionalità tra questa e la tensione a vuoto, diminuendo la tensione al crescere della temperatura.

L'**intensità della radiazione solare** non ha un effetto significativo sul valore della tensione a vuoto; viceversa l'intensità della corrente di corto circuito varia in modo proporzionale al variare dell'intensità dell'irraggiamento, crescendo al crescere di questo.

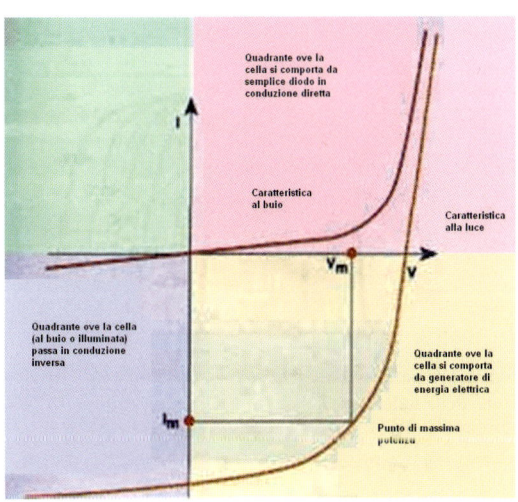

Fig. 7 Caratteristica elettrica tipica di una cella solare illuminata e al buio

L'**area della cella** ha una diretta proporzionalità con la corrente disponibile, quindi è indispensabile avere una ampia interfaccia fra il semiconduttore e il colorante. La tensione è invece determinata dal tipo di molecola organica fotosensibile. Nel nostro caso l'antocianina ci permette di disporre di tensioni di circa 400-600 mV.

Caratteristica elettrica di una cella solare e andamento della potenza

In condizioni di corto circuito la corrente generata è massima (I_{sc}), mentre in condizioni di circuito aperto è massima la tensione (V_{oc}). In condizioni di circuito aperto

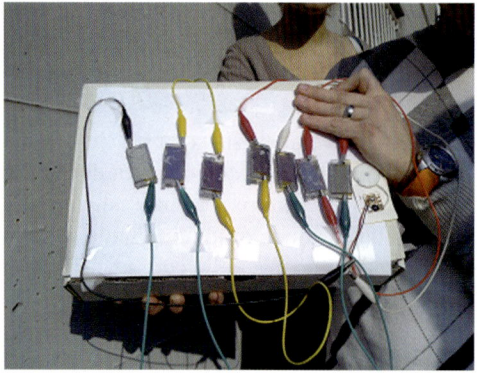

Fig. 8 Un esempio di piccolo pannello fotovoltaico realizzato dagli studenti

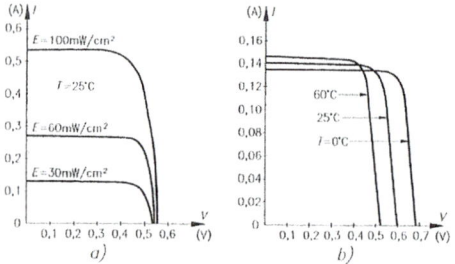

Fig. 9 Andamento della caratteristica elettrica in funzione della radiazione solare (a) e della temperatura (b)

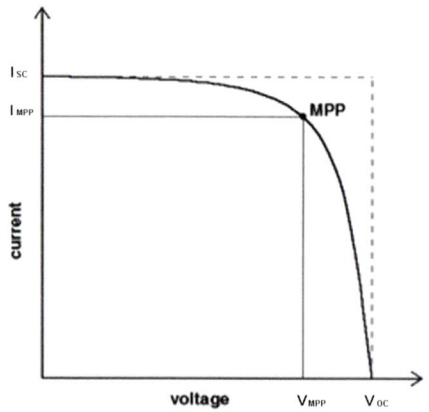

Fig. 10 Tipico andamento della curva I-V di una cella solare fotovoltaica

e di corto circuito la potenza estraibile sarà nulla, poiché nella relazione P = V x I sarà nulla la corrente nel primo caso e la tensione nel secondo. Negli altri punti della caratteristica all'aumentare della tensione aumenta la potenza, raggiungendo quindi un massimo e diminuendo repentinamente in prossimità della V_{oc}.

Il punto nella caratterista I-V (vedi Fig. 10) individuato dal prodotto massimo tra tensione e corrente viene detto punto della massima energia (MPP). Un'altra caratteristica importante per quantificare il funzionamento di una cella è il *fill factor* (fattore di copertura) definito come:

$$ FF = \frac{V_{MPP} \times I_{MPP}}{V_{OC} \times I_{SC}} $$

Usando il fattore di riempimento la potenza elettrica massima della cella solare può essere scritta così:

$$ P_{MAX} = V_{OC} \times I_{SC} \times FF $$

Le celle solari anche se realizzate con tecnologie diverse e materiali differenti (organici , inorganici e misti) possono essere caratterizzate e paragonate sempre in termini di efficienza e Fill Factor secondo opportuni protocolli.

L'efficienza della cella solare dipende dalla temperatura della cella e, quel che è più importante, dalla qualità dell'illuminazione, cioè l'intensità totale della luce e la distribuzione spettrale della radiazione.

Per queste ragioni una condizione standard di misura è stata sviluppata per facilitare delle prove paragonabili di celle solari tra diversi laboratori. Nella condizione standard usata per le prove delle celle solari sulla terra l'intensità della luce è 1000 W/m^2, la distribuzione spettrale della fonte di luce è quella dell'AM 1.5 standard globale dello spettro solare e la temperatura della cella è 25 °C. L'energia prodotta dalla cella solare in queste condizioni è detta energia nominale o modulo. Nella pratica speciali lampade vengono usate per la simulazione della radiazione solare da usare durante la caratterizzazione elettrica.

Bibliografia

1. O'Regan B., Grätzel M. Nature **353**, 737-740 (1991).
2. Hoppe H., Serdar Sariciftci N. Journal of Materials Research **19**(7), pp 1924-1945 (2004).
3. De Padova P., Lucci M., Olivieri B., Quaresima C., Priori S., Francini R., Grilli A., Hricovini K., Davoli I.: Natural hybrid organic-inorganic photovoltaic devices. Superlattices and Microstructures **45**, 555-563 (2009).
4. Tesi di Laurea svolte presso Università di Roma "Tor Vergata".
5. Grätzel M., Journal of Photochemestry and Photobiology A. 164 (2004) 3-14.

La caratterizzazione di una cella fotovoltaica

Claudio Goletti

Dipartimento di Fisica, Università degli Studi di Roma Tor Vergata

Dopo avere capito come funziona una cella fotovoltaica, e avere approfondito alcuni aspetti costruttivi, affrontiamo il passo successivo, ovvero il controllo sperimentale delle sue prestazioni dopo averla realizzata. Questa attività sperimentale si articola a sua volta su due livelli: i) da una parte la verifica del funzionamento della cella, ed eventualmente la misurazione di parametri importanti che permettono di valutarne e anzi quantificarne l'efficacia; ii) dall'altra, uno studio attento dei particolari processi che avvengono durante l'utilizzo del dispositivo: l'assorbimento della luce, la produzione delle cariche elettriche, il loro trasferimento al circuito esterno. Seguendo questo secondo metodo, si vuole comprendere cosa realmente avvenga nell'interno della cella: a tale scopo, talvolta si analizzano sistemi anche notevolmente semplificati rispetto al dispositivo originale, disarticolando le fasi successive del fenomeno con l'obiettivo di comprenderlo, e quindi riprodurlo in modo controllato e consapevole.

È questo il momento eccitante attraverso cui tentiamo di arrivare, tramite esperimenti opportuni realizzati in laboratorio, alla spiegazione - il più possibile completa - di un fenomeno fisico. A tal fine, sono utilizzate opportune tecniche di indagine, che permettano di indagare cosa avvenga quando la luce, investendo una particolare disposizione di materiali, è assorbita producendo un segnale elettrico (una corrente o una differenza di potenziale). Alla procedura che lo sperimentatore attua in questo modo, basata su un'opportuna sequenza e ripetizione di esperimenti, diamo nome di caratterizzazione.

È ovviamente cruciale la scelta dello strumento con cui realizzare la caratterizzazione, ovvero della modalità con cui indagheremo il nostro dispositivo, talvolta - come detto - semplificando notevolmente l'oggetto dello studio. Ciò significa, ad esempio, che - essendo troppo complesso analizzare una cella fotovoltaica nella sua completezza, in quanto i diversi fenomeni

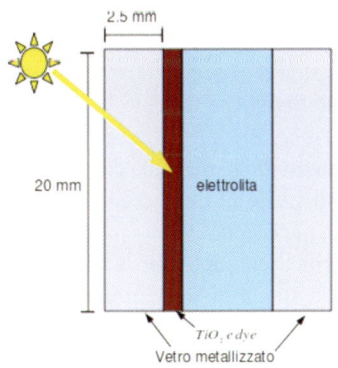

Fig. 1 Schematizzazione di una cella di Grätzel sotto illuminazione

L.M. Catena, F. Berrilli, I. Davoli, P. Prosposito, STUDENTI-RICERCATORI
per cinque giorni. "Stage a Tor Vergata",
DOI: 10.1007/978-88-470-5271-0, © Springer-Verlag Italia 2013

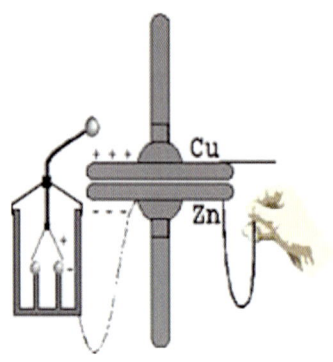

Fig. 2 Disegno rappresentante una schematizzazione della sonda di Kelvin. Si tratta di un condensatore con due armature di materiali conduttori diversi (in questo esempio zinco e rame) in contatto elettrico tramite un circuito esterno (in questo caso non riportato esplicitamente) ma separate da un sottile strato di aria. Sulla sinistra appare un elettroscopio, strumento che permette di evidenziare e misurare i trasferimenti di carica che si producono tra i due piattelli. Per la coppia zinco-rame, il primo assume una carica positiva, il secondo negativa

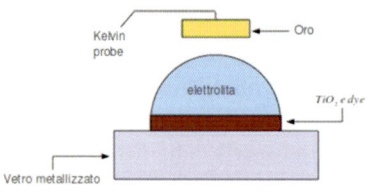

Fig. 3 Schema della sonda di Kelvin (con elettrodo vibrante in oro, visibile in alto nella figura) disposta di fronte ad un campione rappresentato in questo caso da una cella di Grätzel completa: uno strato di molecole organiche (dye) è deposto su biossido di Titanio, e coperto da una goccia di elettrolita. Il tutto è chiuso tra due vetrini, che hanno ruolo di supporto meccanico e protezione

sarebbero difficilmente isolabili- noi ci soffermeremo sull'analisi di una parte della cella di Grätzel, ad esempio lo strato di materiale organico - assorbitore di luce - disposto sul substrato che lo sostiene (vetro), analizzando in un secondo momento come le cariche così prodotte possano trasferirsi al circuito esterno, e così via. Da un punto di vista metodologico, in realtà è normalmente preferita una semplificazione ancora più estrema: come quella cui ci riduciamo deponendo in maniera controllata singole molecole di materiale organico su una superficie opportunamente preparata di biossido di titanio o vetro.

Per motivi di semplicità e di pratica sperimentale, nella nostra attività di laboratorio abbiamo scelto di studiare parti di cella fotovoltaica, ottenute seguendo però gli stessi criteri di realizzazione della cella completa. Questi prototipi semplificati di cella sono stati caratterizzati utilizzando un opportuno strumento d'indagine. In generale, la tecnica sperimentale scelta deve offrire alcune caratteristiche importanti: i) deve permettere di analizzare un processo che sia significativo nell'economia del funzionamento della cella (ad esempio, l'assorbimento di luce, o il trasferimento di cariche); ii) deve ridurre al minimo, oppure eliminare del tutto, i possibili effetti che il suo uso può avere sul campione studiato, che ne possano modificare le caratteristiche durante la stessa caratterizzazione; iii) infine, nel nostro caso, abbiamo aggiunto la richiesta che si tratti di tecniche di facile utilizzo e comprensione qualitativa dei risultati.

La tecnica che abbiamo scelto di utilizzare è la sonda di Kelvin, dal nome di Lord Kelvin (illustre scienziato inglese del XIX secolo), che la utilizzò per primo. Si tratta di una coppia di superfici metalliche disposte l'una di fronte all'altra, in contatto elettrico mediante un circuito esterno, ma separate da un piccolo strato di isolante, nel nostro caso aria (Fig. 1). Si forma così un condensatore, sebbene esista la significativa differenza che le due armature in questo caso sono fatte di materiali diversi, ad esempio un metallo (la sonda di Kelvin, spesso in oro) e il campione. Quando i due elementi del condensatore così ottenuto sono messi in contatto tramite un circuito esterno, tra i due avviene un trasferimento di cariche dall'uno all'altro (secondo una direzione che dipenderà dalle proprietà dei due materiali), così che l'uno -ricevendo elettroni- si caricherà negativamente, mentre l'altro -perdendo elettroni- assumerà una carica positiva. Tra le due armature si stabilisce così una differenza di potenziale.

Questa differenza di potenziale (indicata come Differenza di potenziale di contatto, CPD in inglese, ovvero Contact Potential Difference) è l'oggetto della nostra misura, realizzata - per motivi che non possiamo qui facilmente spiegare - seguendo una particolare accortezza sperimentale: il piattello metallico (qui in oro) della sonda di Kelvin viene messo e tenuto in vibrazione a una frequenza caratteristica e nota. A seguito di tale vibrazione, nel circuito esterno si produce una piccola ma comunque misurabile corrente tra campione e sonda di Kelvin: il segno, l'intensità, ed eventualmente l'andamento nel tempo di questa corrente ci forniscono informazioni su come avvengano i trasferimenti di carica tra materiale organico, substrato ed eventualmente elettrolita. Confrontando le in-

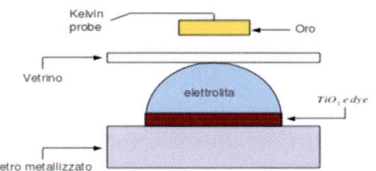

Fig. 4 Rispetto alla Fig. 3, il campione qui rappresentato sotto la sonda di Kelvin non è coperto superiormente da un vetro

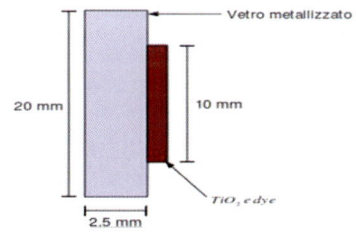

Fig. 5 Il campione rappresentato in figura (dove non appare stavolta la sonda di Kelvin) è relativo a una "mezza cella", ovvero alla sola deposizione di materiale organico su biossido di titanio, sostenuto su vetro metallizzato. Mancano in questo caso l'elettrolita e il vetro esterno. La sonda di Kelvin in questo caso viene avvicinata da destra. Dallo stesso lato può eventualmente essere diretto un fascio di luce per illuminare il campione

formazioni elettriche ottenute nelle due condizioni di campione tenuto al buio, e di campione sottoposto a illuminazione (ovvero proprio il processo che definisce il funzionamento della cella fotovoltaica) abbiamo modo di ricavare informazioni preziose sul funzionamento della cella. Ad esempio, una veloce variazione del segnale di corrente suggerirà l'efficacia del trasferimento di carica tra assorbitore organico e TiO_2, mentre una particolare lentezza del fenomeno potrà essere spiegato dall'intrappolamento delle cariche generate dalla luce in trappole disposte lungo il cammino che queste devono percorrere per arrivare al circuito esterno.

L'esperimento consiste nell'avvicinare la sonda di Kelvin, tramite un movimento di precisione, fino a che il piattello vibrante si troverà a circa un millimetro dalla superficie del campione. Il segnale di CPD (in volt, trattandosi di una differenza di potenziale; useremo anche il millivolt, pari a un millesimo di volt) viene raccolto tramite un opportuno circuito amplificatore, e registrato da un computer. La misura di CPD viene seguita in funzione del tempo: prima il campione è tenuto al buio, poi viene illuminato, simulando il funzionamento della cella. Dopo un intervallo caratteristico (legato alla velocità con cui avvengono le variazioni dei segnali osservati) la luce è di nuovo spenta, ritornando nelle condizioni di buio. Lo stesso processo viene ripetuto diverse volte, osservando il comportamento ciclico del sistema.

In Fig. 6 è riportato l'andamento nel tempo del segnale di CPD misurato dalla sonda di Kelvin in vibrazione davanti ad un campione come quello riportato in Fig. 5, che abbiamo chiamato "mezza cella", che appare un'evidente semplificazione della cella reale.

Si vede bene che, dopo essersi stabilizzato durante il periodo di buio su un livello di tensione pari a 0.2 mV, non appena il sistema è illuminato si registra una brusca variazione a valori minori, che si mantengono costanti fino a che, rimuovendo l'illuminazione, il segnale ritorna al livello iniziale. Dunque la nostra sonda si accorge della creazione di cariche prodotta nel dye da parte della radiazione incidente assorbita, e segue correttamente l'intero processo. La reversibilità del processo, come si vede dal ritorno allo stesso livello iniziale di segnale, è un'altra informazione importante.

Se passiamo ad analizzare un campione più completo del precedente, ottenuto aggiungendo l'elettrolita (vedi Fig. 4), possiamo ripetere lo stesso esperimento, e registrare nelle medesime condizioni sperimentali il segnale di CPD. L'andamento nel tempo è adesso riportato in Fig. 7: si coglie, dal confronto con il caso precedente, un'evidente differenza, sia nei livelli del segnale, sia nella forma della curva ottenuta, dove appaiono adesso dettagli (ad esempio la cuspide registrata a ogni transizione dalla condizione di buio a quella d'illuminazione) che sono evidentemente dovuti al ruolo dell'elettrolita, che ripristina l'equilibrio di carica nel dye alterato dalla creazione di cariche e dal loro trasferimento al circuito esterno.

Procedendo ulteriormente verso la cella definitiva, aggiungiamo il vetrino di protezione (vedi Fig. 3), ripetendo lo stesso esperimento, il segnale misurato dalla sonda di Kelvin appare ancora diverso (Fig. 8).

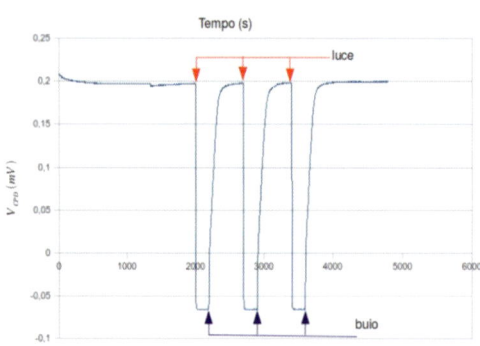

Fig. 6 Andamento nel tempo del segnale di Differenza di potenziale di contatto (CPD) misurato da una sonda di Kelvin in vibrazione di fronte al campione riportato schematicamente in fig. 5. Il segnale di CPD è riportato in millivolt (1mV= 0.001 V). Le frecce indicano quando la sorgente luminosa investe il campione, e quando è spenta

Certamente, osservando gli andamenti riportati nei tre diversi casi siamo in grado di comprendere che la sonda misura processi diversi che risentono delle diverse fasi di assemblaggio della cella, e che queste determinano l'insorgere di diversi processi nel comportamento microscopico dei materiali e dei contatti tra i diversi materiali (che chiameremo interfacce). Approfondire l'argomento, ovvero entrare nella discussione di questi comportamenti, seppure costituisca l'obiettivo reale di una ricerca di questo tipo, sarebbe un problema troppo difficoltoso da affrontare a questo livello. E quindi qui ci fermiamo.

Possiamo però riportare alcune importanti conclusioni:

- abbiamo studiato sistemi che rappresentano diverse fasi di completamento di una cella reale fotovoltaica. Si tratta di sistemi molto complessi, nei quali i processi prodotti dall'illuminazione non sono ancora ben determinati e compresi;
- si sono osservate evidenti regolarità e correlazioni del segnale di CPD con la presenza o meno di alcuni componenti all'interno della cella, e con le condizioni di illuminazione;
- è quindi possibile, anche su un sistema reale e complesso come una cella fotovoltaica (in questo caso di tipo Grätzel) , usare un apparato semplice, quale la sonda di Kelvin, per indagare il processo di funzionamento del dispositivo.

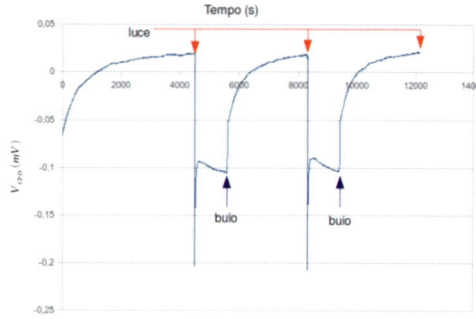

Fig. 7 Andamento nel tempo del segnale di Differenza di potenziale di contatto (CPD) misurato da una sonda di Kelvin in vibrazione di fronte al campione riportato schematicamente in Fig. 4. Il segnale di CPD è riportato in millivolt (1mV= 0.001 V)

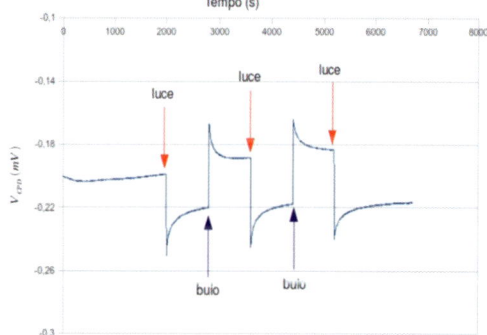

Fig. 8 Andamento nel tempo del segnale di Differenza di potenziale di contatto (CPD) misurato da una sonda di Kelvin in vibrazione di fronte al campione riportato schematicamente in Fig. 3. Il segnale di CPD è riportato in millivolt (1mV= 0.001 V)

I nanotubi di carbonio

Maurizio De Crescenzi e Luca Camilli
Dipartimento di Fisica, Università degli Studi di Roma Tor Vergata

Negli ultimi anni ci imbattiamo spesso nella parola "nanomateriale", la sentiamo a scuola, nelle Università o anche alla televisione. Ma che cosa è un nanomateriale? Possiamo dire che un materiale è "nano" quando almeno una delle sue tre dimensioni (altezza, lunghezza o larghezza) non supera i 100 nm, dove 1 nm (nanometro) è un miliardesimo di un metro. Giusto per dare un'idea, un capello umano ha uno spessore di circa 100000 nm! Il fatto che questi materiali abbiano una, due o tutte e tre le dimensioni inferiori a 100 nm conferisce loro delle proprietà veramente peculiari e li rende materiali rispettivamente bi-dimensionali, mono-dimensionali o zero-dimensionali.

I nanomateriali sono oggi studiati moltissimo nelle Università e nei centri di ricerca e hanno trovato un vasto utilizzo anche in campo industriale. In questo contesto, un posto di privilegio spetta senza dubbio ai nanotubi di carbonio. I nanotubi di carbonio sono dei fogli di grafite (ricordiamo che la grafite è l'elemento nero costituente le comuni matite) che in particolari condizioni si arrotolano su se stessi a formare dei cilindri cavi (Fig. 1). Se c'è un solo cilindro allora il nanotubo di carbonio si definisce a parete singola, altrimenti, nel caso di più cilindri concentrici, esso prende il nome generico di nanotubo a pareti multiple. Il diametro del cilindro è di circa 1 nm per i nanotubi a parete singola, mentre può variare tra 5 nm e qualche decina di nanometri nel caso di quelli a parete multipla. Per quanto riguarda invece la lunghezza,

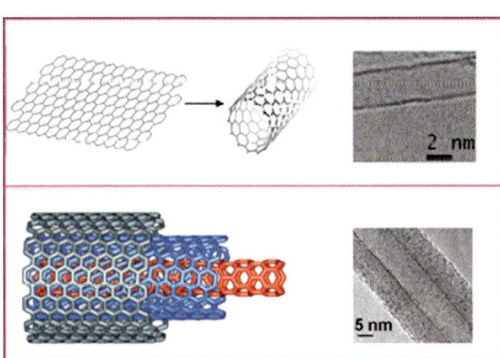

Fig. 1 In alto: un foglio di grafite che si arrotola su se stesso dando luogo a un nanotubo di carbonio a parete singola. A destra è riportata un'immagine catturata da un microscopio elettronico a trasmissione. In basso: rappresentazione schematica di un nanotubo di carbonio a parete multipla; a destra un'immagine catturata da un microscopio elettronico a trasmissione

L.M. Catena, F. Berrilli, I. Davoli, P. Prosposito, STUDENTI-RICERCATORI
per cinque giorni. "Stage a Tor Vergata",
DOI: 10.1007/978-88-470-5271-0, © Springer-Verlag Italia 2013

generalmente è dell'ordine del micron (1 micron è un millesimo del millimetro) ma può arrivare anche a qualche millimetro.

Così come la grafite, anche i nanotubi sono composti soltanto di carbonio: questo conferisce loro un elevatissimo rapporto resistenza meccanica/peso, la cosiddetta resistenza specifica. I nanotubi di carbonio hanno ad esempio una resistenza alla trazione 100 volte più grande di quella di una barretta d'acciaio, ma con un peso 6 volte minore (tabella). Questo li rende candidati ideali per sostituire le fibre di carbonio e il kevlar (un materiale oggi molto utilizzato, ad esempio per realizzare i giubbotti antiproiettile).

Tabella 1 Confronto tra le proprietà meccaniche di nanotubo di carbonio a parete singola, nanotubo a parete multipla, Kevlar e acciaio inossidabile (dati da www.wikipedia.org)

Materiale	Modulo di Young (TPa)	Carico massimo (GPa)	Elongazione a rottura (%)
Nanotubo a singola parete	1-5	13-53	16
Nanotubo a parete multipla	0.2-0.95	11-150	–
Kevlar	0.06-0.18	3.6-3.8	2
Acciaio inossidabile	0.186-0.214	0.38-1.55	15-50

I nanotubi di carbonio non hanno soltanto eccezionali proprietà meccaniche, ma anche elevate proprietà di trasporto termico ed elettronico. Recenti misure hanno dimostrato, ad esempio, che la conduzione termica dei nanotubi di carbonio a parete singola è circa dieci volte maggiore di quella del rame [Pop E. et al. *Nano Letters* 6(96), 2005], mentre in teoria la conducibilità elettrica può addirittura superare di mille volte quelle dei comuni metalli [Hong S. *Nature Nanotechnology* 2(207), 2007]. Ancora più affascinanti sono le proprietà elettroniche dei nanotubi di carbonio: pur essendo costituiti solo di un unico elemento (il carbonio, appunto) dal punto di vista elettronico possono comportarsi da metalli o da semiconduttori. Tutto questo dipende soltanto dal modo in cui il foglio di grafite si è arrotolato su se stesso per dare luogo al nanotubo, ovvero dalla sua geometria.

Oggigiorno i nanotubi di carbonio sono prodotti piuttosto facilmente sia nei laboratori di ricerca sia a livello industriale. Storicamente, le due tecniche che per prime sono state impiegate a tale scopo, sono la scarica ad arco e l'ablazione laser. Entrambe sintetizzano nanotubi di carbonio a partire da un bersaglio di grafite nel quale vengono inserite piccole percentuali di metalli come ferro, cobalto o nichel. Il bersaglio viene poi bombardato con una sorgente altamente energetica come una scarica elettrica (per la tecnica della scarica ad arco) o un raggio laser (l'ablazione laser) che provocano delle vere e proprie esplosioni nella grafite e quindi la sublimazione del carbonio.

Grazie al metallo contenuto nella grafite il carbonio sublimato tende ad acquistare una forma cilindrica: si formano così i nanotubi di carbonio. Oggi queste due tecniche sono state quasi abbandonate: la scarica ad arco porta a molti prodotti indesiderati e di scarto mentre l'ablazione laser richiede macchinari

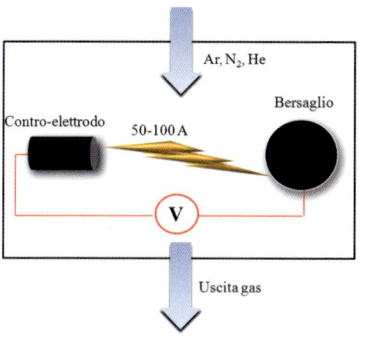

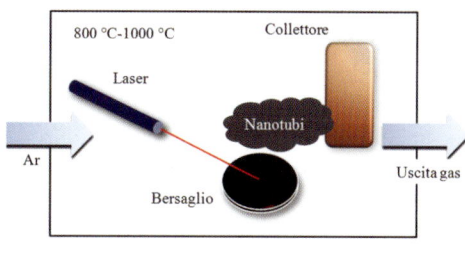

Fig. 2 Rappresentazione schematica della tecnica a scarica ad arco, usata per la crescita dei nanotubi di carbonio. La camera viene riempita di gas inerte (Ar, He o N_2), mentre l'alta tensione applicata tra due elettrodi fa scaturire una scarica elettrica tra 50-100 A. Il bersaglio di grafite (a destra) è drogato con un metallo di transizione, come ferro, nichel o cobalto

Fig. 3 Rappresentazione schematica della tecnica dell'ablazione laser, utilizzata per la crescita dei nanotubi di carbonio. Un laser ad alta potenza viene usato per bombardare un bersaglio di grafite. La "nuvola" di nanotubi di carbonio prodotta viene portata dal flusso di argon verso un raccoglitore raffreddato

molto costosi e la produzione dei nanotubi non è scalabile a livello industriale.

La tecnica che invece viene utilizzata sia a livello di laboratorio sia industriale è la deposizione chimica da fase vapore. Per questo processo di sintesi occorrono un substrato solido, sul quale avviene la reazione chimica, un materiale catalitico (come

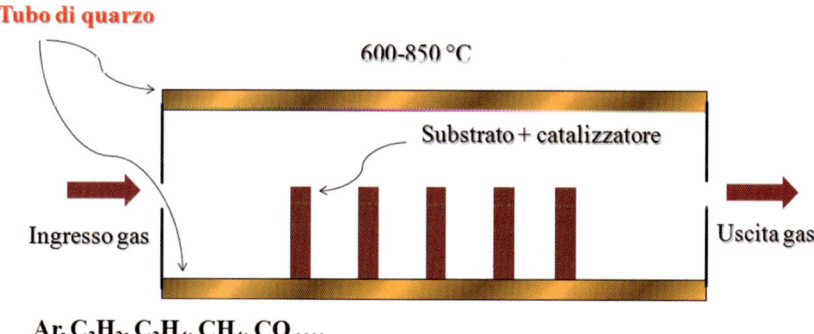

Fig. 4 Rappresentazione schematica della tecnica di deposizione chimica da fase vapore, utilizzata per la crescita dei nanotubi di carbonio. Un tubo di quarzo viene generalmente usato come camera di crescita. Una volta inseriti al suo interno il substrato con sopra il materiale catalitico, il tubo viene portato a temperatura superiore ai 600 °C. Per iniziare la crescita dei nanotubi di carbonio è sufficiente fare entrare in camera un gas carbonioso trasportato da un gas inerte, come ad esempio argon

ferro, cobalto o nichel) che viene depositato sul substrato e ha la funzione di fare iniziare la reazione, e un gas contenente carbonio, come gli idrocarburi quali metano, acetilene e così via. Il substrato viene inserito in una camera di crescita e riscaldato a una temperatura compresa tra 600 °C e 850 °C; quando il gas carbonioso contenuto in camera viene a contatto con il metallo depositato sul substrato, esso comincia a decomporsi in carbonio e idrogeno. L'idrogeno si disperde in atmosfera, mentre il carbonio si discioglie nel metallo; raggiunta la concentrazione critica, il carbonio precipita dando forma al nanotubo di carbonio. I vantaggi di questa tecnica sono l'utilizzo di materiali a basso costo, e l'alta efficienza di produzione.

I nanotubi di carbonio così prodotti hanno proprietà straordinarie che hanno permesso di impiegarli in numerosi dispositivi elettronici come ad esempio le celle solari fotovoltaiche. In generale, una cella solare si basa su una giunzione o tra due materiali (eterogiunzione) o tra due parti dello stesso materiale ma con diverse proprietà elettroniche (omogiunzone). Le celle solari possono poi essere suddivise in due gruppi, a seconda se lavorano in ambiente "secco" oppure in liquido, cioè con la presenza di un elettrolita. Le celle solari a nanotubo di carbonio sono dispositivi che lavorano a stato secco (come i pannelli solari che vediamo montati sui tetti di alcune case) e si basano sull'eterogiunzione tra i nanotubi stessi e un substrato di silicio, che può essere cristallino o amorfo. Mettendo a contatto questi due materiali, si crea una differenza di potenziale che è caratteristico della giunzione. Quando la luce investe il dispositivo, essa verrà assorbita in parte dal film di nanotubi e in parte dal silicio sottostante. I fotoni, cioè le particelle energetiche che compongono la luce, cedono la loro energia agli elettroni dei due materiali costituenti il dispositivo e vanno in uno stato energetico che si definisce "eccitato", ovvero uno stato a maggiore energia rispetto allo stato in cui si trovano normalmente gli elettroni, definito stato "fondamentale". In un materiale isolato, gli elettroni tendono a ricadere dallo stato eccitato in quello fondamentale, così perdendo l'energia che gli era stata consegnata dal fotone. Quando invece ci sono due materiali in contatto, come nelle celle solari, la differenza di potenziale della giunzione tende a far muovere gli elettroni nello stato eccitato e a spostarli prima che ricadano in quello fondamentale: questi elettroni possono essere utilizzati quindi per compiere lavoro, come accendere una lampadina, far muovere una macchina o ricaricare la batteria di computer o di un cellulare.

Fig. 5 Foto che rappresenta un substrato quadrato di acciaio di lato 25 mm prima (a sinistra della freccia) e dopo (a destra della freccia) la crescita di nanotubi di carbonio mediante la tecnica di deposizione chimica da fase vapore

Fig. 6 Foto della dispersione di nanotubi di carbonio ottenuta dopo qualche ora di sonicazione in alcol isopropilico

Fig. 7 Rappresentazione schematica del dispositivo fotovoltaico basato sui nanotubi di carbonio. Il rettangolo inferiore rappresenta il silicio, che può essere cristallino o amorfo; i due rettangoli più chiari sono gli scalini di ossido di silicio

Il vantaggio delle celle solari a nanotubi di carbonio, rispetto ad esempio alle celle solari al silicio che oggi si trovano in commercio, è la semplicità nella fabbricazione.

1) Innanzitutto bisogna produrre i nanotubi di carbonio. Come descritto in precedenza, produrli è piuttosto semplice ed economico. La tecnica più utilizzata è la sintesi da fase vapore. Nel caso si usi l'acciaio come substrato, non c'è neanche il bisogno di depositare il materiale catalitico come ferro, cobalto o nichel. L'acciaio infatti, essendo una lega di ferro, gioca il duplice ruolo di substrato e catalizzatore. Per sintetizzare i nanotubi è sufficiente portare l'acciaio a circa 700 °C e inserire nella camera di crescita il gas carbonioso.

2) Successivamente, essi devono essere rimossi dal substrato di crescita. Per questo, vengono messi in un becher contenente alcol isopropilico o alcol etilico e sottoposti a ultrasuoni per qualche ora. Si ottiene in questo modo una dispersione fine di nanotubi di carbonio.

3) I nanotubi vengono poi depositati su un substrato di silicio. Tale substrato può essere di silicio cristallino o amorfo, l'importante è che presenti due scalini esterni di ossido si silicio. Questi sono necessari per evitare il contatto tra gli elettrodi metallici e il silicio, che creerebbe cortocircuiti.
Un metodo molto semplice che viene utilizzato per la deposizione dei nanotubi è mediante un aerografo. La dispersione ottenuta in precedenza viene caricata in un aerografo e spruzzata sopra il substrato di silicio. Durante questa procedura, il substrato viene tenuto a caldo, intorno a 120°C per permettere una veloce evaporazione del solvente e prevenire quindi alla formazione di gocce. In questo modo si ottiene una deposizione molto omogenea.

4) Vengono infine applicati gli elettrodi metallici sia sopra gli scalini di ossido di silicio sia sul retro del dispositivo. Un metodo molto semplice è usare la pasta d'argento, facilmente reperibile in commercio. Il risultato è rappresentato in Fig. 9.

Con rapidi e facili passaggi abbiamo costruito delle celle solari basate sull'eterogiunzione "nanotubi di carbonio/silicio" che, a oggi, raggiungono un'efficienza di conversione delle potenza luminosa pari al 5%.

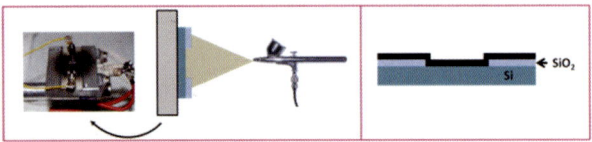

Fig. 8 A sinistra: rappresentazione schematica della deposizione dei nanotubi sul substrato di silicio mediante un aerografo. Durante il processo, il substrato è tenuto a una temperatura intorno a 120 °C. A destra: rappresentazione schematica del dispositivo fotovoltaico: lo strato nero sono il film di nanotubi di carbonio

Fig. 9 A) Rappresentazione schematica della cella solare a nanotubi di carbonio. Il contatto tra i nanotubi di carbonio e il silicio rappresenta la giunzione attiva. Le isole grigie in alto e il rettangolo grigio in basso rappresentano gli elettrodi metallici in pasta d'argento; B) foto dall'alto di una cella solare ai nanotubi di carbonio

La conversione fotovoltaica e le attività di stage. Ricaduta didattica

Sabrina Di Lernia, in collaborazione con Giorgio David
e Marisa Molinari
Docenti di Fisica e Chimica presso l'I.T.I.S. "Giovanni XXIII" di Roma

L'attività di stage offerta dall'Università di Roma Tor Vergata, presso il Dipartimento di Fisica, è un evento formativo importante per i ragazzi del IV e V anno della scuola secondaria superiore. Sono circa tre anni che insieme agli allievi dell'Istituto "Giovanni XXIII" di Roma, con articolazioni in Chimica Materiali e Biotecnologie, Liceo Tecnologico per le scienze applicate, Elettrotecnica ed Elettronica e Relazioni Internazionali per il Marketing partecipo in qualità di docente accompagnatore. Posso affermare che trascorrere una settimana nei laboratori scientifici insieme ai ricercatori è un evento formativo che si traduce in apprendimento attivo, fatto di scoperta-azione, fortemente motivante e soprattutto di confronto tra i vari personaggi che partecipano e che tali attività possono essere trasferite nella didattica curriculare, arricchendo così il percorso formativo e le metodologie.

Gli allievi selezionati per l'attività di stage sono tre, ognuno dei quali è indirizzato verso i percorsi offerti dall'Università di Roma Tor Vergata: materiali per ITC, materiali per l'Astrofisica sperimentale e materiali per la conversione fotovoltaica.

Le competenze acquisite riguardo alla conversione fotovoltaica sono state trasferite, nel nostro Istituto, nelle attività curriculari, in maniera trasversale a tutte le discipline. Anche la metodologia di tipo "laboratoriale" è oggetto di diffusione attraverso il "Laboratorio Energia-Ambiente", attualmente, attivo su una forma mista di energia solare-eolico-acustica di analisi dell'ambiente.

Il lavoro, coordinato dai docenti di Chimica, la Prof.ssa Marisa Molinari e il Prof. David Giorgio, è stato diviso nelle seguenti cinque fasi, qui di seguito sotto illustrate:
- preparazione e controllo dei vetrini conduttivi;
- preparazione dei vetrini con grafite;
- preparazione del Dye;
- assemblaggio celle solari;
- misurazione della tensione.

Una sesta fase è consistita nella diffusione del lavoro svolto preparando le diapositive per una presentazione in "power point", un filmato e articoli destinati alla popolazione scolastica del "Giovanni XXIII", a convegni e riviste di settore.

Ecco le cinque fasi della lavorazione.

L.M. Catena, F. Berrilli, I. Davoli, P. Prosposito, STUDENTI-RICERCATORI per cinque giorni. "Stage a Tor Vergata",
DOI: 10.1007/978-88-470-5271-0, © Springer-Verlag Italia 2013

Fase 1: preparazione e controllo dei vetrini conduttivi

Si preparano i vetrini semiconduttori ricoperti di TiO_2 (semiconduttore), facendo attenzione a non sporcarli, e fissati a 300° C.

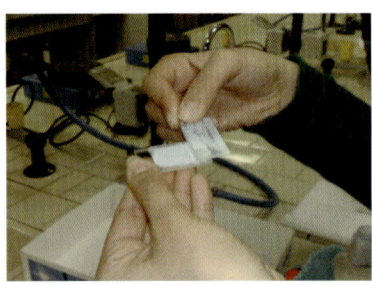

Successivamente sciacquiamo i vetrini con alcool etilico, facendo attenzione a non graffiare il TiO_2 conduttivo.

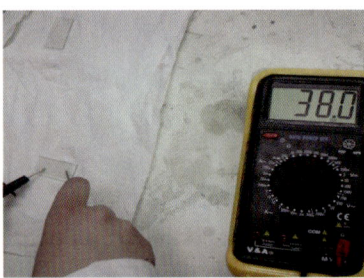

Tramite il multimetro si individua il lato conduttivo del vetrino non ricoperto dal TiO_2.

Fase 2: preparazione dei vetrini con grafite (controelettrodo)

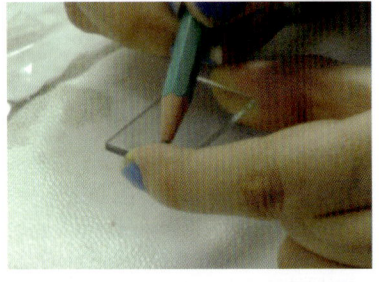

Sul lato conduttivo dei vetrini trasparenti, con la mina di una matita si deposita uno strato di grafite nella parte centrale, lasciando uno spazio sui bordi.

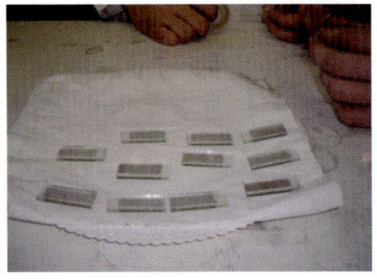

Si rivestono con lo scotch bordi laterali dei vetrini ricoperti di grafite, per creare uno spessore.

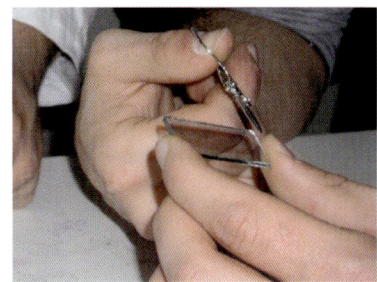

Fase 3: preparazione del Dye

Si prepara il Dye estraendo con alcool etilico le antocianine presenti nei fiori di Hibiscus (circa 24 ore).

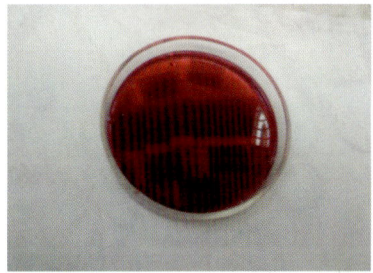

Nell' operazione successiva si immergono i vetrini con il TiO_2 (semiconduttore) nel colorante (Dye) per circa 24 ore. Una volta estratti si lasciano asciugare all'aria.

Fase 4: assemblaggio celle solari

Si prepara la soluzione KI/I_2 in glicole etilenico (elettrolita).

Si uniscono i due vetrini, il lato conduttivo con il lato con grafite verso l'interno, fermandoli con una molletta.

Si riempie lo spessore fra i due vetrini con delle gocce di elettrolita facendo attenzione a non formare bolle d'aria.

Dopo aver controllato la tensione di ogni cella, queste vengono collegate in serie per produrre energia necessaria per il funzionamento di piccoli strumenti.

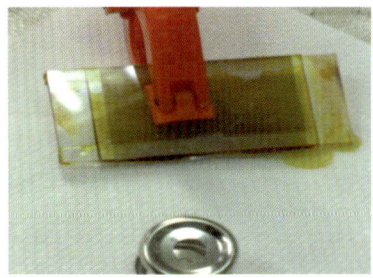

Fase 5: misurazione della tensione

Valore della tensione prodotta da una lampada al neon, collegando quattro celle in serie: 1,816 V.

Funzionamento di una calcolatrice collegata a quattro celle in serie e sotto l' azione dei raggi solari.

Valore della tensione prodotta dalla luce   solare, collegando quattro celle in serie: 4.24 V.

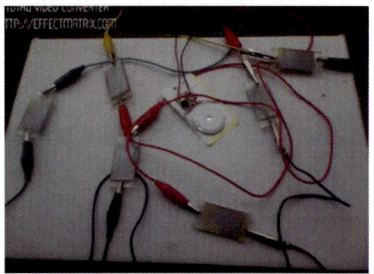

Funzionamento di un piccolo carillon.

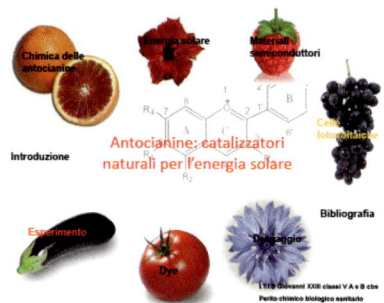

Il prodotto finale è stato un documento dal titolo "Antocianine: catalizzatori naturali per l'energia solare" (il cui front page è qui appresso riportato) e un apparato sperimentale composto di celle poste in serie per alimentare una calcolatrice e un piccolo carillon.

Questo lavoro è stato presentato al convegno "Experimenta 3", tenutosi a Roma, il 9 marzo 2012, "Percorsi esemplari" per una didattica di tipo laboratoriale, ricevendo il plauso da parte degli organizzatori per l'originalità e la metodologia.

Nell'ambito dei concorsi per la chimica e precisamente "ChimicaMente" ha ricevuto il primo premio per il lavoro ben sviluppato e articolato, sia nella parte teorica sia in quella sperimentale.

Bibliografia

Grätzel M.: Photoelectrical Cells. Nature **414** (2001).
Grätzel M.: Solar Energy Conversion by Dye-Sensitized Photovoltaic Cells. Inorganic Chemistry 44(20), 6841-6851 (2005).
• http://en.wikipedia.org/wiki/Doping_(semiconductor)
• www.mat.uniroma2.it/crf/labfis/Progetto.pdf
• Www.unionfidisicilia.it/?tag=fotovoltaici-arance
• www.term-minator.it/glossa/glossari/ag7b/immagini/flavonoidi.pdf

Tesine per l'esame di stato

Celle solari al silicio e celle di Grätzel

Tesina presentata all'Esame di Stato 2010/2011

Federica Pennarola

Studentessa del Liceo Scientifico Vito Volterra di Ciampino (Roma)

Perché le celle solari?

Si stima che il fabbisogno energetico del nostro pianeta raddoppierà entro cinquanta anni[1]. *Le fonti di energia attualmente più utilizzate sono* prevalentemente *non rinnovabili* (riserve di petrolio, gas naturale, carbone, uranio). I loro processi di combustione producono emissioni solide, liquide e gassose e con esse un *forte inquinamento ambientale* [2].

Per questi motivi il mondo scientifico ha posto attenzione nella ricerca e nello sviluppo delle celle solari. Esse hanno la capacità di *produrre energia elettrica in modo pulito*, usufruendo della quasi inesauribile radiazione proveniente dal Sole.

La nostra stella infatti ci irraggia con circa 1367 W per m² in media. Questa radiazione tuttavia, prima di arrivare sulla superficie terrestre, subisce varie dispersioni dovute a fenomeni di riflessione (da parte delle nuvole e del suolo) e di assorbimento da parte dell'atmosfera. Alla fine la potenza al suolo è di circa 1000w/m² che è comunque circa 10.000 volte maggiore di quanto richieda il fabbisogno energetico del nostro attuale sistema di vita; tuttavia tale energia è poco concentrata.

Per poterne usufruire in modo significativo occorrerebbero tecnologie molto avanzate, a elevata efficienza (rapporto fra potenza elettrica ottenuta e potenza della radiazione solare incidente) e bassi costi di produzione [1].

Quali sono dunque allo stato attuale le carenze delle celle solari?

Le celle fotovoltaiche più diffuse sul mercato sono quelle al Silicio monocristallino o policristallino. Esse, pur avendo un alto rendimento (~ 18% e 15%) rispetto agli altri tipi di celle in commercio, hanno un alto costo di produzione in proporzione alla potenza prodotta[3]. Una strada intrapresa per ridurre i costi dei moduli fotovoltaici è quella di utilizzare film sottile di silicio amorfo o altri semiconduttori (tellurio di cadmio) ma al momento l'unica strada promettente per scendere sotto al dollaro/watt di costo sembra essere quella delle celle organiche.

L.M. Catena, F. Berrilli, I. Davoli, P. Prosposito, STUDENTI-RICERCATORI
per cinque giorni. "Stage a Tor Vergata",
DOI: 10.1007/978-88-470-5271-0, © Springer-Verlag Italia 2013

Le odierne ricerche sperimentali volte a massimizzare l'efficienza delle celle riducendone i costi di produzione

In questo contesto di ricerca hanno assunto particolare rilevanza le celle fotoelettrochimiche organiche di tipo Grätzel.

Esse, pur avendo efficienze minori (~10-11%) rispetto alle celle solari inorganiche, presentano comunque caratteristiche vantaggiose:

- bassi costi di produzione;
- processi di realizzazione semplici;
- flessibilità meccanica che ne facilita l'integrazione su architetture e superfici curve;
- elevato coefficiente di assorbimento dei materiali usati.

Proprio per questa loro importanza nel campo della ricerca sperimentale la facoltà di Scienze Matematiche Fisiche Naturali dell'Università di Roma Tor-Vergata, nell'anno 2010-2011, ha tenuto uno Stage Invernale di Scienze dei Materiali. Una delle sezioni dello Stage era dedicata alle celle solari miste organiche - inorganiche, ed è a questa che ho avuto la possibilità di partecipare. Le lezioni teoriche e di laboratorio, tenute dai Professori Ivan Davoli e Massimiliano Lucci, hanno destato in me un forte interesse ad approfondire, fin dove le mie conoscenze lo hanno permesso, l'argomento che, insieme alla mia intenzione di proseguire gli studi nel campo scientifico e più specificatamente nella Fisica, mi ha portata a presentare le celle solari come Tesina per l'Esame di Stato.

Per poter comprendere al meglio il funzionamento e le caratteristiche delle celle di

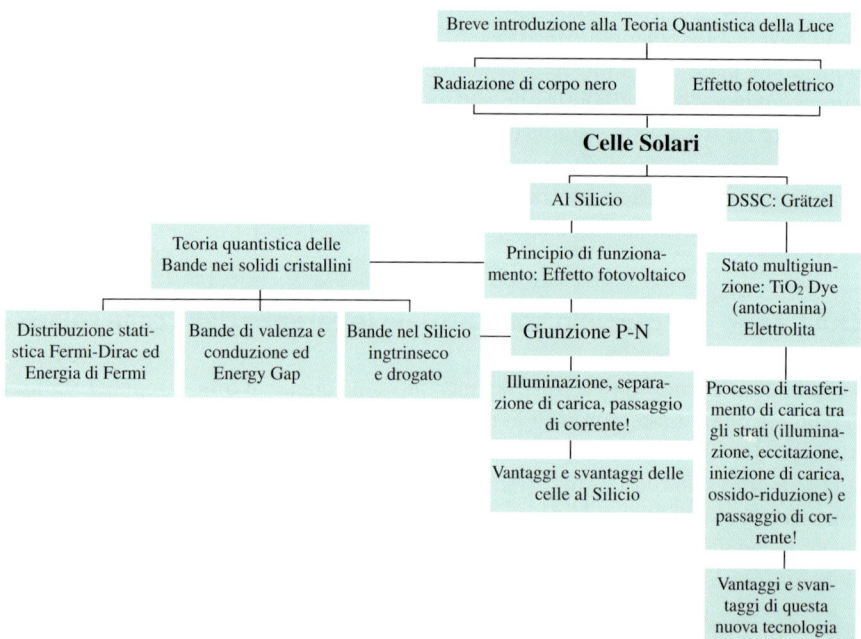

tipo Grätzel si dovrà partire da un discorso riguardo alle celle inorganiche al Silicio.

Tuttavia la condizione necessaria per capire il principio di funzionamento delle celle solari è capire la natura quantistica della luce.

Il discorso verrà dunque strutturato come segue:

1.   La Teoria Quantistica della Luce

A cavallo tra il XIX e il XX secolo il mondo fisico si trovava davanti a due problemi lasciati irrisolti dalla fisica classica: l'interpretazione dello *spettro di corpo nero* e *l'effetto fotoelettrico*.

Nel 1900 Max Planck diede un'interpretazione teorica al primo quesito; nel 1905 Einstein pubblicò "Su un punto di vista euristico a proposito della creazione e conversione della luce" (Ann. Physik **17**, 132) dove, abbandonando completamente la teoria classica della luce e conferendo significato fisico alle ipotesi di Planck, descrisse l'effetto fotoelettrico ponendo le basi per la Teoria Quantistica della Luce [10].

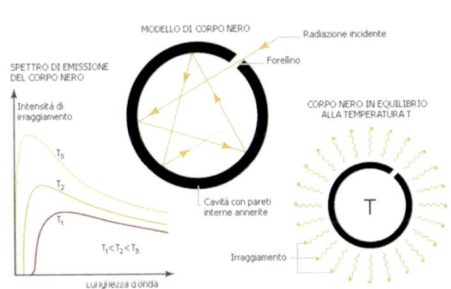

Fig. 1 Radiazione di corpo nero

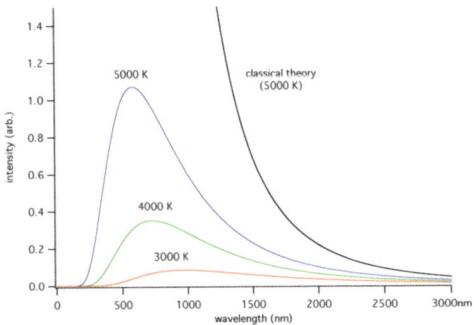

Fig. 2 Andamento delle curve di Planck per il corpo nero

Radiazione di Corpo Nero

Il corpo nero viene definito come un corpo in grado di assorbire tutte le radiazioni elettromagnetiche che riceve e che, riscaldato, emette in tutte le frequenze assorbite. Per ogni sostanza, a temperatura costante, il corpo nero emette sempre la stessa quantità di radiazione per unità di superficie. Inoltre lo spettro di radiazione del corpo nero ha, per ogni T, una frequenza di picco caratteristica, che aumenta all'aumentare della frequenza al diminuire della lunghezza d'onda.

Secondo l'interpretazione classica gli atomi del corpo nero dovrebbero accumulare in modo continuo nel tempo l'energia della radiazione incidente. Così facendo, secondo la legge di Rayleigh-Jeans, l'energia emessa dovrebbe crescere indefinitamente all'aumentare della frequenza (catastrofe ultravioletta). Si dovrebbe inoltre ammettere che il corpo nero sia in grado di accumulare ed emettere energia infinita.

Teoria in contrasto evidente con le osservazioni sperimentali.

Planck ipotizzò che gli atomi del corpo nero fossero come tanti oscillatori in grado di emettere e irraggiare energia non in modo continuo ma in "pacchetti" di energia discreti del valore di:

$$E = h\nu.$$

Dove h è la costante di Planck pari a $6,63 * 10^{-34}$ Js.

Il Sole, la cui temperatura superficiale si aggira intorno ai 6000 K, è un tipico esempio di corpo nero, che a tale temperatura brilla di luce propria [10].

Effetto Fotoelettrico

L'effetto fotoelettrico è quel fenomeno fisico per cui una superficie, generalmente metallica, emette elettroni se investita da una radiazione di sufficiente frequenza.

La prima prova sperimentale di tale fenomeno fu casualmente scoperta nel 1887 da Heinrich Hertz, che si accorse che illuminando con una radiazione ultravioletta una placca metallica di zinco essa si caricava negativamente. Lo stesso non accade con la luce visibile.

Nel 1902 Philip Lenard scoprì che l'emissione elettronica da un metallo avviene solo con una radiazione incidente al di sopra di una precisa frequenza, detta di soglia. Aumentando la frequenza gli elettroni acquisiscono energie e velocità sempre maggiori; aumentando l'intensità della radiazione incidente invece aumenta solamente in numero di elettroni emessi.

Einstein, abbandonando la teoria classica della luce (ondulatoria), spiegò l'effetto fotoelettrico teorizzando che:

1) La luce fosse composta da quanti (meglio conosciuti come fotoni) ossia "pacchetti di energia" discreti ognuno del valore di *hν*, dove *ν* è la frequenza (da cui la nota equazione di Planck-Einstein E= hν).
2) Ciascun elettrone dovesse spendere un certo lavoro caratteristico di estrazione *φ* per lasciare il metallo.
3) L'energia dei quanti venisse assorbita dagli elettroni sia per lasciare il metallo sia sotto forma di energia cinetica.

In questo modo l'energia cinetica massima acquisita da ogni elettrone avrebbe dovuto essere pari a:

$$h\nu - \phi.$$

Tra le conseguenze di queste teorizzazioni è da notare che la relazione fra l'energia cinetica e la frequenza della radiazione incidente è lineare e ha come pendenza h.

Si noti inoltre che, allorché la frequenza della radiazione incidente raggiunge il valore minimo necessario a far accadere l'effetto fotoelettrico, l'emissione degli elettroni è istantanea.

Tali ipotesi vennero successivamente verificate sperimentalmente, confermando l'ipotesi Einstein.

L'effetto fotoelettrico è di fondamentale importanza per comprendere ciò che accade nelle celle solari, in quanto il principio di funzionamento di queste ultime, l'effetto fotovoltaico, è una sua sottocategoria.

2. Celle solari al silicio

Principio di funzionamento: effetto fotovoltaico

L'effetto fotovoltaico è il fenomeno fisico che si realizza quando l'energia quantizzata associata alla radiazione solare incidente sul materiale costituente la cella, in questo caso il Silicio, viene assorbita dagli elettroni presenti nella *banda di valenza* del materiale, che verranno così eccitati e separati nella regione di carica spaziale della cella, potendo in tal modo passare nella *banda di conduzione* e determinare una corrente ordinata di cariche. Tuttavia, affinché ciò possa avvenire, l'energia del fotone dovrà essere maggiore o uguale all'*energy-gap* presente tra le bande.

I concetti di bande e di energy-gap atomici, oltre ad essere essenziali per la comprensione del funzionamento delle celle solari, rientrano nell'ambito a ben più ampio respiro della meccanica quantistica, volta a fornire un quadro concettuale tale da poter sviluppare una teoria completa sulla struttura atomica [5].

Fig. 3 Pannelli fotovoltaici

Teoria quantistica delle Bande nei solidi cristallini

La teoria delle bande si basa su una statistica quantistica che tiene conto del principio di esclusione di Pauli [6]. Questa statistica prende il nome di statistica di Fermi-Dirac.

Statistica di Fermi-Dirac
La distribuzione statistica di Fermi-Dirac descrive la densità di probabilità di trovare un elettrone in una determinata regione dello spazio[5] quando gli atomi non sono più isolati ma molto vicini tra loro, come nella materia condensata. Questa statistica è valida per tutte le particelle con spin semi-intero, chiamate fermioni, come il protone, il neutrone e l'elettrone [6].

Secondo il principio di esclusione di Pauli due fermioni non possono occupare contemporaneamente lo stesso stato quantico; ad esempio sullo stesso livello energetico possono esserci due elettroni ma con spin semintero opposto. Se così non fosse gli elettroni negli atomi si disporrebbero tutti nello stato energetico fondamentale; sono invece "costretti" a occupare via via in coppie con spin opposto gli stati energetici disponibili [5].

Quando gli atomi sono posti a piccole distanze, come ad esempio nel caso del reticolo cristallino del Silicio, le disposizioni e le energie elettroniche in un atomo vengono modificate dagli atomi vicini. In queste condizioni, secondo la distribuzione statistica di Fermi-Dirac, al posto di avere un unico stato per gli elettroni dello stesso livello, si andranno a formare tanti sottolivelli quanti sono gli elettroni appartenenti a quel livello originale, proprio perché secondo il principio di Pauli i fermioni non possono occupare lo stesso stato quantico [6].

In un materiale solido il numero di elettroni è così grande che gli intervalli energetici sono così numerosi e poco separati da poter essere considerati come distribuiti con "continuità" e con una certa densità su un intervallo energetico esteso dal sottolivello più basso a quello più alto [5].

Ognuno di questi intervalli energetici costituisce una Banda di Energia che si allarga all'aumentare del numero degli elettroni e delle interazioni [5].

Tra le bande si vengono a formare degli intervalli di energia proibiti, che gli elettroni possono "saltare" tramite l'acquisizione di opportune quantità di energia, e cui viene dato il nome di Energy-Gap (E_g).

Definiamo inoltre Energia di Fermi (E_F) il livello energetico più alto occupato dagli elettroni alla temperatura di 0°K. Tutti gli stati inferiori dovranno quindi risultare occupati [7].

L'ultima banda piena viene chiamata banda di valenza; quella energeticamente superiore viene detta invece banda di conduzione [6].

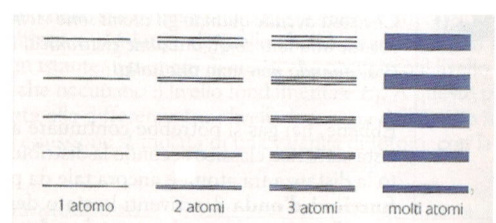

Fig. 4 Bande di energia in funzione del numero di atomi

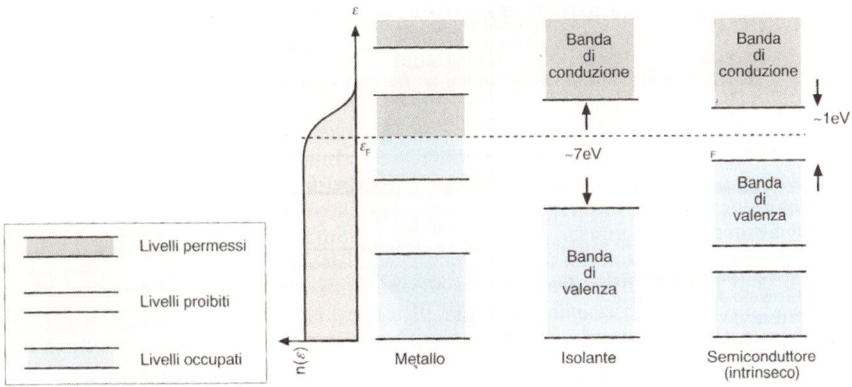

Fig. 5 Livelli di energia permessi in metalli isolanti e semiconduttori con relativo Energy gap

Le proprietà elettriche dei materiali dipendono dalla misura in cui le bande sono riempite, da dove va a trovarsi il livello di Fermi e dalla grandezza del gap di energia fra banda di valenza e banda di conduzione [5].

Se una banda è riempita solo parzialmente l'E_F si troverà al suo interno; basterà pochissima agitazione termica a far passare gli elettroni al livello superiore vuoto, la banda di conduzione. Il solido sarà un conduttore [5]. Nei conduttori l'effetto fotovoltaico genererebbe solo un moto caotico di elettroni (aumento agitazione termica) e non una corrente elettrica.

Se una banda è completamente piena il livello di Fermi si troverà fra le due bande, all'interno del gap di energia.

Se l'E_g è dell'ordine di circa 7 eV (o maggiore) il solido sarà un isolante [5]. Negli isolanti l'effetto fotovoltaico è pressochè inattuabile poichè servirebbero radiazioni a frequenza troppo alta per far saltare agli elettroni un simile gap di energia.

Se invece l'E_g è dell'ordine di circa 1 eV il solido sarà un semiconduttore; in questo caso basterà eccitare sufficientemente gli elettroni per farli "saltare" in banda di conduzione [5]. Inoltre all'aumentare della temperatura aumenta la conducibilità elettrica di questi materiali.

I semiconduttori sono dunque i materiali che più si prestano all'effetto fotovoltaico, e sono quindi i più utilizzati nella costruzione di celle solari.

Modello a bande del Silicio intrinseco (puro)

Il Silicio è un semiconduttore con un gap di energia di

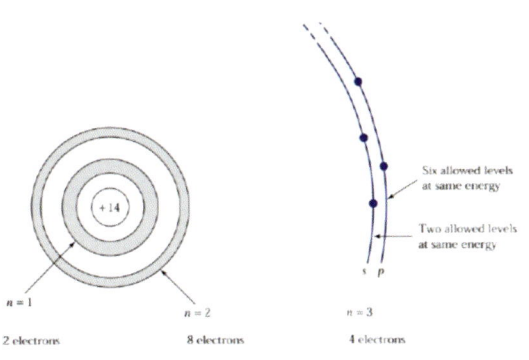

Fig. 6 Modello a bande del Silicio intrinseco (puro)

circa 1,1 eV. Il livello di Fermi è collocato nel mezzo del gap di energia [7].

In questo caso i portatori di carica saranno gli elettroni risultanti dall'eccitazione termica tra le bande [7].

Sono qui rappresentate in modo schematico le orbite elettroniche del Silicio (IV gruppo). I quattro elettroni esterni di valenza sono debolmente legati all'atomo ma non vengono liberati nel solido: sono messi in compartecipazione con atomi adiacenti tramite legami chimici covalenti, che tengono legati gli atomi del reticolo [5].

Nella Fig. 7 è rappresentato il modello a bande del reticolo cristallino del Silicio intrinseco. Il primo grafico da sinistra rappresenta la densità di stati permessi in un semiconduttore in funzione dell'energia. Il secondo grafico rappresenta la densità degli stati in funzione del vettore d'onda k (concetto quantistico non necessario ai fini di questa tesina). Il terzo la distribuzione statistica di Fermi-Dirac (densità di probabilità di trovare un elettrone in una determinata regione dello spazio in funzione dell'energia) per il Silicio e l'ultimo grafico rappresenta il prodotto fra funzione densità e funzione distribuzione, che ci permette di dare una previsione sulla densità di probabilità di poter trovare un elettrone negli stati permessi in funzione dell'energia [11].

Come nei semiconduttori la banda di valenza del Silicio, in condizioni di equi-

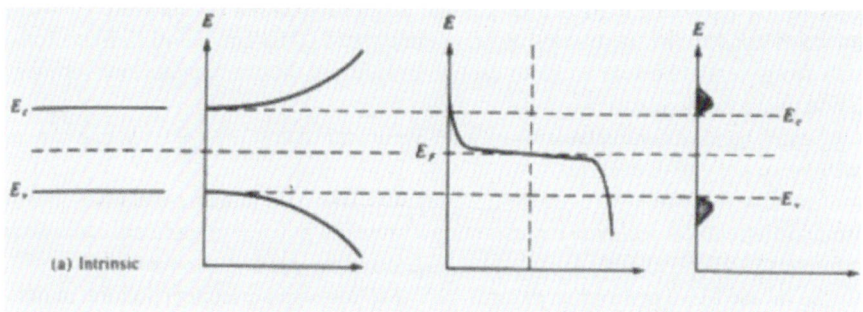

Fig. 7 Densità di stati permessi × Distribuzione di Fermi-Dirac = funzione prodotto

librio, sarà completamente piena, mentre quella di conduzione vuota.

Un fotone di energia pari all'E_g, incidendo su di un elettrone presente nella banda di valenza, permetterebbe a quest'ultimo di "saltare" in banda di conduzione "lasciando dietro di sé" una lacuna in banda di valenza.

Tuttavia se le celle solari

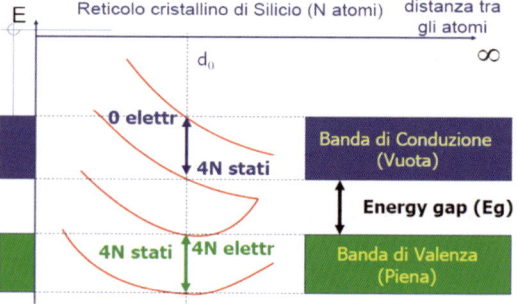

Fig. 8 L'andamento degli stati elettronici al variare della distanza tra gli atomi

fossero costituite da Silicio intrinseco non si avrebbe il modo di separare le coppie elettrone-lacuna (che si ricombinerebbero ripristinando le condizioni iniziali) e conseguentemente non si potrebbe avere una corrente ordinata di cariche elettriche.

La separazione di carica all'interno delle celle solari si ottiene utilizzando il campo elettrico interno frutto di una giunzione fra due tipi diversi di semiconduttore: il Silicio drogato di tipo N e quello di tipo P. Vediamone dunque le caratteristiche.

Modello a bande del Silicio drogato
Il drogaggio si effettua immettendo all'interno del reticolo piccole percentuali di impurità, dell'ordine di un atomo su un miliardo o poco meno. Questo determina uno spostamento del livello di Fermi del reticolo e dunque una diversa configurazione del modello a bande [7].

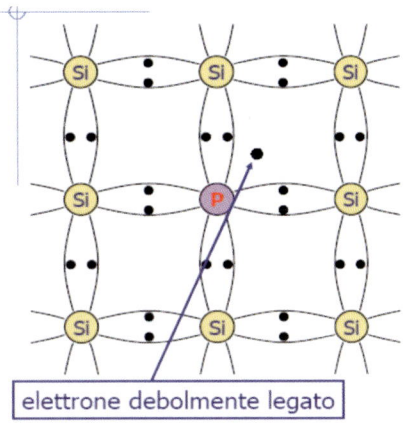

Fig. 9 Schema dei legami elettrici del Silicio drogato di tipo N

Silicio drogato di tipo N
Un elemento con cui il Silicio viene generalmente drogato è il Fosforo (P) del V gruppo. Questo elemento presenta cinque elettroni di valenza ma solo quattro di essi si legano con altrettanti atomi di Silicio; il quinto elettrone rimane così poco legato e basta poca agitazione termica a farlo muovere nel reticolo [6].

Avremo così un eccesso di elettroni debolmente legati, che saranno i portatori di carica maggioritari [7], e per questo motivo, pur rimanendo globalmente neutro, il reticolo del Silicio viene chiamato di tipo N, che sta a significare negativo.

In questa situazione il Fosforo, che in un certo senso "dona" elettroni al reticolo cristallino, e viene conseguentemente chiamato atomo donatore [5].

L'Energia di Fermi del reticolo (Fig. 10) si sposta vicino al limite della banda di conduzione e sarà anche uguale, in condizioni di equilibrio, all'Energia di Fermi degli elettroni in eccesso, che si andranno a collocare appena al di sotto della banda di conduzione [7].

Come nel caso del Silicio intrinseco, anche per quello drogato di tipo N si può ripetere il discorso della densità di stati permessi, della

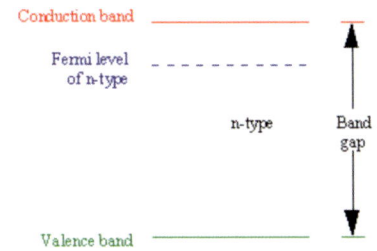

Fig. 10 Livello di Fermi all'interno dell'Energy gap in Silicio drogato N

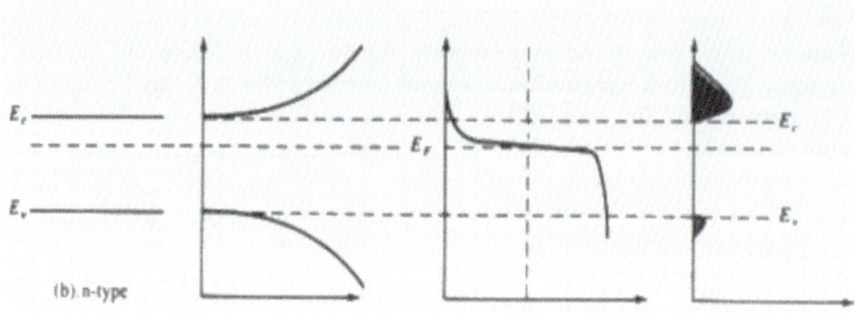

Fig. 11 Densità di stati permessi × Distribuzione di Fermi-Dirac = funzione prodotto

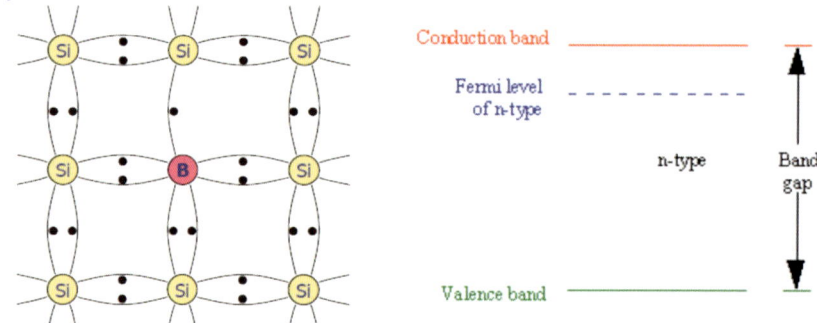

Fig. 12 Schema dei legami elettrici del Si-   **Fig. 13** Livello di Fermi all'interno dell'Energy gap
licio drogato di tipo P   del silicio drogato P

distribuzione di Fermi e del grafico finale derivante dal loro prodotto.

Come si vede, ci sarà una maggiore densità di probabilità di trovare elettroni nei pressi del livello energetico della banda di conduzione [11].

Modello a bande del Silicio drogato di tipo P
Nel drogaggio di tipo P, che sta per positivo, il reticolo cristallino viene modificato introducendo atomi di Boro (B) del III gruppo. Questo elemento presenta tre elettroni di valenza che vengono tutti messi in compartecipazione con altrettanti atomi di Silicio; il quarto elettrone necessario alla condivisione viene accettato da un atomo di Si del reticolo; si crea così in quest'ultimo una lacuna (assenza di elettrone) [6]. Avremo così un eccesso di lacune, che saranno i portatori di carica maggioritari [7], e per questo, pur rimanendo globalmente neutro, il reticolo cristallino così drogato viene appunto chiamato di tipo P. Il B, che "accetta" gli elettroni del Si, viene chiamato atomo accettore [5].

L'Energia di Fermi del reticolo (Fig. 13) si sposta vicino al limite della banda di valenza e sarà anche uguale, in condizioni di equilibrio, all'Energia di Fermi

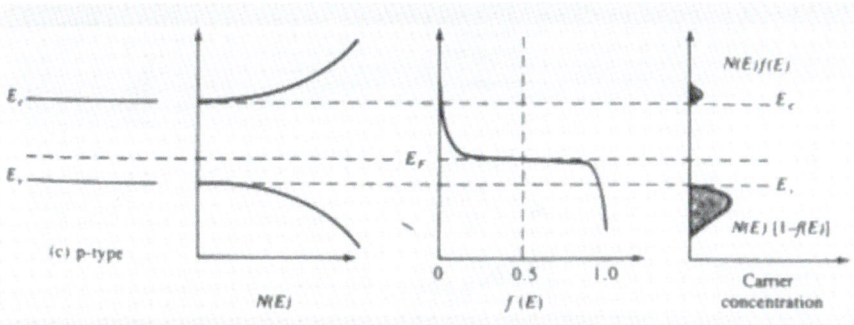

Fig. 14 Densità di stati permessi × Distribuzione di Fermi-Dirac = funzione prodotto

delle lacune, che si andranno a collocare appena al di sopra della banda di
valenza [7].

Come nel caso del Silicio intrinseco
e di quello di tipo N, anche per quello
drogato di tipo P si può ripetere il discorso della densità di stati permessi,
della distribuzione di Fermi e del grafico finale derivante dal loro prodotto.
Come si vede, ci sarà una maggiore
probabilità di distribuzione di densità
elettronica nei pressi della banda di
valenza [11].

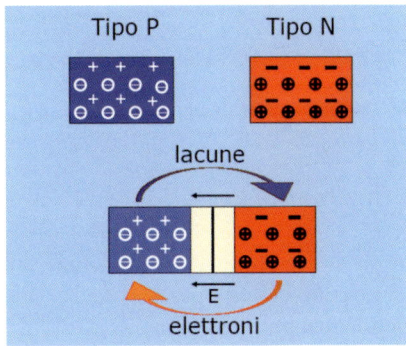

Fig. 15 Schema di giunzione P-N con relativa
distribuzione delle cariche

Giunzione P-N

Mettendo a contatto due semiconduttori, uno di tipo N e uno di tipo P, si verrà a formare in prossimità della superficie di contatto, detta giunzione, una zona chiamata
di carica spaziale, dove sarà presente un campo elettrico che permetterà la separazione di carica.

Infatti, quando si mettono a contatto i due semiconduttori, si instaura un processo di diffusione per cui gli elettroni di conduzione del semiconduttore di tipo N
migrano verso quello di tipo P e le lacune del semiconduttore di tipo P migrano
verso quello di tipo N. [6]

Il flusso si fermerà quando ci sarà un eccesso di carica negativa in P e di carica
positiva in N tale da opporsi ad un ulteriore passaggio elettronico. Tale eccesso di
carica è la causa del campo elettrico che si viene a formare nella zona di giunzione,
di equazione:

$$E = -\frac{dv}{dx}.$$

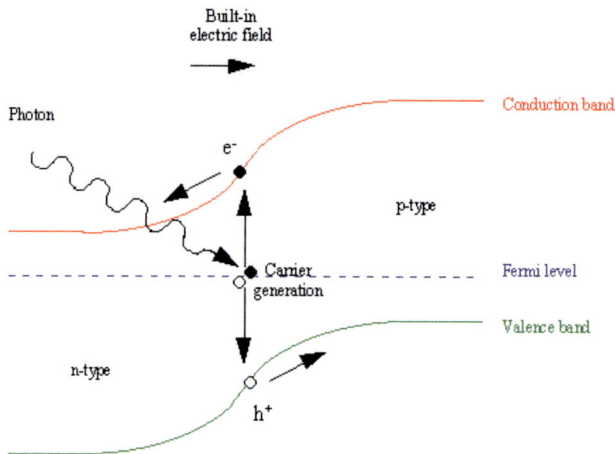

Fig. 16 Giunzione P-N illuminata con fotogenerazione di cariche

E finalmente ...

In questo modo quando un fotone colpisce la regione di carica spaziale eccita una coppia elettone-lacuna che viene separata dal campo elettrico formatosi in prossimità della giunzione. Ci sarà così un flusso di elettroni in N e uno di lacune il P, realizzando l'effetto fotovoltaico.

Le celle solari al Silicio drogato sono proprio formate (ovviamente riferendoci ad un modello semplificato) da due strati, detti wafer, di silicio giustapposti, uno di tipo N ed uno di tipo P. La radiazione solare che colpisce la giunzione ha energia sufficiente a far "saltare" l'elettrone oltre l'Energy-Gap del Silicio drogato fino alla banda di conduzione[4]. Il campo elet-

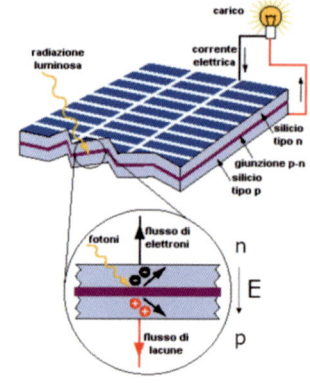

Fig. 17 Schema di gunzione P-N illuminata

trico formatosi nella zona di carica spaziale provvede a separare la coppia elettrone-lacuna evitando la ricombinazione; le cariche così formate possono dunque essere chiuse su di un circuito esterno sotto forma di corrente elettrica.

Vantaggi e Svantaggi

Come già detto, le celle fotovoltaiche al Silicio, pur avendo un alto rendimento (~ 18%) rispetto agli altri tipi di celle in commercio, hanno un alto costo di produzione in proporzione alla potenza prodotta [3].

Inoltre queste celle presentano difficoltà strutturali ad usufruire di tutto lo spettro solare [4].

Vediamo perché. L'energia trasmessa da un fotone a una certa lunghezza d'onda è pari a

$$E_\lambda = h\nu = hc/\lambda.$$

Per liberare un elettrone l'energia del fotone deve essere maggiore o uguale all'E_g per cui

$$E_\lambda \geq Eg$$

$$hc/\lambda \geq Eg$$

$$\lambda \leq hc/Eg.$$

Ne segue che la lunghezza d'onda massima utile alla conversione per il Silicio è di 1,1 μm.

Questo valore corrisponde a circa il 25% dello spettro di emissione di radiazione solare [4].

---

3. Dye Sensitized Solar Cells di tipo Grätzel

Una delle alternative alle celle classiche è rappresentata dalle celle fotoelettrochimiche di tipo Grätzel. Esse presentano, al posto di due wafer di silicio, degli strati multigiunzione costituiti da materiale organico [1].

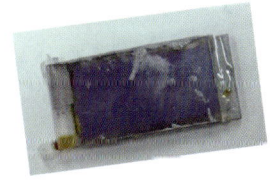

Questo tipo di celle fanno uso di speciali tinte organiche con basso energy-gap in grado di assorbire una larga porzione dello spettro solare.

Fig. 18 Cella solare organica e frutti di bosco

Strato multigiunzione

Prima di chiarire cosa succede quando un fotone colpisce la cella si dovrà fare una breve introduzione ai materiali utilizzati e alle loro caratteristiche.

Il primo strato a sinistra nella cella DSSC di Fig. 19 è uno strato poroso di nanoparticelle di biossido di Titanio (TiO_2) posto su un vetrino conduttivo che funge da anodo [8].

Il TiO_2 ha un gap di energia grande (circa 3,2 eV) e quindi, da solo, non sarebbe funzionale all'eccitazione elettronica; viene utilizzato invece per la sua struttura

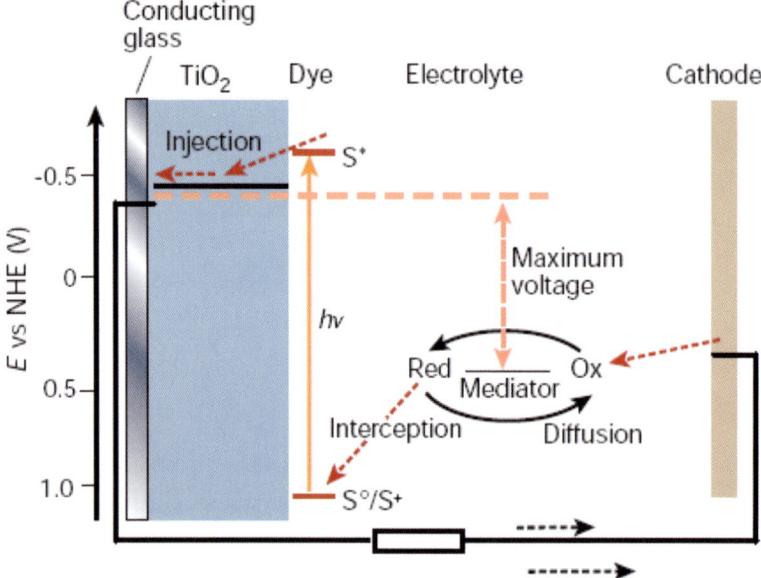

Fig. 19 Livelli energetici all'interno di una cella DSSC

nanometrica e porosa che generalmente fornisce alla cella un'area di assorbimento mille volte più ampia di quella di uno strato "piatto" di materiale [1].

Sull'enorme area di TiO_2 viene depositato un sottile strato di antocianina, una tinta organica (in inglese dye) estratta dalle more, con basso energy-gap [8], circa1.3eV, il valore esatto si può estrarre dagli spettri di assorbimento e dipende dal tipo di dye e molto dalla purezza.

Tra il dye e il catodo viene immesso un elettrolita in cui sono presenti delle coppie redox che in inglese vengono chiamate "mediator" (mediatore) [8].

E poi arriva il fotone. Illuminazione, processo di trasferimento di carica, passaggio di corrente

Il fotone incidente sulla cella per innescare la reazione deve avere un'energia almeno pari all'E_g dell'antocianina.

Le molecole del dye vengono infatti eccitate e possono innescare un processo di iniezione elettronica abbastanza rapido nella banda di conduzione del biossido di Titanio che viene così temporaneamente ridotto, mentre il dye, cedendo elettroni, si ossida [8].

Gli elettroni fotoattivati vengono trasportati dal TiO_2 ad un circuito esterno fino al controelettrodo metallico.

Intanto la coppia redox presente nell'elettrolita provvede a ridurre l'antocianina ossidata[1] ossidandosi a sua volta.

Gli elettroni intanto giunti al controelettrodo danno così luogo a una reazione di riduzione con l'elettrolita, ripristinando le condizioni iniziali [9].

In tale modo la composizione chimica dell'elettrolita non cambia, e il risultato complessivo del processo che si svolge nella cella è la produzione di tensione e di corrente elettrica, operando come una normale cella fotovoltaica [9].

Nelle DSSC ciò che permette la separazione di carica (con conseguenti limitate perdite di ricombinazione) ed il passaggio ordinato di portatori di carica (corrente elettrica) è la differente velocità dei vari processi [1].

Infatti l'iniziale eccitazione dell'antocianina e l'iniezione di carica avvengono molto velocemente, mentre il trasferimento elettronico e le reazioni di ossido-riduzione sono molto più lente [8].

Vantaggi e svantaggi

Le celle Grätzel hanno efficienze più basse (~10-11%) [3] rispetto a quelle al Silicio per vari processi di dispersione causati dalla tecnologia ancora poco sviluppata.

Tuttavia esse presentano, come già detto, caratteristiche promettenti:
- bassi costi di produzione;
- processi di realizzazione semplici;
- flessibilità meccanica che ne facilita l'integrazione su architetture e superfici curve;
- elevato coefficiente di assorbimento dei materiali usati;
- tempi di vita (circa venti anni) simili a quelle al Silicio; tempo nel quale il Dye sostiene circa 10^8 cicli di ossido-riduzioni [1].

Durante lo Stage abbiamo avuto modo di costruire personalmente delle Celle Grätzel. A causa della limitata disponibilità di tempo in questa sede ho deciso di omettere il processo di realizzazione dalla trattazione della mia tesina, prediligendo la spiegazione teorica sul funzionamento delle celle.

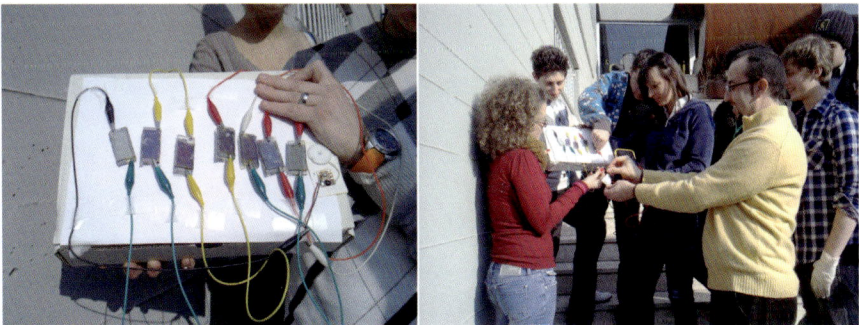

Fig. 20 Celle solari in serie, realizzate nello Stage

Conclusioni

Data l'importanza, come già detto, del problema energetico mondiale, la ricerca e lo sviluppo di nuove tecnologie che sfruttino energie rinnovabili sono così divenute di particolare rilevanza.

Nell'ambito delle celle solari hanno avuto un buon progresso le celle organiche elettrochimiche di tipo Grätzel, ottenendo bassi costi di produzione grazie ai processi di costruzione relativamente semplici e al basso costo (ma vantaggiose proprietà) dei materiali utilizzati.

Le odierne ricerche sono volte a migliorare l'efficienza di queste celle per poterle rendere più competitive sul mercato come alternativa ai tradizionali metodi di produzione energetica.

Per questo, oltre che per il loro interessante meccanismo di funzionamento, ritengo sia importante essere a conoscenza di questa tecnologia.

Bibliografia

1. Grätzel M.: Insight Review Articles - Photoelectrochemical cells. Nature **414** (2001).
2. Franco F. (a cura di): Le fonti energetiche rinnovabili. ISES Italia (2001).
3. Calcinaro L.: Tecnologia delle costruzioni elettroniche. La Sovrana Editrice.
4. Cocco D., Palomba C., Puddu P.: Tecnologia delle Energie Rinnovabili. SGE Editoriali Padorno (2010).
5. Baracca A., Fischetti M., Rigatti R.: Fisica e Realtà 3. Il mondo della fisica moderna. Cappelli Editore (2004).
6. Santoro Monteduro U., Bagni G.: Dimensione Fisica 5. Luce, Fisica Moderna. Messina-Firenze (2010).
7. Cattarin S., Decker F.: Encyclopedia of Electrochemical Power Sources - MS 31 -Semiconductor Electrodes. Elsevier (2009).
8. Cattarin S., Decker F.: Encyclopedia of Electrochemical Power Sources - MS 35 - Photoelectrochemical Cells Electrodes. Elsevier (2009).
9. Decker F., Fracastoro M.: Giornale di chimica industriale ed applicata - L'industria chimica. Vol. 64, pp. 253-257. Chimica Srl. Organo ufficiale della Società Chimica Italiana (1982).
10. Caforio A., Ferilli A.: Fisica 3. Le Monnier, Firenze (2005).
11. National Programme on Technology Enanched Learning http://ddenptel.thapar.edu/courses/Webcourse-contents/IIT-Delhi/Semiconductor%20Devices/LMB2A/2b.htm

La conversione fotovoltaica

Tesina presentata all'Esame di Stato 2011/2012

Eleonora Marra

Studentessa del Liceo Artistico Giorgio De Chirico di Roma

Introduzione

Quanto esposto in questa tesina è il risultato della mia partecipazione alle sessioni degli stages organizzati presso il Dipartimento di Fisica dell'Università di Roma "Tor Vergata". Nella prima sessione (stage estivo svoltosi nel giugno 2011) abbiamo affrontato il tema delle celle fotovoltaiche di tipo ibrido mentre nella seconda sessione (stage invernale svoltosi, invece, nel febbraio 2012) ci siamo dedicati alle celle fotovoltaiche di tipo inorganico, modificate con nanotubi di carbonio.

In entrambi gli stages, abbiamo partecipato sia a lezioni teoriche, tenute da professori universitari, sia a esperimenti all'interno di laboratori di ricerca, dove abbiamo realizzato le celle, mettendo in pratica quanto appreso in quei giorni.

Gli argomenti seguenti, sono quindi forniti da questa esperienza e dalle spiegazioni nel corso di questi stages.

Alle basi delle celle

Il Sole...

Il Sole è considerato una fonte di energia inesauribile in relazione al ciclo vitale della nostra specie. È assimilabile a un "corpo nero" e si trova alla temperatura di circa 6000 K. La luce solare raggiunge la nostra atmosfera in 8 minuti e arriva al suolo con un'intensità di 170'000 TW\Giorno.

Il Corpo Nero...

Un corpo nero è un corpo capace di assorbire tutte le radiazioni elettromagnetiche che riceve per poi emetterle nuovamente. Anche nel nostro corpo sono presenti corpi neri: esempi possono essere le pupille degli occhi o le narici del naso. All'aumentare della temperatura di questo corpo nero, varia anche il suo colore (una variazione cromatica che parte dal rosso cupo fino ad arrivare al bianco).

L.M. Catena, F. Berrilli, I. Davoli, P. Prosposito, STUDENTI-RICERCATORI per cinque giorni. "Stage a Tor Vergata",
DOI: 10.1007/978-88-470-5271-0, © Springer-Verlag Italia 2013

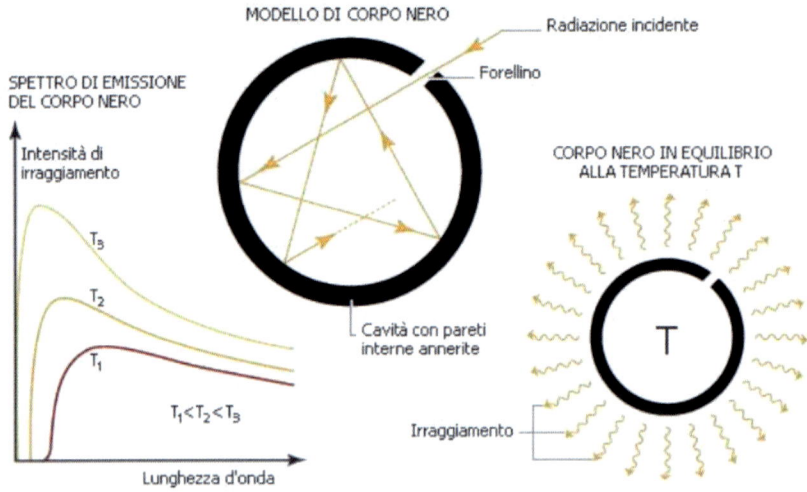

Fig. 1 Radiazione di corpo nero

... e l'Effetto Fotoelettrico

L'effetto fotoelettrico è il fenomeno attraverso il quale una superficie, quando investita da una radiazione sufficientemente energetica (l'energia della luce dipende dal colore e non dall'intensità: rosso meno energetico, blu più energetico) emette elettroni. Tale fenomeno venne scoperto casualmente da Heinrich Hertz nel 1887 (caricando una placca di zinco negativamente attraverso una radiazione ultravioletta) e rielaborato, in seguito, da Albert Einstein. Quest'ultimo spiegò l'effetto fotoelettrico ipotizzando che:

- la luce fosse composta di fotoni, ossia "pacchetti di energia" (ciò si riallaccia alla teoria del corpo nero);
- ciascun elettrone, per lasciare la superficie, abbia bisogno di una energia superiore al lavoro di estrazione degli elettroni dal solido;
- l'energia dei fotoni venga assorbita dagli elettroni.

  Successivamente l'ipotesi di Einstein venne verificata sperimentalmente. L'effetto fotoelettrico è alle basi del funzionamento delle celle fotovoltaiche.

Le Celle al Silicio

Cosa occorre per il funzionamento delle celle?

Il funzionamento delle celle solari è caratterizzato da due fasi. Nella prima fase, si ha la formazione della coppia elettrone-lacuna in seguito all'esposizione alla luce solare. Nella seconda fase, invece, si ha la separazione di tale coppia.

Che materiali utilizzare?

Per la realizzazione delle celle fotovoltaiche, vengono utilizzati solo materiali semiconduttori. Questo avviene perché nel caso degli isolanti, le radiazioni non sarebbero in grado di separare un elettrone dal nucleo dell'atomo, mentre invece, nel caso dei conduttori l'agitazione termica sarebbe troppo forte e distruggerebbe le coppie elettrone-lacuna.

Come si formano le coppie?

Il silicio è un materiale semiconduttore, ed è l'elemento più usato per la realizzazione di questo tipo di celle. Vengono presi due wafer di silicio, il primo drogato di tipo N (con atomi di fosforo), il secondo drogato di tipo P (con atomi di boro) . I due tipi di silicio vengono giustapposti in modo da formare la giunzione. Una volta fatto questo, gli elettroni del silicio di tipo N migreranno verso il silicio di tipo P mentre, al contrario nel silicio di tipo N si formeranno le lacune a causa della migrazione degli elettroni. Quando si arriverà a un eccesso di carica positiva nel silicio N e negativa nel silicio P, questo processo s'interromperà arrivando a un equilibrio per via del campo elettrico che si è formato ai capi della giunzione.

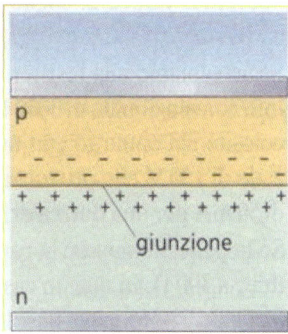

Fig. 2 Giunzione P-N

Ed infine ...

Quando un fotone va a colpire la zona di giunzione, viene eccitata una coppia elettrone-lacuna e il campo elettrico formatosi precedentemente nella giunzione, separerà le cariche. Questo darà il via ad un nuovo flusso di elettroni e lacune che darà vita all'effetto fotovoltaico.

Celle sensibilizzate con Dye (o Celle di tipo Grätzel)

La loro composizione...

Le celle al dye, sono un tipo di celle che, invece di essere formate dalla giunzione di due tipi di silicio, sono costituite da un materiale organico (antocianina) e un materiale semiconduttore (TiO_2).

Nella costruzione di tali celle, innanzitutto si pone su un vetrino conduttivo un poroso strato di biossido di titanio (TiO_2). Su quest'area di TiO_2, viene a sua volta, applicato uno strato di antocianina (il dye) ossia un pigmento che funge da semiconduttore organico sensibile alla luce, estratto dai fiori di bosco oppure dai fiori di ibiscus. Infine viene versato, tra il dye e un secondo vetrino conduttivo, un elettrolita liquido.

... il loro funzionamento

Quando la luce colpisce la cella al dye, gli elettroni dell'antocianina subiscono un'eccitamento e vengono attratti dal TiO_2 trovando degli strati energicamente più favorevoli. A questo punto, il dye acquista gli elettroni dall'elettrolita quindi si accumulano elettroni nel TiO_2 e lacune (mancanza di elettroni) nell'elettrolita creando una differenza di potenziale uti-

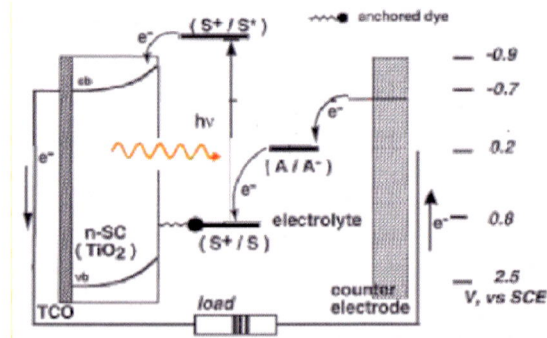

Fig. 3 Livelli energetici all'interno di una cella DSSC

lizzabile. Infine gli elettroni possono esere utilizzati passando attraverso un carico e ricombinandosi nelle lacune dell'elettrolita ristabilendo le condizioni iniziali.

... e la loro efficienza

Le celle Grätzel presentano caratteristiche promettenti quali:
• costi della loro produzione particolarmente bassi;
• realizzazione semplice;
• posseggono flessibilità meccanica quindi sono applicabili anche su superfici curve.
Mentre presentano alcuni inconvenienti monto severi:
• hanno una durata di vita molto breve (circa 2 mesi);
• una efficienza di 4-10%.

Cosa abbiamo fatto in laboratorio?

Durante lo stage cui ho avuto il piacere di partecipare, abbiamo realizzato, in laboratorio, delle celle al dye con le nostre mani seguendo queste procedure:
• con il multimetro abbiamo verificato il lato conduttivo dei vetrini pretrattati;
• abbiamo steso lo strato di TiO_2 sul lato conduttivo dei vetrini;
• abbiamo infornato i vetrini per trenta minuti a 450° per saldare tra loro le particelle nanometriche di TiO_2;
• dopo aver tolto i vetrini dal forno li abbiamo immersi nel dye;
• abbiamo deposto un sottile strato di grafite sul secondo vetrino conduttivo;
• dopo che il dye del primo vetrino si è asciugato, abbiamo affiancato tra loro i due vetrini separati di circa 50 µm;

- tra i due vetrini abbiamo infine versato l'elettrolita liquido;
- una volta ultimate le nostre celle le abbiamo collegate tutte tra di loro ed esposte al sole in modo tale da azionare un piccolo carillon elettronico.

Celle ai nanotubi di carbonio (CNT)

Un modo alternativo di ottenere la conversione fotovoltaica è la costruzione di celle inorganiche formate da un conduttore e da un semiconduttore (effetto Schottky). Il processo potrebbe dimostrarsi importante per la prossima generazione di celle solari.

Cosa sono i nanotubi?

I CNT (Carbon Nano Tubes) sono nanostrutture composte da fogli di grafene arrotolate in modo da formare dei tubi. Come pareti, alcuni nanotubi hanno un solo foglio di grafene e sono quindi detti Single-Wall, altri sono costituiti da più fogli inseriti l'uno dentro l'altro. In questo caso vengono definiti Multi-Wall.

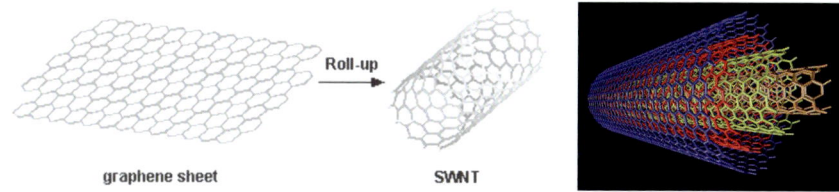

Fig. 4 Nanotubi di carbonio a parete singola e a parete multipla

A seconda di come vengono avvolte le pareti di grafene dei nanotubi, si vengono a formare dei vettori di translazione che attribuiscono ai nanotubi diverse caratteristiche di conduzione.

Come si creano i CNT?

I Nanotubi vengono prodotti attraverso metodi diversi:
- il metodo della scarica ad arco;
- il metodo dell'ablazione laser;
- il metodo della deposizione da vapore.

Il meccanismo di crescita che abbiamo adottato nel corso dello stage è stato l'ultimo di questo elenco.

Nella **Chemical Vapor Deposition**, si prevede l'accrescimento dei nanotubi su un wafer di ac-

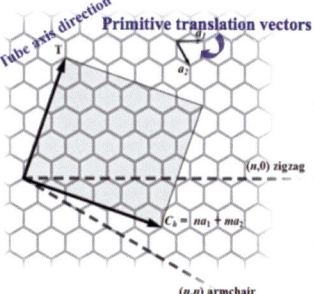

Fig. 5 Nanotubi di carbonio ottenibili con diversi angoli di arrotolamento

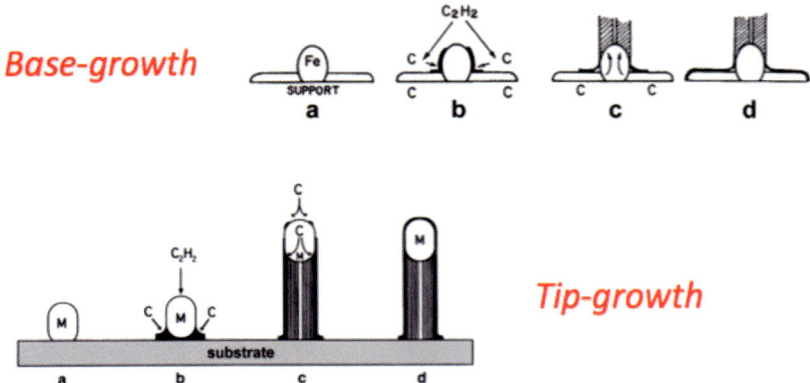

Fig. 6 Schemi di crescita di nanotubi di carbonio

ciaio inossidabile. Gli atomi del ferro contenuti nell'acciaio, infatti, fungono da catalizzatori sulla quale base si accresceranno i nanotubi. Di conseguenza sono questi catalizzatori a determinare la tipologia e il diametro dei CNT. Il wafer viene inserito in una camera dove viene portato alla temperatura di 700°C. Una volta raggiunta tale temperatura, all'interno di questa camera si ricrea il vuoto per poi introdurvi un gas contenente atomi di carbonio (noi abbiamo utilizzato il metano). Quando il metano viene a contatto con il wafer incandescente, i suoi atomi di carbonio si depositano formando i nanotubi. Il metodo di crescita può avvenire sia verso il basso (Tip-Growth) che verso l'alto (Base-Growth).

Come abbiamo creato la nostra cella CNT

Durante la seconda sessione dello stage abbiamo creato una cella solare, questa volta utilizzando i nanotubi di carbonio. La procedura che abbiamo attuato è stata la seguente:

- Abbiamo creato dei nanotubi su un dischetto di acciaio inox attraverso il processo della Chemical Vapor Deposition.
- Abbiamo immerso il dischetto nell'alcool isopropilico posto dentro un sonicatore che attraverso delle vibrazioni ha separato i nanotubi dal dischetto.
- Abbiamo applicato dell'acido fluoridrico sui nostri wafer di silicio per rimuoverne il fotoresist (una sostanza che impedisce l'ossidazione del silicio) presente al centro.
- Abbiamo imbevuto i wafer nell'acetone per rimuovere anche il polimero di plastica che ne ricopriva i lati.

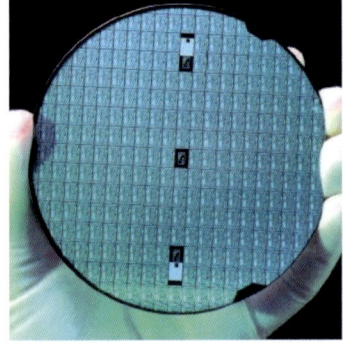

Fig. 7 Wafer di silicio

- Abbiamo scaldato il wafer a 60°C per poi spruzzarvi i nanotubi di carbonio con un dispositivo chiamato airbrushing.
- Abbiamo applicato della pasta d'argento ai lati del wafer di silicio in modo tale da creare il contatto.
- Abbiamo infine collegato i poli di pasta d'argento a un dispositivo in modo tale da misurarne la corrente creata esponendo il wafer alla luce solare. In questo caso la giunzione era silicio-CNT-contatto metallico.

Bibliografia

Grätzel M.: Insight Review Articles – Photoelectrochemical cells. Nature **414** (2001).
De Padova P. et al.: Superlattices and Microstructures **45**, pp. 555-563 (2009).

Parte IV

Modulo didattico "materiali per l'ICT"

Information and Communication Technology: verso il futuro delle telecomunicazioni

Paolo Prosposito
Responsabile scientifico del modulo didattico "Materiali per l'ICT"
Dipartimento di Fisica, Università degli Studi di Roma Tor Vergata

Quando tre anni fa è iniziata questa avventura eravamo tutti piuttosto scettici sul suo esito. Avere in laboratorio dieci ragazzi delle scuole superiori per due settimane non sarebbe stato affatto facile sia per mantenere alto il loro interesse (la prima settimana di stage è in piena estate quando ormai i ragazzi sono già in vacanza), sia per comunicare loro dei principi fisici di cui forse solo alcuni avevano sentito parlare prima. Abbiamo comunque deciso di accettare la sfida e provare a svolgere con loro un percorso di sperimentazione che fosse di alto livello scientifico, all'avanguardia e che li coinvolgesse direttamente nella realizzazione pratica di un dispositivo. Un percorso che, sebbene coadiuvato da una necessaria serie di lezioni in classe, fosse per lo più svolto in laboratorio e che permettesse loro di toccare direttamente con mano gli strumenti di misura, i materiali, gli apparati per la fabbricazione e la caratterizzazione dei dispositivi prodotti. I risultati sono stati, a nostro avviso, sorprendenti e più che incoraggianti come spero avrete modo di apprezzare leggendo la raccolta di alcune delle loro relazioni che hanno presentato in sede di esame di stato.

Il nostro modulo ha un nome un po' complicato e oscuro visto che è un acronimo e per di più in inglese. Il nome è ICT che sta per *Information and Communication Technology*. È un termine che negli ultimi anni si sente sempre più spesso e indica l'insieme dei metodi e delle tecnologie necessarie per i sistemi di trasmissione, ricezione ed elaborazione di informazioni sia analogiche che digitali. È importante specificare che quando si parla di informazioni in realtà si intende segnali di tipo elettrico o ottico.

Nello stage abbiamo dato particolare attenzione alle guide d'onda o guide di luce che insieme alle fibre ottiche costituiscono l'elemento di base delle trasmissioni di segnali ottici. Oltre che per la trasmissione, le guide d'onda servono per l'elaborazione o usando un termine inglese italianizzato il "processamento", ovvero il trattamento di dati dei segnali ottici. In particolare è possibile usare, ed elaborare tali segnali grazie a dispositivi, di dimensioni estremamente piccole (di alcuni micrometri 10^{-6} m), integrati su un'unica piattaforma (substrato). Questa è quella che viene comunemente chiamata ottica integrata. Storicamente questa branca della scienza ha inizio nel 1960 quando Theodore H. Maiman inventa il laser, ovvero la sorgente di luce per eccellenza: una sorgente di luce monocromatica, coerente spazialmente e temporalmente. La parola laser è un acronimo di *Light Amplification by Stimulated*

L.M. Catena, F. Berrilli, I. Davoli, P. Prosposito, STUDENTI-RICERCATORI per cinque giorni. "Stage a Tor Vergata",
DOI: 10.1007/978-88-470-5271-0, © Springer-Verlag Italia 2013

Emission of Radiation. Questa sorgente si rivelerà successivamente il candidato ideale per poter inviare dei segnali ottici anche a lunga distanza.

Nel 1969 viene per la prima volta introdotto il concetto di ottica integrata vera e propria. Per capire cos'è l'ottica integrata si può fare un parallelismo con l'elettronica integrata che forse è di dominio più comune.

Se si apre un qualunque dispositivo dalla televisione al lettore DVD, dal telefono alla radio, si trovano nel suo interno delle schede su cui ci sono oltre ad alcuni elementi come resistenze e condensatori anche delle piste elettriche e dei piccoli oggetti neri che sono i cosiddetti microchip. Se poi aprissimo uno di questi microchip allora ci accorgeremmo che in realtà ci sono migliaia di piccolissimi circuiti che appunto elaborano i segnali elettrici. Ovvero il segnale elettrico viene raccolto, modulato, analizzato e rinviato all'esterno del microchip con dei cavi che sono i fili elettrici. Nel caso di elettronica integrata il segnale elettrico viene inviato e raccolto attraverso delle piste metalliche. Nel caso di ottica integrata invece i segnali sono luminosi e questi vengono trasmessi grazie a piste non metalliche, ma dielettriche, costituite cioè da materiali di tipo vetroso o plastico, che consentono la trasmissione di segnali ottici. Queste piste dielettriche sono appunto le guide d'onda.

Allo stesso modo mentre in elettronica integrata si hanno dispositivi come i transistor, i diodi, e così via, nel caso di segnali di tipo ottico avremo dei dispositivi come modulatori, switch ottici, diodi ottici, ecc.

È fondamentale a questo punto approfondire il concetto di guide d'onda planari e canali. Le prime sono costituite da uno strato sottile di un materiale di tipo dielettrico cresciuto o deposto su un substrato di materiale avente un indice di rifrazione più basso. Questo concetto verrà approfondito tra qualche pagina. Per strato sottile si intende uno strato avente uno spessore di circa qualche micrometro. Le guide planari sono confinate solo lungo la loro altezza mentre nelle altre due dimensioni (larghezza e profondità) le loro dimensioni sono di tipo macroscopico (dell'ordine di alcuni centimetri). In Fig. 1 è riportato uno schema di una guida planare.

Le guide bidimensionali, o guide canali, invece hanno la caratteristica di essere di un materiale di tipo dielettrico e di essere confinate in due direzioni: nell'altezza e anche nella larghezza. In Fig. 1 è anche mostrato lo schema di una guida canale.

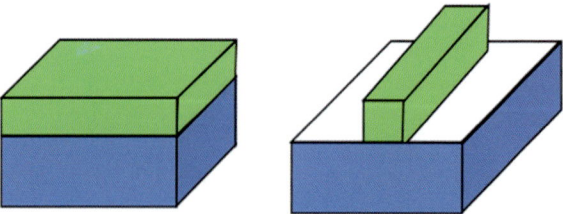

Fig. 1 Schema di una guida planare e di una canale. Lo strato in blu rappresenta il substrato e quello in verde la guida sia planare (lato sinistro) che canale (lato destro)

Continuando con un po' di storia nel 2000 si ha la costruzione dei primi dispositivi integrati *all-optical*. In questo tipo di dispositivi i segnali sono segnali luminosi e il loro processamento non avviene tramite segnali elettrici, ma tramite altri segnali ottici. Il risultato finale è quello di avere dispositivi con diverse funzionalità e in più estremamente veloci considerando che non solo l'informazione è ottica, ma anche la funzionalità è gestita otticamente.

Nel 2009 è finalmente arrivato il meritato riconoscimento del valore di questo settore della scienza, con il conferimento del premio Nobel a C. Kao, W.S. Boyle e G.E. Smith per i loro studi nel campo della trasmissione di segnali ottici in fibra ottica e per l'invenzione della CCD (*charge-coupled device*), uno dei dispositivi ormai di uso comune vista la grande diffusione di macchine fotografiche digitali e la presenza di telecamere su ogni telefono mobile.

La motivazione principale che spinge la ricerca in questa direzione è quella di cercare di superare i limiti della velocità di trasmissione intrinseca dei segnali di tipo elettrico. I segnali di questo tipo infatti sono limitati dalla frequenza di modulazione e dalle perdite che all'aumentare della frequenza diventano sempre più alte fino a impedire di inviare i segnali in modo decodificabile. Per esempio le perdite di un cavo elettrico coassiale a 1 GHz sono maggiori di 100 dB/Km, mentre quelle di una fibra ottica sono inferiori a 0.5 dB/Km alla stessa frequenza. I segnali ottici quindi oltre a supportare maggiori velocità di trasmissione (Gigabit/s) hanno anche perdite molto minori rispetto ai segnali elettrici.

Un aspetto importante da tenere presente è anche quello legato ai costi. I materiali impiegati nell'ottica integrata sono principalmente materiali di tipo dielettrico, cioè materiali vetrosi, che sono sicuramente più economici del rame che invece è usato per la costruzione di cavi di tipo elettrico. Questo tipo di materiale, oltre ad essere più economico, è anche decisamente più leggero e questo consente quindi un uso maggiore anche in situazioni dove il peso è un aspetto importante come ad esempio nel settore aereospaziale dove pesi contenuti sono fondamentali visto che il costo/kg di spedizione nello spazio è esorbitante (70-90 K$) e quindi spedire oggetti più leggeri e dalle prestazioni più potenti ha implicazioni incalcolabili. Infine altri due aspetti importanti di questo tipo di materiali sono il basso consumo di energia, in quanto non c'è necessità di fornire corrente elettrica per la trasmissione dei segnali, e la mancanza del fenomeno del *cross talk*, ossia dell'interferenza tra due segnali elettrici che viaggiano su due canali troppo vicini tra loro. In particolare questo ultimo aspetto consente quindi di inviare segnali ottici su canali vicinissimi senza che ci sia minimamente interferenza tra loro.

Come facciamo a inviare segnali ottici da un luogo a un altro? Se le distanze sono grandi si usano le fibre ottiche che sono costituite da una parte centrale, che si chiama *core*, delle dimensioni tipiche di pochi micrometri, tipicamente le dimensioni vanno da 2-3 fino a circa 62 micrometri. L'altro elemento fondamentale è la parte esterna che viene detto *cladding*. Il cladding ha dimensioni maggiori tipicamente di circa 125 micrometri. Il *cladding* e il core devono avere un rapporto ben definito per quel che riguarda una proprietà fondamentale dei materiali ottici che è l'indice di rifrazione. In Fig. 2 è mostrato lo schema di una fibra ottica.

L'indice di rifrazione del core dev'essere maggiore dell'indice di rifrazione del *cladding*. Questo perché affinché la luce possa essere trasmessa è necessario che a ogni riflessione all'interfaccia tra i due mezzi (*core/cladding*) non si attenui troppo, altrimenti dopo poche riflessioni la quantità di luce sarà talmente bassa da non poter essere più utilizzata. Il fenomeno per cui ciò avviene si chiama fenomeno della riflessione interna totale e verrà chiarito nel seguito del testo. All'esterno del *cladding* la fibra ottica è rivestita con una guaina di plastica trasparente e ancora più all'esterno c'è un ulteriore rivestimento che la protegge dall'ambiente e consente di poterla toccare senza problemi.

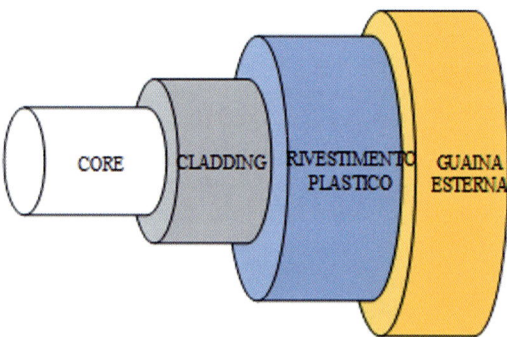

Fig. 2 Schema di una fibra ottica. In bianco la parte guidante (core), in grigio il *cladding* avente indice di rifrazione più basso rispetto al core, in celeste il rivestimento plastico e in giallo la guaina protettiva esterna

Se invece si vuole inviare un segnale ottico su brevi distanze, dell'ordine di pochi centimetri si usano le guide d'onda che hanno generalmente forma rettangolare e sono di dimensioni variabili da qualche micrometro di spessore a qualche decina di micrometri di larghezza. Inoltre la caratteristica principale è che le guide d'onda consentono di realizzare dispositivi ottici integrati. In Fig. 3 è illustrato un semplice esempio di un circuito ottico in cui il segnale luminoso arriva attraverso una fibra ottica e poi transita in alcuni canalini che rappresentano proprio le guide d'onda. Nella figura sul substrato sono anche presenti alcuni semplici dispositivi integrati cioè direttamente realizzati sullo stesso chip. Ci sono due accoppiatori, uno per accoppiare la luce proveniente dalla fibra al nostro circuito integrato e uno invece per prelevare il segnale ottico che è stato "processato" dal circuito e inviarlo di nuovo all'esterno tramite un'altra fibra ottica. Il modulatore ottico invece è un dispositivo in grado di modulare il segnale ottico mediante segnali elettrici e quindi di generare una serie di informazioni che possono essere trasmesse dal sistema guide/fibre ottiche. Ci sono poi anche una sorgente di luce e un rivelatore di segnali ottici integrati con il circuito che consentono rispettivamente di generare i segnali luminosi e di rilevarli e decodificarli. Il tutto ha delle dimensioni che vanno da pochi millimetri a qualche centimetro.

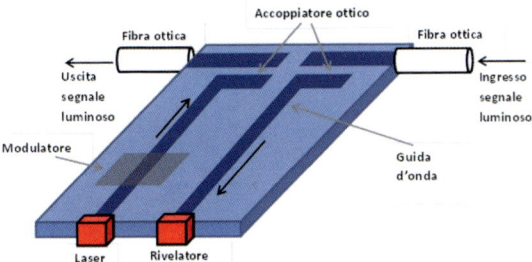

Fig. 3 Rappresentazione schematica di un circuito ottico in cui si vedono una serie di guide d'onda, due accoppiatori ottici, un rivelatore (fotodiodo), un laser (generatore di segnale), un modulatore e le fibre ottiche in ingresso e uscita

Un aspetto fondamentale da tenere in considerazione è lo studio di materiali innovativi per lo sviluppo di componenti ottici e optoelettronici che possano funzionare ad alte frequenze e con basse perdite ottiche così da garantire sempre più alte prestazioni. La Scienza dei Materiali quindi ricopre un posto molto importante in questo settore. Attualmente molte industrie, istituti di ricerca e università sono coinvolte nel settore dell'ICT sia a livello di ricerca e sviluppo che a livello di produzione e commercializzazione di prodotti. Il grande interesse in questo settore è legato essenzialmente alla necessità di inviare e ricevere informazioni e dati in quantità sempre maggiori e a velocità sempre più elevate. La tecnologia che riguarda le fibre ottiche è ormai ben consolidata mentre per quel che riguarda le guide ottiche e i dispositivi elettro ottici e totalmente ottici, che consentono di trattare e analizzare i segnali, si è ancora in una fase di netto sviluppo.

Il vero collo di bottiglia in questo tipo di processi è rappresentato dalla conversione di segnali ottici in segnali elettrici. Nella maggior parte dei casi infatti le informazioni sono di tipo elettrico, queste vengono convertite in segnali ottici che possono essere trasmessi anche su lunghe distanze e poi, arrivate a destinazione, vengono riconvertite in segnali elettrici e decodificate. Questo tipo di processo provoca un rallentamento considerevole nella velocità di trasmissione e soprattutto nella quantità di dati che possono essere trasmessi. La sfida dei prossimi anni sarà proprio quella di cercare di realizzare trasmissioni dati che siano totalmente ottiche. Nella Fig. 4 sono illustrati schematicamente diversi sistemi che vanno da reti per lo scambio dati all'interno di città, a reti domestiche, a sistemi che riguardano lo scambio dati su lunghe distanze. In tutti questi casi quello che si cerca di ottenere è un'ottimizzazione dei materiali che devono avere basse perdite, costi ridotti e facilità di lavorazione e una massimizzazione delle tecnologie totalmente ottiche che consentano di poter scambiare dati su larga banda (grandi quantità di dati e velocità di trasmissione molto elevate) con bassi consumi elettrici. Questi traguardi saranno possibili grazie allo sviluppo

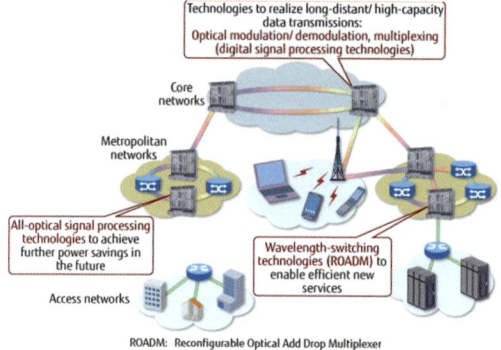

Fig. 4 Figura tratta dal sito internet della Fujitsu Laboratories

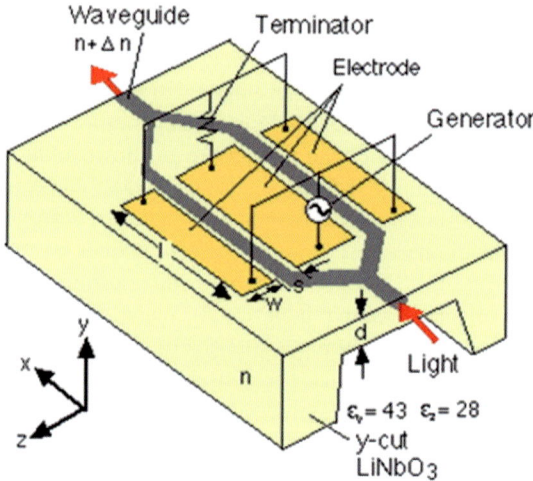

Fig. 5 Schema di un modulatore Mach-Zehnder

di tecnologie innovative per la modulazione e demodulazione ottica, per i modulatori ottici, per gli switch ottici, ecc.

Tra i dispositivi ottici più comuni uno di fondamentale importanza e che è spesso alla base anche di dispositivi più complicati è un modulatore Mach-Zehnder mostrato in Fig. 5.

In questo caso un fascio luminoso proveniente da una fibra ottica entra nel dispositivo (parte bassa della figura dove c'è l'indicazione light). La luce entra nel canalino grigio che rappresenta una guida ottica e si propaga lungo esso dividendosi in due parti. Le due guide in cui si è divisa la guida principale, hanno ai loro estremi degli elettrodi (gialli in figura) ai quali può essere applicata una tensione elettrica variabile nel tempo. Se la tensione applicata è nulla, poiché i due rami hanno uguale lunghezza, la luce che si ricombina nella guida d'onda d'uscita avrà percorso esattamente la stessa distanza e quindi le due onde luminose (provenienti dai due rami) saranno tra loro in fase. In questo caso i due fasci interferiranno costruttivamente. Poiché il materiale che costituisce la guida d'onda è sensibile ai campi elettrici, in particolare per quel che riguarda l'indice di rifrazione, può avvenire che applicando una determinata tensione la luce che passa nei due rami del dispositivo venga sfasata grazie ad una variazione della velocita di propagazione della luce nella guida d'onda (velocità che dipende dal valore dell'indice di rifrazione come sarà illustrato nella sezione sui principi di ottica guidata di questo testo). In questo caso le onde provenienti dai due rami quando si ricombineranno saranno in opposizione di fase e quindi daranno origine a un'interferenza distruttiva. Il risultato finale sarà che in uscita dal dispositivo si avrà un segnale luminoso modulato dal campo elettrico degli elettrodi. Applicando tensioni variabili nel tempo si potranno avere segnali modulati a frequenze anche dell'ordine dei GHz e quindi si possono inviare una grande quantità di informazioni ad alta velocità.

Un altro esempio di dispositivo è lo *switch* ottico ad alta velocità (10 Gbit/s) mostrato in Fig. 6. In questo caso un segnale ottico in ingresso può essere diviso in due canali che siano sfasati tra loro come mostrato dai due canali di output. Le due uscite sono fisicamente separate e sono l'una il complementare dell'altra e il tempo di switching tra un canale e l'altro è in questo caso molto breve: circa 26 ps (10^{-12} s). In questo caso lo switch avviene mediante l'applicazione di segnali elettrici ad alta frequenza per mezzo di elettrodi in alcuni tratti del circuito ottico, in particolare nella zona centrale dove le due guide si dividono ciascuna in altre due parti per poi ricongiungersi poco dopo.

Come detto anche in precedenza la Scienza dei Materiali nel settore dell'ICT è fondamentale, in quanto consente lo studio e lo sviluppo di materiali innovativi per

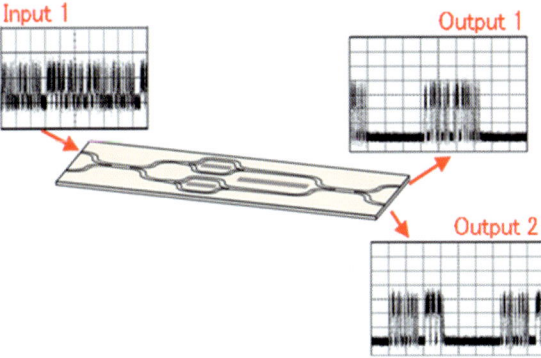

Fig. 6 Un esempio di switch ottico. Questo commutatore o interruttore ottico è molto veloce in quanto il tempo di switching è di circa 26 ps (10^{-12} s)

la costruzione di dispositivi ottici aventi prestazioni sempre migliori. Questa disciplina coinvolge molti istituti di ricerca e università sia a livello nazionale che internazionale oltre ad una serie di industrie altamente specializzate. Il nostro laboratorio NeMO (*New Materials for Optoeletronics*) s'inserisce in questo settore con lo sviluppo di materiali di tipo polimerico e di tipo ibrido organico/inorganico a base solgel. Abbiamo proprio usato la tecnica solgel, che verrà illustrata dettagliatamente nel seguito, per sintetizzare delle guide di luce sia planari che canale che rappresentano proprio l'elemento base per i dispositivi ottici di cui abbiamo parlato in precedenza.

Il percorso dello stage ICT verrà illustrato molto dettagliatamente nel seguito illustrando i concetti fisici di base e soprattutto descrivendo la parte sperimentale seguita per la fabbricazione e per la caratterizzazione delle strutture. Sinteticamente durante il primo stage (Giugno) sono state realizzate delle guide ottiche planari e dei reticoli di Bragg che sono stati usati come accoppiatori ottici della radiazione in guida. Il secondo stage (Febbraio) è invece servito per realizzare delle guide d'onda canale e dei separatori di fascio (*beam splitter*) che sono l'elemento di base per la maggior parte dei dispositivi ottici. Sia le une sia gli altri sono stati fabbricati usando una tecnica fotolitografica estremamente semplificata che verrà illustrata nel seguito.

Oltre alla realizzazione vera e propria delle guide planari, del reticolo, delle guide canali e del beam splitter, una parte fondamentale è stata la loro caratterizzazione. Sono state effettuate diverse caratterizzazioni. La prima è stata la microscopia ottica che ha consentito di avere un'idea di massima delle strutture realizzate sia per quel che riguarda i reticoli che per le guide d'onda canale. Quindi per i reticoli abbiamo usato una tecnica ottica basata sulla diffrazione della luce monocromatica proveniente da un laser che ci ha consentito di determinare il passo reticolare (separazione tra due massimi o due minimi consecutivi del reticolo). Il reticolo è poi stato usato come accoppiatore di luce nella guida planare. Ossia il reticolo, costruito al di sopra della guida planare, è stato usato per poter inserire la luce di un laser proprio all'interno della guida grazie al fenomeno della diffrazione.

Per quel che riguarda le guide d'onda canale e i beam splitter, oltre alla caratterizzazione con la microscopia ottica, si è proceduto all'inserimento della luce nelle strutture. Questo grazie ad un apparato basato su movimenti estremamente precisi (risoluzione di decine di nanometri) che hanno consentito l'accoppiamento tra la luce laser proveniente da una fibra ottica e le strutture guidanti costruite. Il risultato è stato un confinamento della luce laser nella guida canale e la trasmissione della luce attraverso alcuni centimetri di guida. Nel caso di beam splitter la luce inserita in ingresso si è divisa in due fasci paralleli seguendo i canali prodotti sperimentalmente.

Una particolare attenzione è stata quindi rivolta a una caratterizzazione estremamente attraente che è la microscopia a sonda in particolare usando il Microscopio a Forza Atomica. Questa scelta è stata suggerita sia dal fatto che attualmente la Microscopia a Sonda è uno dei metodi di indagine più diffusi nei laboratori di ricerca della Scienza dei Materiali sia perché permette di misurare la stessa grandezza, ovvero nel caso specifico il passo del reticolo realizzato o le dimensioni delle strutture realizzate, con due metodologie diverse permettendo agli studenti di vedere come la stessa grandezza misurata con due metodologie diverse può essere valutata molto diversamente in termini di risoluzione, sensibilità e tipo di informazione.

Guide d'onda: fabbricazione e caratterizzazione

Fabrizio Arciprete, Roberta De Angelis, Fabio De Matteis,
Luca Persichetti, Ernesto Placidi, Paolo Prosposito, Anna Sgarlata
Dipartimento di Fisica, Università degli Studi di Roma Tor Vergata

Nei prossimi paragrafi verranno illustrati i principi fisici e le metodologie che sono alla base dello stage ICT svolto presso i nostri laboratori. In particolare verranno descritti e approfonditi, anche se non entreremo troppo in dettaglio, alcuni concetti riguardanti l'ottica, l'ottica guidata, le guide ottiche planari e quelle confinate lateralmente. Inoltre verrà descritto il processo sperimentale con cui sono state fabbricate le guide d'onda: il processo solgel. Verranno anche illustrate le tecniche sperimentali usate per la caratterizzazione dei dispositivi che sono stati realizzati durante lo stage con particolare attenzione alla microscopia a forza atomica. Infine abbiamo pensato di introdurre un paragrafo dettagliato per quel che riguarda le procedure sperimentali di sintesi delle strutture che sono state eseguite durante le due settimane di stage. Questa scelta è stata dettata dall'idea che questo schema possa essere utilizzato da scuole superiori che, possedendo un laboratorio adeguato, vogliano provare a fare alcune prove di questo genere.

Principi di ottica guidata

La luce è un onda elettromagnetica che si propaga nello spazio. Possiamo pensare all'onda, in un istante fissato, come la variazione dell'intensità del campo elettromagnetico (il campo elettrico **E** e il campo magnetico **H**) nei diversi punti dello spazio. Essa avrà la caratteristica forma oscillante che si ripete nello spazio con una precisa periodicità. Oppure possiamo fissarci in un punto dello spazio e osservare l'oscillazione dell'intensità, analogamente all'oscillazione verticale di una boa che galleggia sul mare. Anche in questo caso vedremo un andamento ondulatorio che si ripete nel tempo con regolarità. Per questo le grandezze spazio-temporali che caratterizzano questi fenomeni ondulatori sono strettamente legate. L'onda può essere rappresentata, con riferimento alla Fig. 1, da una funzione sinusoidale di una combinazione lineare delle coordinate spazio-temporali:

$$A_0 \cos(kx - \omega t)$$

Il vettore d'onda k è legato alla lunghezza d'onda λ, ovvero la distanza tra due picchi successivi dell'onda, dalla relazione $k = \dfrac{2\pi}{\lambda}$, mentre la pulsazione ω è legata

L. M. Catena, F. Berrilli, I. Davoli, P. Prosposito, STUDENTI-RICERCATORI
per cinque giorni. "Stage a Tor Vergata",
DOI: 10.1007/978-88-470-5271-0, © Springer-Verlag Italia 2013

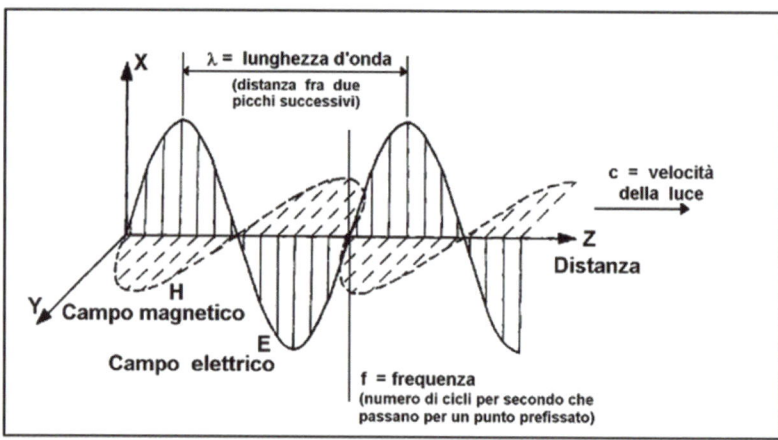

Fig. 1 Rappresentazione di un onda elettromagnetica monocromatica. Le direzioni di oscillazione dei vettori di campo elettrico e magnetico e la direzione di propagazione dell'onda costituiscono una terna ortogonale

al periodo T da $\omega = \dfrac{2\pi}{T}$.

La lunghezza d'onda è proporzionale al periodo o all'inverso della frequenza ν:

$$\lambda = cT = \frac{c}{v}$$

La grandezza che le lega è la velocità della luce c. Come è noto questa è una costante universale che vale $2{,}99792 \times 10^8$ m/s nel vuoto. Se invece l'onda si propaga in un mezzo materiale la velocità diminuisce di un fattore n, l'indice di rifrazione del mezzo.

$$v = \frac{c}{n}$$

La superficie che raccoglie tutti i punti dell'onda con uguale fase (ad esempio un picco dell'onda) è detta fronte d'onda e permette di raffigurare spazialmente la propagazione dell'onda. La velocità di propagazione è sempre perpendicolare al fronte d'onda.

Nel passaggio da un mezzo a un altro, in conseguenza delle diverse velocità di propagazione dell'onda, si osservano i processi della riflessione e della rifrazione che determinano molti dei fenomeni ottici che ci circondano. La legge della riflessione afferma che un fascio di luce che incide sulla superficie di separazione tra due diversi mezzi con un dato angolo rispetto alla direzione normale al piano di separazione viene riflesso con lo stesso angolo ($\alpha = \beta$ in Fig. 2) nella parte opposta del piano di incidenza (il piano individuato dalla direzione di incidenza e dalla normale al piano di separazione).

La parte del fascio che attraversa la superficie di separazione dei due mezzi, raggio rifratto, viene deviata dalla direzione di incidenza secondo la legge di rifrazione, nota anche come legge di Snell:

$$n_1 \sin \alpha = n_2 \sin \gamma$$

dove n_1 e n_2 sono gli indici di rifrazione dei due mezzi.

Nel passare in un mezzo con indice di rifrazione maggiore la direzione del fascio si avvicina alla normale (ovvero l'angolo diminuisce) e viceversa, nel passare in un mezzo a indice minore l'angolo aumenta. Nella riflessione, invece, non c'è variazione dell'angolo di riflessione rispetto a quello di incidenza ($\alpha = \beta$). Da queste osservazioni discendono delle importanti conseguenze pratiche che sono alla base dell'ottica guidata. In Fig. 3 è rappresentata la rifrazione di raggi luminosi in funzione dell'angolo di incidenza nel caso in cui il raggio proviene dal mezzo a maggior indice. Si può osservare che esiste un valore dell'angolo di incidenza α_C (raggio C) per cui la funzione seno uguaglia il rapporto tra l'indice di rifrazione del secondo mezzo e quello del primo.

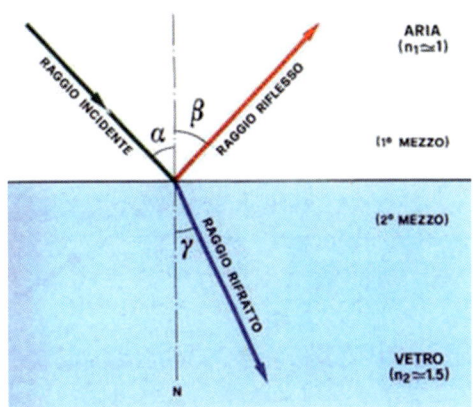

Fig. 2 Riflessione e rifrazione di un raggio di luce all'interfaccia tra due mezzi (aria e vetro)

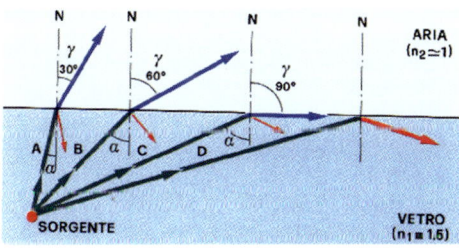

Fig. 3 Rifrazione e riflessione di un raggio di luce all'interfaccia tra due mezzi (aria e vetro). Caso del raggio proveniente dal mezzo a indice maggiore; per i raggi C e D si osserva la riflessione interna totale

Questo comporta che la direzione di propagazione del fascio rifratto sarà perpendicolare alla normale della superficie di separazione, ovvero parallela alla superficie stessa ($\gamma = 90°$).

Il fatto che la direzione di propagazione del fascio rifratto è parallela alla superficie di separazione dei due mezzi comporta che non c'è propagazione aldilà del piano di separazione dei due mezzi e si osserverà solo un fascio riflesso mentre la parte rifratta rimane "schiacciata" nell'interfaccia tra i due mezzi. L'angolo di incidenza per cui questo avviene è detto angolo critico. Per tutti i valori dell'angolo di incidenza maggiori o uguali al valore critico si osserva quindi il fenomeno della riflessione interna totale. La radiazione rimane interamente nel mezzo a indice di rifrazione maggiore. Nel caso di uno strato di un materiale a indice n limitato sopra e sotto da un secondo materiale di indice inferiore, se le due superfici di interfaccia sono parallele, si parla di una guida d'onda planare. Infatti un fascio di luce potrà propagarsi in tale strato subendo riflessioni totali successive sulle due superfici che guidano l'onda all'interno dello strato senza alcuna perdita.

Ci siamo occupati finora di come si propaga la luce all'interno di una guida ma non abbiamo affrontato il problema di come possiamo inserirla nella guida. Infatti la simmetria della legge della rifrazione implica che non è possibile portare un raggio di luce all'interno dello strato guidante in condizioni di riflessione interna totale. Come il raggio entra nel mezzo a indice maggiore (raggio nero in Fig. 4) così esso potrà uscire quando incontrerà l'interfaccia opposta verso il mezzo a indice inferiore. Diverso è il discorso se facciamo entrare il raggio da una superficie laterale della guida (raggio rosso in Fig. 4). Questo è un modo per far entrare la luce in una guida d'onda che viene talvolta usato.

L'accoppiamento laterale però è alquanto difficoltoso nel caso di guide d'onda di spessore pari o inferiore a un micrometro, come è il caso di molte guide d'onda perché richiede di concentrare la luce su dimensioni molto piccole (dimen-

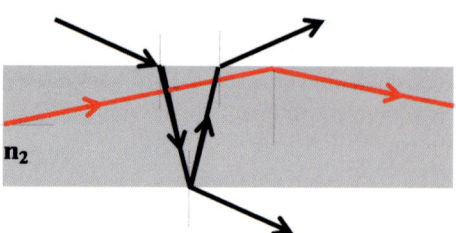

Fig. 4 Inserzione dall'alto (raggio nero) e accoppiamento laterale di luce in guida (raggio rosso)

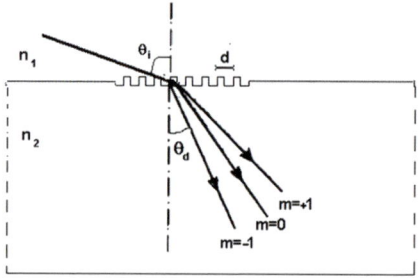

Fig. 5 Schema di reticolo di diffrazione in trasmissione. Il passo è d, l'angolo di incidenza θi, l'angolo di diffrazione θd. Sono rappresentati l'ordine zero (raggio rifratto) e i due primi ordini di diffrazione (m=±1)

sioni paragonabili alla lunghezza d'onda della luce nell'intervallo spettrale del visibile e infrarosso). Per questo si utilizzano anche diversi metodi per inserire la luce in guida dalla superficie utilizzando ad esempio dei reticoli di diffrazione.

Si ha un reticolo di diffrazione (Fig. 5), ad esempio quando una superficie è incisa con una trama di linee parallele, uguali ed equidistanti, a distanze d confrontabili con la lunghezza d'onda della luce. Questo è proprio il modo con cui sono stati prodotti storicamente. Un fascio luminoso monocromatico che incide su un reticolo dà origine a un fascio trasmesso (o riflesso nel caso di reticoli in riflessione) e a vari fasci diffratti, ad angoli che dipendono dal rapporto fra la distanza d tra le righe del reticolo (passo del reticolo) e la lunghezza d'onda della luce λ.

Nel caso di un reticolo di diffrazione in trasmissione la relazione tra gli angoli di incidenza θ_i di un raggio e quelli del raggio propagato θ_d sono legati dalla seguente relazione:

$$d(n_2 \sin\theta_d - n_1 \sin\theta_i) = m\lambda$$

L'indice m è detto ordine di diffrazione e può assumere solo valori interi da zero a un massimo che dipende dal rapporto tra lunghezza d'onda e passo del reticolo. Per $m = 0$ ricadiamo nel caso della rifrazione; per valori interi ma diversi da zero, invece, si vede che si possono ottenere valori dell'angolo interno al secondo mezzo via via crescenti all'aumentare dell'ordine di diffrazione. È evidente che variando l'angolo di incidenza si può generare un fascio diffratto a qualunque angolo all'interno del secondo materiale.

L'accoppiamento di luce in guida per mezzo di un reticolo di diffrazione è un metodo spesso usato nell'ottica integrata sia per inserire sia per estrarre la luce in un punto prefissato di un dispositivo optoelettronico ed è proprio il metodo che abbiamo usato nel corso del primo stage.

I materiali: il Solgel

I materiali usati per realizzare le guide d'onda sono numerosi e vanno da alcuni semiconduttori trasparenti nella regione spettrale dell'infrarosso a diversi tipi di polimeri. Ma per le loro proprietà di trasparenza e di resistenza chimica e meccanica i vetri sono di grandissima importanza. I più comuni sono i vetri silicati così detti perché basati sulla silica (SiO_2), ma sono usati anche la zirconia (ZrO_2) e la titania (TiO_2). Le tecniche di produzione e lavorazione del vetro ad alte temperature sono note da millenni e hanno portato a vetri con una grande varietà di proprietà ottiche. Tali tecniche però non si prestano alla realizzazione di film sottili che possano funzionare da guide d'onda. Per questo negli ultimi decenni è stato sviluppato un processo che permette di produrre strutture vetrose di composizione controllata a partire da precursori liquidi che ha aperto importanti prospettive di applicazione nell'ottica integrata delle guide d'onda. Il prototipo di questi precursori è il tetrametil-ortosilicato (TMOS) che è una molecola costituita da un atomo di silicio legato a quattro radicali metilici: $Si(OCH_3)_4$. Questa molecola, in presenza di una molecola di acqua, dà luogo, anche a temperatura ambiente, a una reazione di idrolisi spontanea ovvero alla sostituzione del radicale con un gruppo OH e alla liberazione di una molecola dell'alcool corrispondente.

$$Si(OCH_3)_4 + H_2O \rightarrow Si(OH)(OCH_3)_3 + CH_3OH.$$

Naturalmente la stessa reazione avviene per tutti e quattro i legami del silicio portando alla creazione di una nuova specie: il silicio idrolizzato. Ogni legame Si-OH costituisce un elemento molto reattivo detto gruppo silanolo. Questi reagiscono con altri silanoli con una reazione detta di condensazione in cui si produce un gruppo silicato Si-O-Si e una molecola di acqua H_2O.

$$-Si-OH + HO-Si- \rightarrow -Si-O-Si- + H_2O.$$

Questo gruppo prodotto è la struttura base di un vetro silicato (o silice) che è costituito da una rete tridimensionale di questi gruppi legati tra loro (ogni silicio legato a quattro altri atomi di silicio mediante quattro atomi di ossigeno, come mostrato in maniera semplificata in Fig. 6).

Questo processo di idrolisi e condensazione è chiamato processo solgel. In una fase iniziale (fase Sol) si ha la dispersione di nuclei di SiO_2 in acqua e alcool metilico. Quando l'idrolisi ha saturato tutti i legami del silicio l'acqua, al pari del-

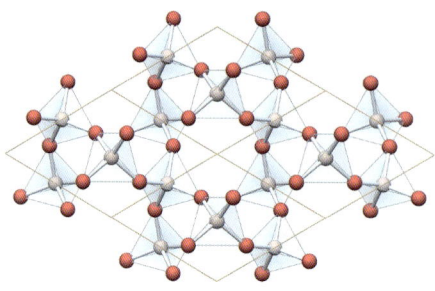

Fig. 6 Schema della struttura della silice SiO$_2$. Per semplificare si è adottata una rappresentazione bidimensionale

l'alcool, evapora facilitando l'avvicinarsi dei vari gruppi silanoli e la reazione di condensazione. Man mano che il processo procede la rete di legami silicati si estende fino a dar luogo a una rete solida continua (paragonabile a una spugna) che contiene ancora al suo interno la fase liquida (acqua e alcool): questa è la fase Gel. Per essiccazione si ottiene la struttura vetrosa finale più o meno densa a seconda delle condizioni in cui si sono verificate l'idrolisi e la condensazione. Si può infatti influire e modificare le velocità delle due reazioni agendo sul pH della soluzione dei precursori o aggiungendo altre sostanze che pur non entrando direttamente nella reazione la possono influenzare. Questo è un punto molto importante perché nella fase di essiccazione si sviluppano notevoli stress interni nella struttura della silice che se non è sufficientemente compatta e reticolata possono causare diffuse microfratture che perturbano la qualità ottica del vetro (il vetro diventa opaco).

Al pari del TMOS esistono numerosi altri precursori che si differenziano per il radicale alcolico (è il caso del TEOS, tetraetossi-ortosilicato) o anche per il metallo, come lo zirconio (IV)-isopropossido [Zr(n-OC$_3$H$_7$)$_4$] o il titanio (IV)-butossido [Ti(n-OC$_4$H$_9$)$_4$], ma sottostanno a processi solgel assolutamente analoghi con prodotti finali, rispettivamente, vetri di silice, di zirconia e di titania. Tutti questi vetri solgel, come detto, presentano il rischio di microfratturazioni insito nel processo stesso e ciò costituisce un limite soprattutto se si vogliono realizzare strutture di spessore limitato ma di superficie estesa come nelle guide d'onda. Per ovviare a questo problema si è esteso l'uso di precursori ibridi organici-inorganici in cui al fianco degli alcossidi ci sono anche delle catene organiche che non vengono idrolizzate e rimangono quindi nella composizione del vetro finale che avrà contemporaneamente una componente inorganica (l'ossido) e una organica. È il caso, ad esempio, del 3-metacrilossipropil-trimetossi-silano (TMSPM) in cui un radicale metilossi del TMOS è stato sostituito da una catena metacrilica. O come il glicidossipropiltrimetossisilano (GLYMO) in cui la coda organica è un glicidossipropile. In Fig. 7 riportiamo la formula di struttura per questi due composti. Per chiarezza abbiamo evidenziato in celeste la parte della molecola che da origine alla rete inorganica (SiO$_2$) rispetto al resto che rappresenta la coda organica in cui la parte rossa è inerte mentre quella verde può dar luogo a reticolazione fotoindotta, una proprietà che risulta molto utile come vedremo più avanti.

I restanti tre gruppi metilossi si comportano esattamente come nel TMOS, mentre la coda organica ha la capacità di accomodarsi nello spazio con una certa libertà consentendo di accomodare in qualche misura lo stress reticolare intorno a se stesso.

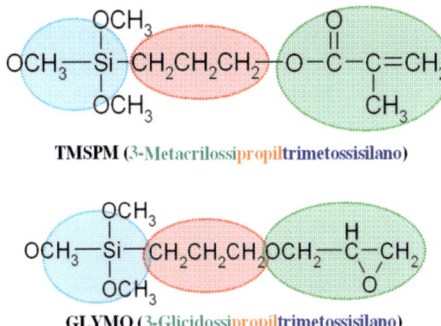

TMSPM (3-Metacrilossipropiltrimetossisilano)

GLYMO (3-Glicidossipropiltrimetossisilano)

Fig. 7 Struttura di due precursori organici per la formazione di vetri solgel ibridi organici-inorganici. La parte cerchiata in azzurro porta la componente solgel inorganica, il resto rappresenta la coda organica con la parte cerchiata in verde che può dar luogo a polimerizzazione fotoindotta

Ma una proprietà ancora più importante è che queste code organiche forniscono un ambiente adatto, non reattivo, per ospitare delle molecole funzionalizzanti (ovvero che forniscono delle particolari "funzioni" ottiche) organiche come coloranti, molecole elettroottiche, ecc. In assenza delle suddette code organiche le molecole ospiti verrebbero a stretto contatto con i gruppi silanoli non condensati che sono altamente reattivi e che quindi danneggerebbero le loro funzioni ottiche.

Il processo solgel descritto è molto importante perché permette di realizzare vetri di composizione controllata, con proprietà ottiche e meccaniche controllate ma anche perché si presta facilmente alla realizzazione di film sottili. Infatti nella fase sol è facile depositare sottili strati mediante tecniche come lo spin-coating che consiste nel coprire con la soluzione il substrato e di metterlo in veloce rotazione intorno ad un asse a esso perpendicolare. Un velo di precursore rimarrà "spalmato" sul substrato che, per evaporazione del solvente e condensazione del gel, costituirà il film sottile del materiale finale. Agendo sulla viscosità del sol e sulla velocità di rotazione dell'apparato si possono ottenere film di vario spessore (da centinaia di nanometri a decine di micrometri). In Fig. 8 è schematizzato il processo di deposizione di film sottili per rotazione del substrato (spin-coating).

Ma l'adozione di precursori organici apre anche altre importanti possibilità di manipolazione degli strati deposti. Le funzionalità organiche presenti in questi precursori possono avere la capacità di polimerizzare ovvero di dare luogo a lunghe catene di legami, ripetuti molte volte, tra le singole unità presenti in ciascuna di esse.

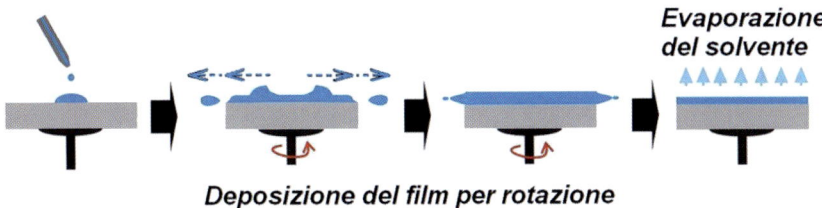

Evaporazione del solvente

Deposizione del film per rotazione

Fig. 8 Schema del metodo di deposizione di film sottili per rotazione (spin-coating)

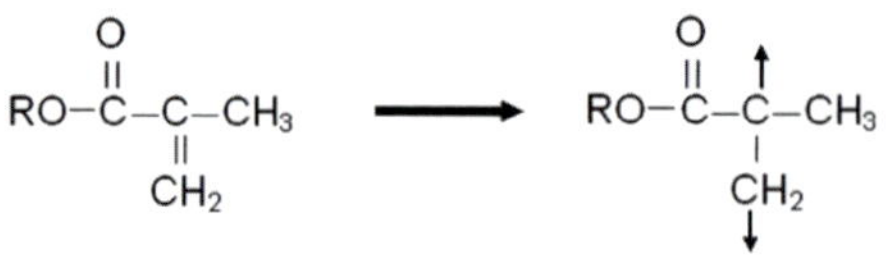

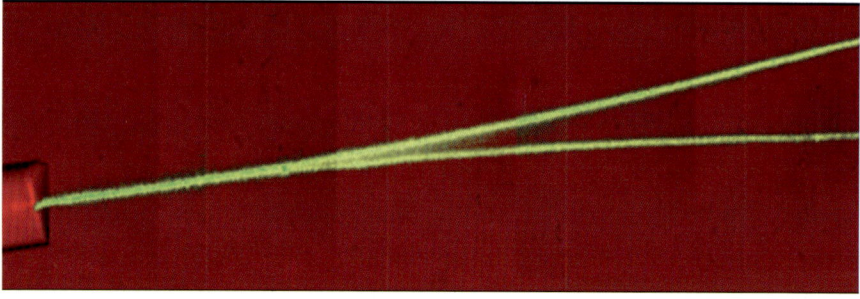

$$RO-\overset{\overset{\textstyle O}{\|}}{C}-\overset{\overset{\textstyle}{\underset{\textstyle CH_2}{\|}}}{C}-CH_3 \longrightarrow RO-\overset{\overset{\textstyle O}{\|}}{C}-\overset{\overset{\textstyle \uparrow}{\underset{\textstyle CH_2}{|}}}{C}-CH_3$$

Fig. 9 Struttura del TMSPM con apertura del doppio legame che porta alla polimerizzazione del metacrilato. R rappresenta, nel caso del TMSPM, il radicale trimetossisilano

È questo il caso, ad esempio, del TMSPM che abbiamo visto contenere il gruppo metacrilico che polimerizza per apertura del doppio legame C=C (vedi Fig. 9). L'apertura del doppio legame può essere stimolata (catalizzata) con la temperatura o per irraggiamento ultravioletto in presenza di un'opportuna molecola fotocatalizzatrice. In quest'ultimo caso (ad esempio l'IRGACURE 184 utilizzato per la fotopolimerizzazione del gruppo metacrilico nel corso dello stage) la molecola fotocatalizzatrice non entra direttamente nel processo di polimerizzazione ma semplicemente agisce da tramite nel trasferire dalla luce UV l'energia necessaria alla rottura del doppio legame e permettere la polimerizzazione.

Questo vuol dire che è possibile "scrivere" nello strato deposto un'opportuna struttura che configuri una particolare funzionalità ottica come le guide canali, che confinano la luce in due direzioni, e altre strutture più o meno complesse come il divisore di fascio mostrato in Fig. 10, che permette di dividere un fascio luminoso in due fasci uguali, o reticoli di diffrazione. Queste strutture costituiscono gli elementi costitutivi di base dei circuiti ottici più complessi.

Fig. 10 Divisore di fascio in guida d'onda per suddividere il fascio di luce in due parti equivalenti. A sinistra si può notare la fibra ottica che consente l'inserzione della luce nel beam-splitter

Questo è possibile mediante processi fotolitografici nei quali s'illuminano selettivamente delle zone del film in cui la struttura del materiale si densifica a causa dei nuovi legami di polimerizzazione. Se lo strato era ancora nella fase di sol o comunque la fase di condensazione non è troppo avanzata, è possibile rimuovere le parti non esposte mediante un semplice bagno di sviluppo lasciando inalterate le strutture create dalla polimerizzazione.

Proprio questo tipo di processo è stato utilizzato durante sia il primo sia il secondo stage per ottenere delle strutture guidanti in materiali a base di solgel.

La microscopia a sonda

Recentemente, come previsto da Richard Feynman in un famoso discorso del 1959, si è giunti a manipolare la materia sulla scala dei nanometri (un miliardesimo di metro) proprio la scala delle dimensioni atomiche (1Å = 0,1nm). Di conseguenza sorge spontanea la domanda: "Si possono vedere gli atomi ?".

Se sfogliate i libri di scuola di qualche tempo fa, troverete esplicitamente scritto che gli atomi non si possono vedere e questo perché nella microscopia esiste il limite definito dal principio di Abbe secondo il quale la massima risoluzione raggiungibile è legata alla lunghezza d'onda della sorgente usata (λ) nonché all'indice di rifrazione del mezzo interposto tra oggetto e obiettivo (n(λ)).

Di conseguenza la migliore risoluzione che si può raggiungere tramite un microscopio ottico, dove la lunghezza d'onda della sorgente è quella della luce visibile ($\lambda \sim 0,5\mu m$) e le lenti sono quelle dell'ottica (n ~1,5), è dell'ordine delle migliaia di Å.

Da qui nasce l'idea di usare i microscopi elettronici: se come sorgente si usano gli elettroni la loro energia/lunghezza d'onda si può variare accelerandoli fino a raggiungere energie dell'ordine delle migliaia di elettronvolt corrispondenti a lunghezze d'onda di 0,04Å . Le lenti a questo punto sono elettromagnetiche e la risoluzione riesce a raggiungere le decine di Å: ancora troppo per potere distinguere gli atomi.

Nel 1982 accade però qualcosa di nuovo. Come spesso succede nelle grandi invenzioni l'evoluzione tecnologica unita all'intuizione, spesso semplice, di un grande scienziato permette di fare inaspettatamente un salto qualitativo e una grande scoperta: il microscopio a scansione a effetto tunnel STM.

Innanzitutto il nome STM:

*   S=*Scanning* perché la punta "spazza" lateralmente la superficie del campione;
*   T=*Tunneling* perché il principio di funzionamento si basa sull'effetto tunnel;
*   M=*Microscopy* perché si produce un'immagine ingrandita della superficie.

Il principio di funzionamento è estremamente semplice.

"Basta" portare una punta metallica molto vicino alla superficie del campione da misurare. In queste condizioni non succede nulla perché c'è una zona di vuoto che separa la punta dal campione, ma se tra punta e campione si pone una differenza di potenziale, detto potenziale di *bias*, di qualche Volt, una corrente (detta corrente di tunnel) comincia a scorrere per effetto tunnel. Tale corrente dipende non solo dal potenziale di bias applicato ma anche dalla distanza punta campione (z) e tale dipendenza è descritta dalla funzione:

$$I_{tunnel} = V_{bias} e^{-A\sqrt{\phi}z}$$

dove A è una costante pari a:1.025eV$^{-1/2}$/Å I_{tunnel} , V_{bias} e z sono rispettivamente la corrente di tunnel, il potenziale di bias e la distanza punta-campione e infine ϕ è la funzione lavoro delle superfici che per la maggior parte delle superfici metalliche è una costante dell'ordine di qualche elettronvolt. La potenza di questo strumento risiede proprio in questa legge esponenziale infatti basta mantenere la corrente co-

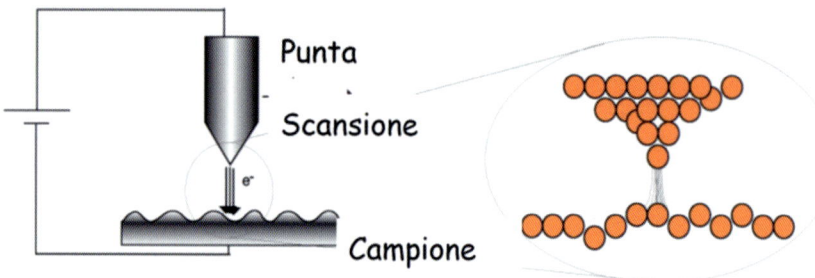

Fig. 11 Schema di funzionamento di un microscopio a scansione Tunnel STM

stante dell'ordine di qualche nanoAmpere (ΔI = 2nA) perché la distanza sia determinata con una precisione del centesimo di Å (Δd = 0,001 Å). Uno schema semplificato di un microscopio STM è riportato in Fig. 11.

In una classica misura a corrente costante si fissa il valore della corrente di
tunnel (ad esempio 1nA) e si sposta la punta sulla superficie: in presenza ad esempio
di un buco la punta, per mantenere costante il valore della corrente, deve avvicinarsi
alla superficie; al contrario in presenza di una protuberanza, ad esempio un'isola, la
punta deve essere allontanata.

In questo modo misurando l'altezza della punta per ogni punto della superficie
si riesce a descrivere il profilo della superficie. Esiste un bellissimo filmato del microscopio STM in misura acquisito con un microscopio elettronico in cui si vede
chiaramente la punta che passa sulla superficie descrivendo il profilo delle piccole
isole di piombo su una superficie di rutenio (vedi sito http://www.fz-
juelich.de/pgi/pgi-3/EN/UeberUns/ Organisation/ Gruppe2/microFilmsMicro/
_node.html;jsessionid=C1CD1E559366AE50 B4A6182D14AFB7B7).

Per la prima volta nel 1982 il Prof. Heinrich Rohrer e il suo giovane collaboratore
Gerd Binning misurarono gli atomi su una superficie di Silicio (una superficie analoga
a quella mostrata in Fig. 12) e solo dopo quattro anni (1986) fu assegnato loro il
premio Nobel per la Fisica insieme a Ernst Ruska per l'invenzione del microscopio
elettronico.

In poco tempo il microscopio STM si è diffuso in tutti i laboratori di ricerca: già
nel 1991 un microscopio STM commerciale era in funzione in uno dei laboratori
del Dipartimento di Fisica dell'Università di Tor Vergata e in breve tempo questo
strumento è diventato indispensabile in ogni laboratorio di struttura della materia
per potere studiare le proprietà strutturali ed elettroniche della materia su scala atomica. Unico limite del microscopio STM è il fatto che, affinché possa scorrere una
corrente di tunnel, la superficie del campione da misurare deve necessariamente
essere conduttiva.

Nel tentativo di superare questo limite e di migliorare ulteriormente le straordinarie prestazioni di questo strumento si è sviluppata un'intensa attività di ricerca
che, in pochi anni, ha portato allo sviluppo di una serie di strumenti detti dall'inglese
Scanning Probe Microscopy (SPM) in grado di produrre immagini delle superfici
ad altissima risoluzione.

Tra questi solo per ricordarne alcuni:

- Atomic Force Microscopy AFM (Forze di Superficie);
- Magnetic Force Microscopy MFM (Forze Magnetiche);
- Electric Force Microscopy EFM (Forze Elettriche);
- Scanning Capacitance Microscopy SCM (Forze Elettriche);
- Near Field Scanning Optical Microscopy NSOM (Microscopio Ottico a Campo Vicino).

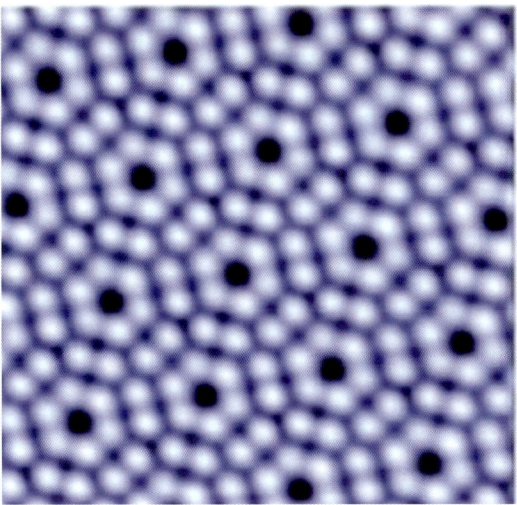

Fig. 12 Immagine di una superficie di Silicio acquisita nel laboratorio del Dipartimento di Fisica di Tor Vergata. Le dimensioni dell'immagine sono 100Å × 100Å. Il valore di 1,5V è riferito al potenziale di bias

Elemento comune a tutti questi strumenti è l'uso di una SONDA (*Probe*) che SPAZZA (*Scanning*) la superficie. A seconda della sonda usata cambia il principio fisico e quindi, in parte, sono diverse le informazioni deducibili dalla misura.

Nel caso del microscopio STM la sonda è una punta metallica e l'effetto fisico è un effetto quantistico: l'Effetto Tunnel. Nel caso del Microscopio AFM (Atomic Force Microscopy) la sonda è una punta collegata a una leva che interagisce meccanicamente con gli atomi in superficie e l'effetto fisico è legato alla forza che s'instaura tra atomi quando una punta è avvicinata al campione. Nel prossimo paragrafo daremo qualche particolare in più su questo strumento, comunque anche in questo caso i tre scienziati Calvin Quate, Gerd Binnig e Christoph Gerber ebbero un'idea molto semplice : "perché non usare una punta che banalmente passa sopra gli atomi della superficie interagendo meccanicamente con essi? Quanto deve essere la forza per interagire con gli atomi superficiali senza danneggiarli?" Ci si aspettava che la forza che tiene insieme gli atomi fosse debole, sicuramente più debole di quella che può esercitare una leva macroscopica che passa sulla superficie. Invece si fece una scoperta inaspettata. Se assimiliamo la forza che lega gli atomi sul campione alla Forza elastica del tipo $F=-kx$ (Forza di Hooke) che agisce su una molla, si trova che per gli atomi in un solido la costante elastica vale $k_{AT}=10N/m$, mentre una leva costituita da una striscia di Alluminio lunga 4 mm esercita una forza corrispondente a una costante elastica $k_{leva}=1N/m < k_{AT}$. In altre parole se si passa sugli atomi di superficie usando una piccola punta attaccata a una leva, la forza esercitata sugli atomi non distrugge la superficie.

Proprio il microscopio a Forza Atomica è stato utilizzato per la caratterizzazione della superficie dei reticoli realizzati nel corso dello stage.

Il microscopio a forza atomica

L'avvento della microscopia a scansione ad effetto tunnel, avvenuta nei primi anni 80, ha determinato una forte spinta verso lo sviluppo di microscopi a sonda (SPM – dall'inglese *Scanning Probe Microscopy*) basati su diversi effetti fisici. La microscopia ad effetto tunnel era già una tecnica estremamente potente, ma utilizzabile solo su materiali conduttori o semiconduttori. Di particolare interesse divenne quindi la realizzazione di un microscopio che potesse sondare la morfologia di qualsiasi materiale e non fosse basato su principi fisici che ne limitassero l'applicazione.

L'idea di base per la realizzazione di un microscopio più versatile rimaneva quella di avvicinare una punta (una sonda) a una superficie, ma si doveva cercare un'interazione fisica che fosse presente in qualsiasi materiale. A questo proposito le forze di Van der Waals sembrarono ideali per questo scopo. Quest'ultime dipendono dalle fluttuazioni nella distribuzione delle cariche elettriche nelle molecole e sono attrattive *a lungo raggio* e repulsive *a corto raggio*. L'entità delle forze di Van der Waals al variare della distanza intermolecolare è ben rappresentata dal modello di Lennard-Jones mostrato in Fig. 13.

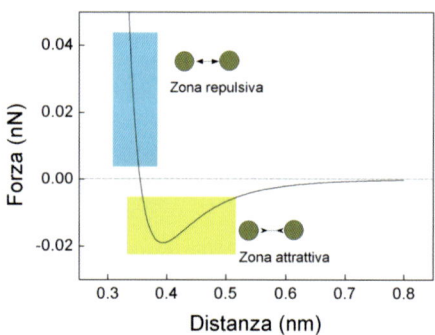

Fig. 13 Forza d'interazione ricavata dal potenziale di Lennard-Jones. All'interno del grafico sono evidenziate le zone di attrazione e di repulsione delle molecole

$$F(r) = -6\frac{A}{r^7} + 12\frac{B}{r^{13}}$$

Nell'esempio riportato in Fig. 13, si può notare che per una distanza tra gli atomi di circa 0.4 nm l'interazione di Van Der Waals è attrattiva ed è nell'ordine di ~10^{-11}. Per distanze più piccole la forza diventa repulsiva e può raggiungere intensità maggiori.

Un microscopio a sonda che lavori sfruttando questa interazione deve quindi utilizzare una sonda sensibile a queste piccolissime forze e alle loro variazioni lungo la superficie del campione:

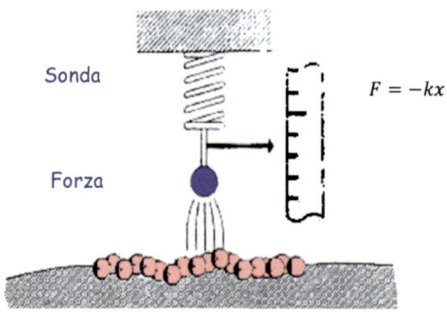

Fig. 14 Costruzione idealizzata di un nano-dinamometro per misurare le forze di interazione con la superficie

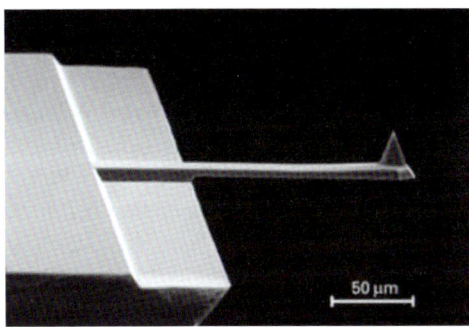

Fig. 15 Immagine al microscopio elettronico di una punta per la microscopia a forza atomica

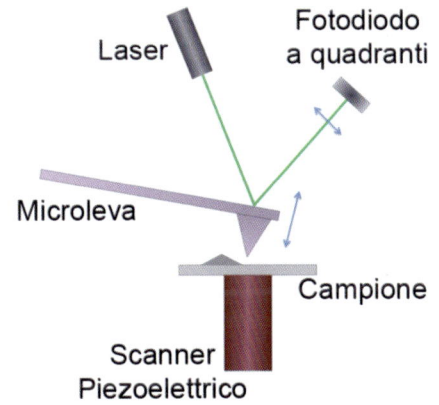

Fig. 16 Rappresentazione schematica dell'architettura sperimentale di un microscopio a forza atomica

una sorta di nano-dinamometro come mostrato in Fig. 14.

Una sonda di questo tipo è realizzabile con una punta posizionata all'estremità di una microleva di un materiale cristallino (tipicamente Si o nitruro di silicio), come quella mostrata nella Fig. 15. Le moderne tecnologie di fabbricazione delle sonde per microscopia a forza atomica permettono di ottenere punte con un raggio di curvatura sull'apice da 1 a 10 nm. Le dimensioni laterali delle punte sono fondamentali poiché incidono direttamente sulla risoluzione laterale che il microscopio è in grado di raggiungere (come verrà mostrato in seguito). Poiché le pressioni sulla punta e sulla superficie si devono equivalere, per misurare una forza di $\sim10^{-11}$N è necessario applicare una forza di $\sim10^{-8}$–10^{-9}N. È una forza difficile da controllare, ma la microleva cristallina[1] permette di farlo.

Avendo a disposizione delle sonde sensibili alle forze di Van Der Waals, si deve adesso cercare un'architettura sperimentale che

---

[1] L'utilizzo di una microleva permette di ottenere una sensibilità alla forza applicata notevolmente maggiore. Come esempio di tutti i giorni si pensi ad una canna da pesca: se usata longitudinalmente al filo non potrà essere sensibile alle stesse sollecitazioni di quando è posta trasversalmente allo stesso. Ciò perché, in generale, a parità di deformazione lo sforzo di compressione/estensione di un solido è notevolmente maggiore a quello di flessione.

[2] La piezoelettricità è la proprietà di alcuni cristalli di generare una differenza di potenziale quando sono soggetti a una deformazione meccanica. Il funzionamento di un cristallo piezoelettrico è abbastanza semplice: quando viene applicata una pressione (o decompressione) esterna, si posizionano, sulle facce opposte, cariche di segno opposto. Il cristallo, così, si comporta come un condensatore al quale è stata applicata una differenza di potenziale. Se le due facce vengono collegate tramite un circuito esterno, viene quindi generata una corrente elettrica detta corrente piezoelettrica. Al contrario, quando si applica una differenza di potenziale al cristallo, esso si espande o si contrae. L'effetto piezoelettrico è reversibile e avviene su scale dell'ordine dei nanometri. Ciò lo rende quindi un candidato formidabile per la realizzazione di un sistema di movimento/posizionamento d'altissima precisione.

permetta di mappare queste forze nello spazio quando la sonda esegue una scansione della superficie.

Lo schema di principio sperimentale con il quale lavora un microscopio a forza atomica (AFM) è illustrato in Fig. 16. Il campione da analizzare è posto su uno scanner piezoelettrico[2] in grado di muovere il campione lungo le direzioni x,y e z. La punta viene messa in contatto con il campione, cosicché ogni asperità della superficie durante la scansione (x,y) si traduce in una deflessione della microleva. Questa è rilevata da un sistema ottico composto di un piccolo laser che emette un fascio di luce che, riflesso dall'estremità mobile della microleva, viene rilevato da un fotodiodo a settori. Questo rivelatore è in grado di trasformare in un segnale elettrico le deflessioni del raggio laser. È chiaro dalla Fig. 16 che una deflessione verso l'alto della microleva genera una deflessione verso l'alto del fascio laser sul fotodiodo e viceversa.

Il fotodiodo è collegato ad una elettronica di controllo che, a sua volta, controlla la posizione dello scanner piezoelettrico. Pertanto, mediante un sistema retro-regolato[3] si può mantenere costante la deflessione tra la microleva e il campione (setpoint) muovendo verticalmente (z) lo scanner ad ogni punto (x,y) della scansione. In questo modo la forza tra punta e campione rimane costante. La posizione z dello scanner viene registrata in funzione della posizione (x,y) ed è in questo modo che si ricostruisce l'immagine della topografia della superficie.

Il microscopio a forza atomica: Modalità a contatto

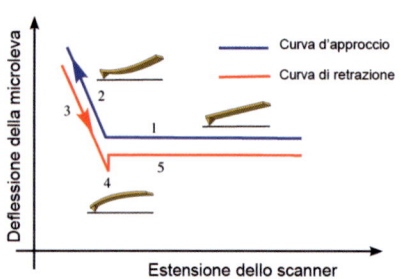

Fig. 17 Rappresentazione schematica dei cicli di approccio e di retrazione della punta AFM, detti anche curve di forza

Nella microscopia AFM a contatto la punta è posta a contatto con il campione come mostrato in Fig. 16. Nella modalità a contatto la superficie può essere sondata con forze tipicamente dell'ordine di qualche nN. La costante elastica della microleva può variare da 0.01 N/m a qualche N/m e va scelta dipendentemente alla rigidità del materiale da studiare.

Nella Fig. 17 sono mostrate le fasi di approccio e retrazione della punta: nella fase 1 la punta è libera nello spazio e non sottoposta ad alcuna forza.

Quando la punta preme sulla superficie, la microleva si piega verso l'alto, come mostrato nell'inserto della fase 2. La misura della forza F=kz dei tratti 2 e 3 è

---

[3] In fisica e automazione la retroazione - o retro-regolazione (feedback in inglese) - è la capacità dei sistemi dinamici di tenere conto dei risultati del sistema per modificare le caratteristiche del sistema stesso. Nel caso in questione il sistema deve mantenere costante la deflessione della microleva e, per realizzare ciò, modifica di conseguenza la deformazione del piezoelettrico.

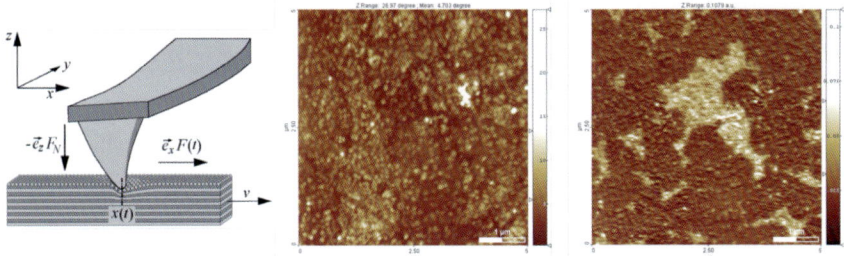

Fig. 18 Rappresentazione schematica della microscopia a forza atomica in modalità a forza laterale. Le due immagini sono invece il confronto di un campione misurato in morfologia (pannello centrale) e in forza laterale (pannello destro)

spesso usata per misurare l'elasticità verticale del materiale sondato dalla punta. Per le proprietà elastiche dei materiali, infatti, il sistema punta campione può essere schematizzato come una coppia di molle in serie.

Nel ciclo di retrazione, la punta non si separa dalla superficie fino a che la forza applicata sulla punta non eccede la forza di adesione stabilita dal contatto tra punta e superficie, come rappresentato dall'inserto della fase 4.

Un'altra interessante applicazione della modalità a contatto è la misura di forza laterale. In questo caso la punta viene messa a contatto e fatta strisciare applicando un'opportuna forza F_N sulla superficie (pannello di sinistra della Fig. 18). Mentre con la deflessione verticale della punta si misurare la morfologia della superficie (pannello centrale, Fig. 18), la forza d'attrito laterale F(t) con la superficie viene misurata tramite la deflessione trasversale della punta (pannello destro, Fig. 18). In campioni con una composizione disomogenea possono essere evidenziate regioni con un attrito diverso, non necessariamente correlate alla morfologia misurata dalla punta.

Il microscopio a forza atomica: Modalità *tapping*

Per quanto potente e di ampia applica-
bilità, la modalità a contatto presenta alcuni limiti, soprattutto legati al danneg-
giamento dei materiali misurati, nonché
all'usura delle punte dovuta alla frizione
con la superficie. A questo proposito, la
tecnologia di fabbricazione delle sonde
è arrivata a produrre punte con un raggio
di curvatura di 1 nm. Punte di questa
qualità però, verrebbero immediatamente distrutte dalle sollecitazioni eser-
citate nella modalità a contatto (un po'

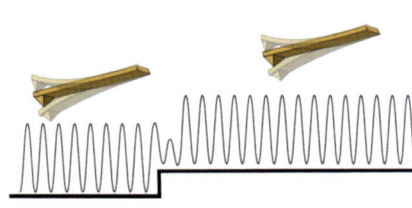

Fig. 19 Immagine schematica rappresentante una punta oscillante su di una superficie

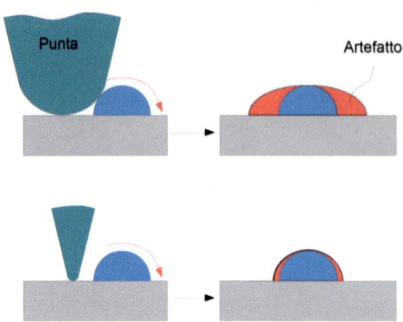

come si rompe facilmente la punta di una matita troppo fina sotto la pressione della mano). Una via per risolvere questi problemi è quella di porre la punta in oscillazione così da avere un contatto con la superficie solo intermittente durante ogni oscillazione. La zona di lavoro ideale è quella di attrazione-repulsione delle forze di Wan Der Waals, cioè la zona compresa tra i rettangoli giallo e celeste della Fig. 13. Ciò può essere realizzato se la distanza media della punta dalla superficie è sufficientemente grande e l'ampiezza d'oscillazione della punta ampia abbastanza da stabilire un contatto con la superficie

Fig. 20 Confronto schematico della misura di una struttura (indicata dal semicerchio blu) con una punta spessa e una sottile

(vedi Fig. 19). Questa tecnica prende il nome di "modalità *tapping*".

Nella modalità *tapping* l'oscillazione della microleva cambia in funzione della morfologia del campione: in questo caso il ciclo di retroazione viene progettato in maniera tale da mantenere costante l'ampiezza di oscillazione della punta. Poiché la punta è di solito costruita con un monocristallo di silicio, le sue proprietà elastiche sono eccellenti e la punta in oscillazione si comporta come un oscillatore armonico pressoché perfetto.

La modalità *tapping* è diventata un'importante tecnica AFM poiché supera alcune limitazioni della modalità a contatto. Eliminando le forze laterali, che possono danneggiare campioni soffici, e aumentando la risoluzione[4] delle immagini con l'uso di punte più sottili. Nella Fig. 20 è illustrato come la dimensione della punta risulti fondamentale per la risoluzione laterale dello strumento. Una dimensione della punta troppo grande può sovrastimare le dimensioni reali delle strutture o creare dei veri e propri artefatti.

La modalità *tapping*, utilizzando punte molto sottili, ha permesso di ottenere immagini di campioni una volta ritenuti impossibili da misurare con l'AFM in modalità di contatto.

Procedure sperimentali dello stage

Nel corso delle due settimane di stage sono stati realizzati e caratterizzati due diversi dispositivi ottici integrati mediante procedure sperimentali semplificate in modo da poter essere applicate, sotto la guida e la supervisione dei ricercatori dei laboratori

---

[4] La risoluzione è un concetto "nato" in ottica: si definisce risoluzione angolare il minimo angolo che un sistema ottico è in grado di distinguere, senza che il fenomeno della diffrazione confonda l'immagine. Nel nostro caso è più idoneo definire la risoluzione spaziale, cioè la minima distanza che un sistema è in grado di distinguere.

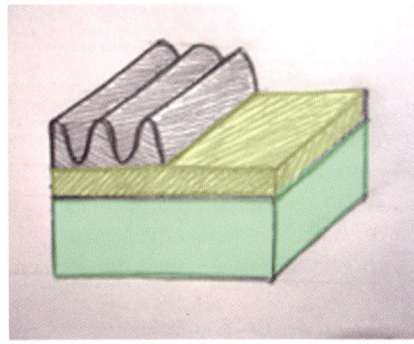

Fig. 21 Schema di reticolo di diffrazione (strato grigio) su guida d'onda planare (strato giallo)

universitari, dagli studenti delle scuole superiori che partecipavano allo stage.

Nella prima settimana di stage è stata realizzata una guida planare (strato giallo in Fig. 21) con un materiale solgel ibrido organico-inorganico con sopra un reticolo di diffrazione (in grigio nel disegno) per accoppiare la luce in guida. Il dispositivo ottico integrato è stato caratterizzato con tecniche di microscopia ottica e di scansione (AFM) e la diffrazione del reticolo è stata misurata direttamente. L'efficacia dell'inserzione di luce in guida è stata verificata direttamente osservando la propagazione guidata di un fascio laser accoppiato in guida mediante il reticolo di diffrazione.

La guida d'onda planare è stata realizzata su un substrato di silicio cristallino con uno strato di ossido di silicio (quarzo) di 8 micrometri (strato verde nella figura) scelto perché garantisce una buona adesione del film guidante e allo stesso tempo ha un indice di rifrazione minore di quello del film solgel in modo da permettere la riflessione interna totale.

Il film solgel è stato realizzato in Zirconia (ZrO_2) e GLYMO in rapporto molare 3:1. Si sono mescolati in un becker con agitatore magnetico per venticinque minuti i seguenti prodotti:

• 0,8 ml di Acido Acetico;
• 2,5 ml di Zirconio (IV)-isopropossido;
• 2,0 ml di Alcool Etilico.

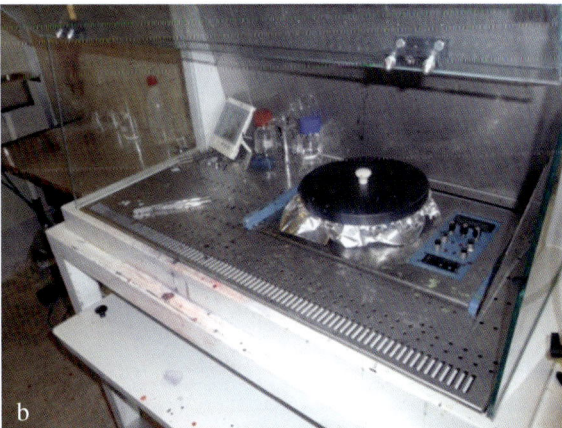

Fig. 22 a) Camera pulita con cappa a flusso laminare; b) particolare della cappa a flusso laminare contenente lo spin-coater

Si è poi aggiunto, lasciando su agitatore magnetico per trenta minuti:

- 2,0 ml di Acido Acetico:Acqua distillata in rapporto 1:1 in volume;
- 0,5 ml di GLYMO;
- 1,0 ml di 2-metossietanolo.

Dopodiché si è lasciata riposare la soluzione in frigorifero per 16-24 ore fino alla deposizione del film. Il film è stato deposto con uno spin-coater a 2000 giri/min per trenta secondi e lasciato seccare in forno a 120°C per un ora. La deposizione è avvenuta in una camera pulita in cui, mediante un sistema di aerazione forzata e filtrata, viene abbattuta la contaminazione da particelle microscopiche normalmente presenti nell'aria.

Poi si è deposto un secondo film per la realizzazione del reticolo di diffrazione. Questo secondo strato è stato sottoposto a fotolitografia interferenziale e quindi è stato realizzato usando precursori fotosensibili (Irgacure184) in Titania (TiO_2) e TMSPM secondo la seguente ricetta di preparazione che prevede la preparazione parallela di due soluzioni intermedie:

Soluzione precursori A:	Soluzione precursori B:
3,4 ml TMSPM	0,7 ml Acido Acetico
3,1 ml Alcool Isopropilico (IPA)	2,0 ml Titanio (IV)-propossido
0,2 ml HCl/H2O (0,01 M)	
Agitatore magnetico per sessanta minuti	Agitatore magnetico per trenta min

Le due soluzioni di precursori, precedentemente approntate, sono state mescolate e lasciate su agitatore magnetico per dieci minuti. Il contenitore è stato schermato, coprendolo con carta d'alluminio per non permettere alla luce di compromettere la soluzione, al momento dell'inserzione (0,34 g) del foto-iniziatore della polimerizzazione, Irgacure 184, che rende la soluzione fotosensibile. Da quel momento fino al termine del processo di fotopolimerizzazione, il materiale (la soluzione dei precursori e il film deposto in seguito) deve restare al buio o comunque in assenza di componenti spettrali UV (si è usata una luce gialla ottenuta da una normale lampada con un opportuno filtro spettrale che assorbe le componenti ultraviolette). Si è messa per qualche minuto la soluzione così ottenuta in un agitatore a ultrasuoni per solubilizzare meglio il foto-iniziatore.

Una volta preparata la soluzione sol-gel si è proceduto con la deposizione di quest'ultima sul substrato di Si/SiO$_2$ e film a base di ossido di Zirconio precedentemente preparato. Questo processo è avvenuto per spin-coating

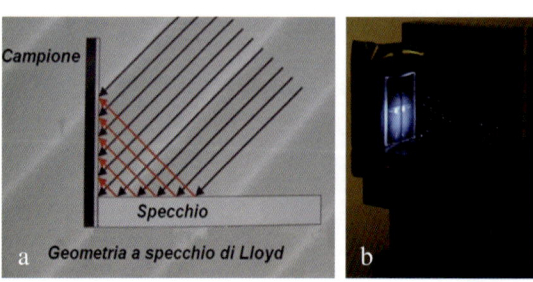

Fig. 23 a) Schema dell'apparato per la realizzazione di un reticolo di diffrazione in un film di solgel fotopolimerizzabile con la tecnica dello specchio di Lloyd; b) foto dell'apparato usato nel corso dello stage

a 6000 giri al minuto per trenta secondi. Dopo la deposizione si è passati alla fase di fotopolimerizzazione che è composta da pre-baking, esposizione, sviluppo e post-baking. Si effettua una prima cottura, o prebaking, a 80°C per sessanta minuti per far evaporare i solventi residui. Successivamente avvengono le fasi più importanti di questo processo, ovvero l'esposizione e lo sviluppo.

Per generare il reticolo di diffrazione è stata usata una tecnica interferenziale in configurazione di specchio di Lloyd (vedi Fig. 23). Si dispone uno specchio piano perpendicolarmente al film da litografare e s'illumina il campione con un fascio parallelo di luce (nel nostro esperimento si è usata la riga a 364 nm di un laser a ioni di Argon, espanso a una dimensione di qualche centimetro quadro). Si fa in modo che il fascio laser illumini il film fotosensibile per metà direttamente (raggi neri nel disegno) e per metà dopo essere stato riflesso dallo specchio (raggi rossi). Così su ogni punto del film cadranno due raggi dello stesso fascio ma con differente fase. Allontanandosi dallo spigolo la differenza tra il cammino percorso dai due raggi aumenta causando la formazione di righe di massimi e minimi di intensità luminosa sul film equispaziati. In corrispondenza dei massimi la struttura del film si compatta per polimerizzazione fotoindotta. La luce ultravioletta, con il tramite della molecola del fotoiniziatore Irgacure 184, apre il doppio legame del TMSPM predisponendolo alla polimerizzazione. Invece dove l'intensità è minima il materiale non sviluppa nuovi legami tra le catene polimeriche e la struttura risulta più labile. Dopo l'illuminazione per un tempo che dipende dalla intensità del laser (nel nostro caso quattro minuti per un fascio di 10mW per cm^2), si sviluppa il film in un bagno di alcool isopropilico per qualche minuto per eliminare la parte di film che non è stata illuminata e quindi non ha polimerizzato (Fig. 24).

Al termine si è riscaldato il film in forno a 120°C per quarantacinque minuti per stabilizzare la struttura litografata e rendere il materiale non più sensibile alla luce. In Fig. 24 si può vedere una foto di un reticolo deposto durante lo stage. Si noti il caratteristico disegno a semicerchio determinato dalla riflessione sullo specchio di metà del fascio laser che va a sovrapporsi con l'altra metà del fascio e genera l'interferenza ottica.

I reticoli prodotti sono stati osservati al microscopio ottico. In Fig. 25 si osserva la regolare disposizione di righe chiare e righe scure che rappresentano le creste e le valli del reticolo. Dall'immagine è possibile ricavare una stima del passo reticolare contando le righe contenute nella barra di scala del microscopio. In questo modo si ha solo una determinazione approssimata

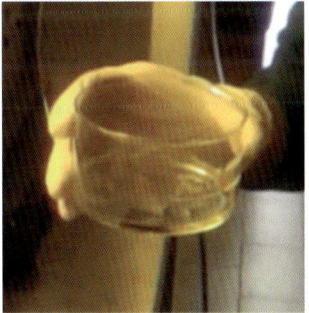

Fig. 24 A sinistra si vede il bagno di sviluppo in alcool isopropilico di un reticolo di diffrazione realizzato per fotopolimerizzabile di un film di solgel durante lo stage; a destra il reticolo deposto dopo lo sviluppo

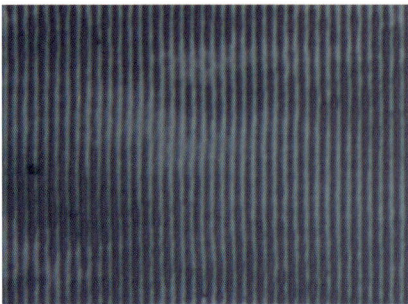

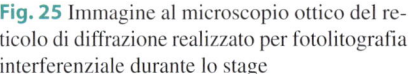

Fig. 25 Immagine al microscopio ottico del re-   Fig. 26 Immagine AFM di un reticolo di dif-
ticolo di diffrazione realizzato per fotolitografia   frazione realizzato nel corso dello stage
interferenziale durante lo stage

del passo reticolare perché la risoluzione dello strumento non consente di raggiungere precisioni più accurate. Nel caso del reticolo in figura, la barra di scala di 20 μm copriva 10 righe scure quindi il passo reticolare ottenuto era di circa 2 μm.

Per ottenere una migliore risoluzione e per studiare in dettaglio la struttura del reticolo si sono effettuate delle scansioni al microscopio a forza atomica (AFM). Come è noto questo strumento permette di giungere a delle risoluzioni estremamente elevate, molto al di sotto di quelle possibili con un microscopio ottico. Come discusso nella sezione dedicata al trattamento delle immagini, è possibile con questa tecnica dare una ricostruzione tridimensionale della struttura oggetto di studio. In Fig. 26 è riportata l'immagine ottenuta all'AFM di un reticolo di diffrazione. Oltre alla misura del passo reticolare che è stato confermato essere di 2,08 μm, è stato possibile determinare la profondità delle righe che è stata stimata essere di 200 nm.

Una misura indiretta del passo reticolare è stata ottenuta anche dalle proprietà di diffrazione del reticolo. La relazione che descrive il comportamento di un reticolo di diffrazione usato in modalità di trasmissione, e riportata nella sezione precedente, vale anche quando lo si usa in riflessione, a patto di inserire lo stesso valore per i due indici di rifrazione n_1 e n_2. In particolare, dal momento che la riflessione avviene in aria, occorre sostituire a entrambi il valore del coefficiente di rifrazione dell'aria, $n=1$.

Misurando gli angoli di incidenza e di diffrazione e conoscendo la lunghezza d'onda della luce è possibile determinare il passo reticolare d. In particolare, conviene fissare l'angolo di incidenza al valore della perpendicolare al piano del campione e misurare gli angoli in corrispondenza dei quali compaiono gli spot diffratti. Il valore così misurato è risultato in ottimo accordo con quelli ricavati dalle immagini al microscopio e con la caratterizzazione AFM.

Sfruttando la parte di luce diffratta dal reticolo all'interno del nostro film planare, si è poi cercato l'angolo di inserzione al quale è possibile far propagare la luce in guida. Come si vede nella foto in Fig. 27, era chiaramente visibile il fascio che si propagava nel film e, sul bordo del campione, la luce che usciva dalla guida d'onda.

Nella seconda settimana di stage sono state realizzate delle guide canali e dei di-

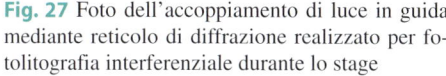

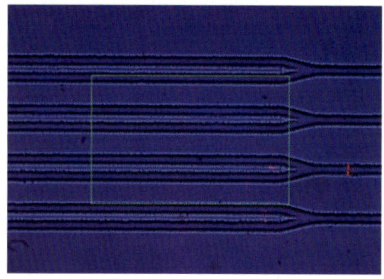

Fig. 27 Foto dell'accoppiamento di luce in guida mediante reticolo di diffrazione realizzato per fotolitografia interferenziale durante lo stage

Fig. 28 Foto delle guide canali e dei divisori di fascio (beam-splitter) realizzati per fotolitografia UV durante lo stage

visori di fascio (beam-splitter) con un materiale solgel ibrido organico-inorganico fotopolimerizzabile e una tecnica di fotolitografia con opportune maschere (Fig. 28). Il dispositivo ottico integrato è stato caratterizzato ancora con tecniche di microscopia ottica e di scansione (AFM) e l'efficacia dell'inserzione di luce in guida è stata verificata direttamente osservando la propagazione guidata di un fascio laser accoppiato in guida lateralmente.

Anche in questo caso le guide d'onda canali sono state realizzate su substrati di silicio cristallino con uno strato di ossido di silicio (quarzo) di 8 micrometri.

Il materiale solgel ibrido organico-inorganico è stato il medesimo usato per la realizzazione dei reticoli di diffrazione nella prima settimana di stage. I componenti fotosensibili erano, quindi, il catalizzatore UV (Irgacure184) in Titania (TiO$_2$) e TMSPM. La ricetta di preparazione è la seguente:

Soluzione precursori A:	Soluzione precursori B:
3,4 ml TMSPM	0,7 ml Acido Acetico
3,1 ml Alcool Isopropilico (IPA)	2,0 ml Titanio (IV)-propossido
0,2 ml HCl/H2O (0,01 M)	
Agitatore magnetico per sessanta minuti	Agitatore magnetico per trenta min

Le due soluzioni di precursori, precedentemente approntate, sono state mescolate e lasciate su agitatore magnetico per dieci minuti. Il contenitore è stato schermato, coprendolo con carta d'alluminio per non permettere alla luce di compromettere la soluzione, al momento dell'inserzione (0,34 g) del foto-iniziatore della polimerizzazione, Irgacure 184, che rende la soluzione fotosensibile. Da quel momento fino al termine del processo di fotopolimerizzazione, il materiale (la soluzione dei precursori e il film deposto in seguito) deve restare al buio o comunque in assenza di componenti spettrali UV (si è usata una luce gialla ottenuta da una normale lampada con un opportuno filtro spettrale che assorbe le componenti ultraviolette). Si è messa per qualche minuto la soluzione così ottenuta in un agitatore a ultrasuoni per solubilizzare meglio il foto-iniziatore.

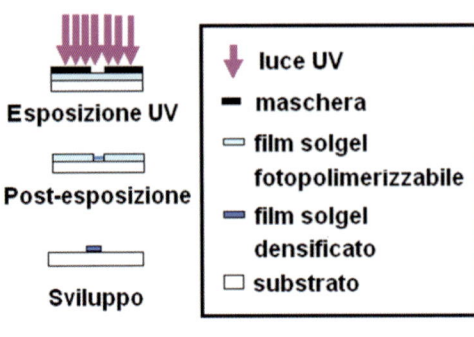

Fig. 29 Schema del processo di fotolitografia UV. A destra, foto della maschera per fotolitografia UV usata per la realizzazione di guide d'onda canale e beam-splitter

Una volta preparata la soluzione sol-gel si procede con la deposizione di quest'ultima sul substrato di Si/SiO₂. Questo processo avviene per spin-coating a 6000 giri al minuto per trenta secondi. Dopo la deposizione si passa alla fase di foto polimerizzazione che è composta da pre-baking, esposizione, sviluppo e post-baking. Si effettua una prima cottura, o prebaking, a 80°C per sessanta minuti per far evaporare i solventi residui.

Successivamente si è passati alla realizzazione delle guide d'onda canali per esposizione alla luce ultravioletta di una lampada (lunghezze d'onda inferiori a 400nm) attraverso una maschera opportunamente disegnata (vedi schema del processo in Fig. 29). La maschera è una lastra di quarzo rivestita di uno strato metallico (cromo) che presenta dei disegni incisi che rappresentano la configurazione della guida che si vuole realizzare. Lo strato metallico blocca il passaggio della radiazione ultravioletta mentre le incisioni, lasciando passare la luce UV, trasferiscono, polimerizzando localmente il materiale, sullo strato fotosensibile il tracciato delle strutture che si vogliono realizzare (in Fig. 29 è presentata la foto della maschera usata durante lo stage). La maschera deve essere posizionata con estrema precisione a contatto con il film sensibile per avere la massima fedeltà di riproduzione delle strutture sullo strato guidante (Fig. 30). Il successivo sviluppo in isopropanolo per quattro minuti elimina la parte del film non illuminata e quindi non polimerizzata.

Per ultimo si mette nuovamente il campione nel forno per un'ora a 120°C per consolidare definitivamente il film e renderlo non più sensibile alla luce.

Fig. 30 Foto dell'apparato per fotolitografia UV di guide d'onda canale

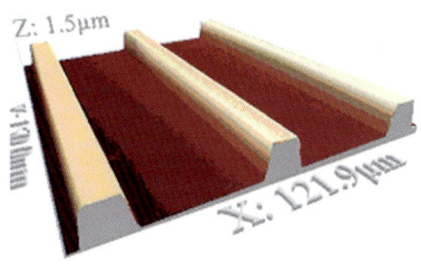

Fig. 31 Immagine AFM, a sinistra, e al microscopio ottico (50x) di guide d'onda canale realizzate nel corso dello stage

Le guide d'onda prodotte sono state osservate al microscopio ottico (Fig. 31). Si è potuto osservare che le strutture ottenute presentavano un'ottima definizione laterale e riproducevano con fedeltà il disegno della maschera litografica usata. In particolare la biforcazione del separatore di fasci era ben definita a testimoniare che sia l'illuminazione sia il successivo sviluppo era stato eseguito con successo (Fig. 28).

Per ottenere una migliore risoluzione e per studiare in dettaglio la struttura delle guide si sono effettuate delle scansioni al microscopio a forza atomica (Fig. 31). La larghezza delle guide, stimata dalle immagini AFM, è di 16 μm mentre lo spessore è di 1,5 μm.

Infine si è verificata l'efficacia dell'inserzione di luce in guida osservando direttamente la propagazione guidata di un fascio laser accoppiato in guida lateralmente sia nella propagazione nelle guide lineari che nella suddivisione del fascio in un beam-splitter (Fig. 32).

Lo schema in Fig. 33 illustra schematicamente la tecnica di accoppiamento laterale in guida. Tipicamente un fascio laser possiede una dimensione trasversale dell'ordine del millimetro mentre le guide canali realizzate hanno spessori non superiori

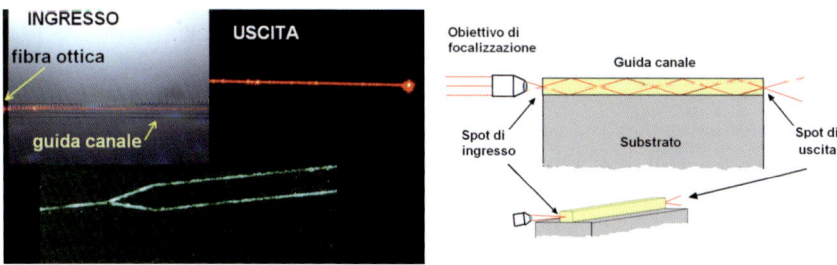

Fig. 32 Accoppiamento laterale di luce in guida d'onda durante lo stage. Sono visibili i particolari dell' ingresso della luce in guida, lo spot di uscita e la divisione del fascio in corrispondenza della biforcazione della guida

Fig. 33 Schema del metodo di inserzione laterale di luce in guida d'onda

 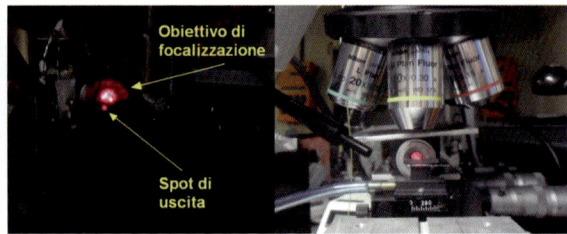

Fig. 34 Foto dell'apparato per **Fig. 35** Foto dell'accoppiamento laterale di luce in guida d'onda
l'accoppiamento laterale di luce realizzata con fotolitografia UV durante lo stage
in guida d'onda con nanoposizio-
natori usato durante lo stage

a qualche micrometro. È quindi evidente che occorre focalizzare con un obiettivo
da microscopio abbastanza potente il fascio per concentrarlo in un'area comparabile
alle dimensioni della guida. Inoltre occorre poter spostare il punto di focalizzazione
con estrema accuratezza per centrarlo sull'ingresso della guida. Per questo si è mon-
tata la guida d'onda su un sistema di movimenti micrometrici che permette di effettuare spostamenti con precisioni molto elevate (Fig. 34). L'allineamento del fascio
focalizzato sull'ingresso della guida d'onda canale è stato effettuato monitorando
con il microscopio la zona di incidenza della luce e muovendo lo spot con i movimenti
micrometrici fino a ottimizzazione. Con questo sistema è stato possibile inserire la
luce in guida e osservare l'uscita del fascio guidato attraverso il canale (Fig. 35).

Analisi delle immagini ottenute col microscopio a forza atomica

Le immagini ricavate con la microscopia a forza atomica, come tutte le misure sperimentali, richiedono un'attenta e scrupolosa analisi per poter essere correttamente
interpretate e ottenere informazioni di natura quantitativa. Sebbene la piena padronanza di questo tipo di analisi si ottenga solo con l'esperienza, il breve *training* presentato in questa sezione si prefigge di rendere possibile, anche a un utente "alle
prime armi", di eseguire autonomamente le operazioni di processamento basilari di
un'immagine di microscopia a sonda.

Ci si potrebbe chiedere se, al di là dell'esperienza degli stage universitari in
scienza dei materiali, uno studente delle scuole superiori avrà mai la possibilità di
cimentarsi con un microscopio a sonda. A tal riguardo, bisogna sottolineare che
quella che era fino a pochi anni fa una tecnica assolutamente troppo onerosa, in termini economici e strumentali, per una scuola secondaria stia ormai diventando accessibile: un microscopio a scansione di finalità didattica costa oggi qualche migliaio
di euro (http://alag3.mfa.kfki.hu/stm-stud/faq-stm.htm) e si può prevedere come il
suo costo sia destinato sempre di più a scendere negli anni a venire. A questo punto
bisogna, a nostro parere, iniziare a domandarsi se un investimento in un tale tipo di
strumentazione, in grado di mettere uno studente in diretto contatto con la struttura

della materia a livello atomico, possa considerarsi utile per destare in lui un più vivo interesse per un settore disciplinare e lavorativo, come quello della Scienza dei Materiali, di importanza strategica per un Paese come il nostro ad alto sviluppo industriale.

La microscopia a sonda è oggi una delle tecniche principe e più diffuse per caratterizzare la materia a livello nanometrico e le sue applicazioni spaziano dalla fisica, alla chimica, alla scienza dei materiali, fino alla biologia. È chiaro, dunque, come sia stato sviluppato un gran numero di *software* per analizzare tale tipo di misure. Sebbene le informazioni riportate di seguito siano di carattere generale, si è deciso di focalizzarsi maggiormente sul programma di analisi WSxM prodotto dalla Nanotec, poiché esso è distribuito in forma gratuita (http://www.nanotec.es/products/wsxm/index.php). Il programma permette di analizzare le immagini ottenute con un'ampia gamma di microscopi a sonda, sia a forza atomica (AFM), sia a effetto tunnel (STM). Per acquisire padronanza con il programma e le sue funzionalità, potrete scaricare, attraverso il sito del gruppo Nanolab del Dipartimento di Fisica dell'Università di Tor Vergata (http://people.roma2.infn.it/~nanolab/Stage.html), degli esempi di immagini AFM acquisite durante gli stage degli anni precedenti.

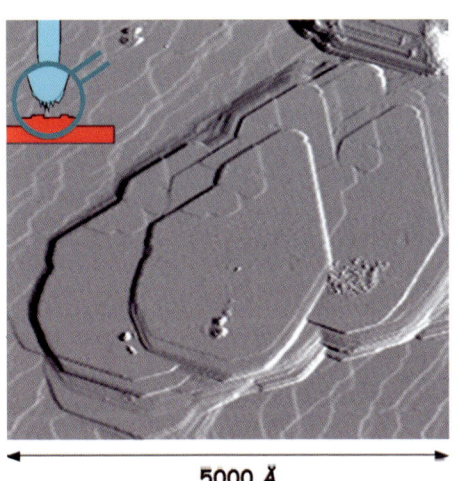

5000 Å

Fig. 36 Esempio di un immagine artefatta per via della presenza di una punta doppia

Immagini di cattiva qualità e artefatti

Ovviamente, la prima fase dell'analisi consiste nell'appurare l'assenza di artefatti, dovuti per esempio a una punta di cattiva qualità. In Fig. 36, è riportata un'immagine STM affetta da una *doppia punta*: una punta di cattiva qualità caratterizzata dalla presenza di molteplici terminazioni, anziché di un'unica terminazione acuminata. Come evidente, questo produce una duplicazione delle strutture presenti nell'immagine (in questo caso isole nanometriche di germanio cresciute su una superficie di silicio). Un effetto di questo genere va immediatamente riconosciuto e l'immagine corrispondente scartata per non inficiare la successiva analisi.

La struttura tipica di un *file*

A seconda del tipo di microscopio usato per le misure, i *file* ottenuti potranno avere formati ed estensioni differenti (per esempio *.par, *.tb0, *.tf0, ...). Nella maggior

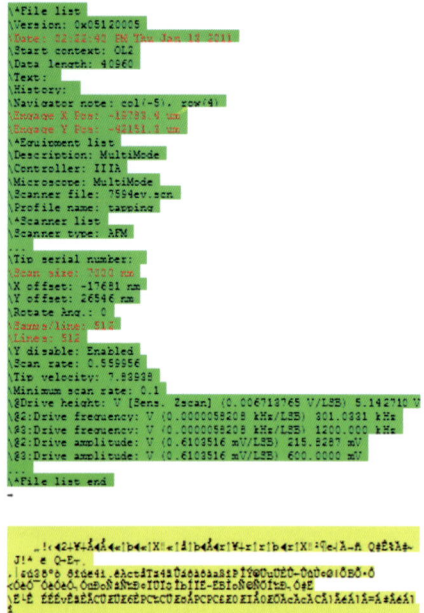

parte dei casi, però, la struttura tipica dei file consiste delle seguenti parti:

un *header* (intestazione) che contiene tutte le informazioni riguardo la misura;

una matrice di numeri che corrisponde alla *quota* della punta in ciascuno dei punti dell'area di scansione.

Si può visualizzare direttamente questa struttura aprendo il file con il blocco note o il WordPad (Fig. 37). La parte evidenziata in verde è l'*header* e in essa sono visibili una seria di informazioni accessorie alla misura. Nel nostro esempio ne abbiamo evidenziata qualcuna in rosso: l'ora e la data di acquisizione, la posizione dell'area di scansione sullo scanner, la dimensione dell'area scansionata e il numero di pixel che costituiscono l'immagine.

Fig. 37 Tipica struttura di un file di microscopia a forza atomica visualizzata con il WordPad

La parte più importante del *file* è però la matrice di numeri che dà la posizione verticale della punta in ciascuno dei punti dell'area scansionata: è questa che costituisce l'informazione di base per costruire l'immagine e dunque la topografia della superficie che essa ritrae. Come per una comune macchina fotografica digitale, l'immagine viene ricostruita dal software a partire da un insieme discreto di valori, i *pixel*, che determinano la risoluzione dell'immagine stessa.

Nell'esempio di Fig. 37, l'area di scansione, corrispondente a una dimensione fisica di [7000 nm x 7000 nm], è suddivisa in una matrice discreta di 512x512 pixel, in ciascuno dei quali viene registrata la quota della punta. L'insieme di questi valori costituisce la parte rimanente del *file* che però, essendo scritta in codice binario, non può essere letta direttamente con un lettore di testi, come evidente dalla sequenza di strani caratteri evidenziate in giallo in Fig. 37.

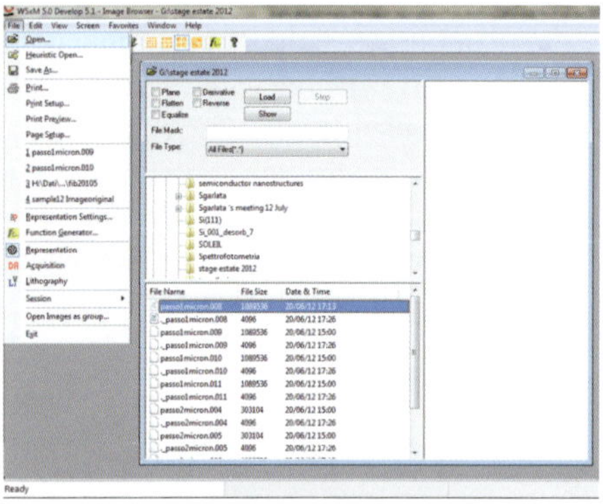

Per visualizzare l'immagine oc-

Fig. 38 Apertura di un file con WSxM

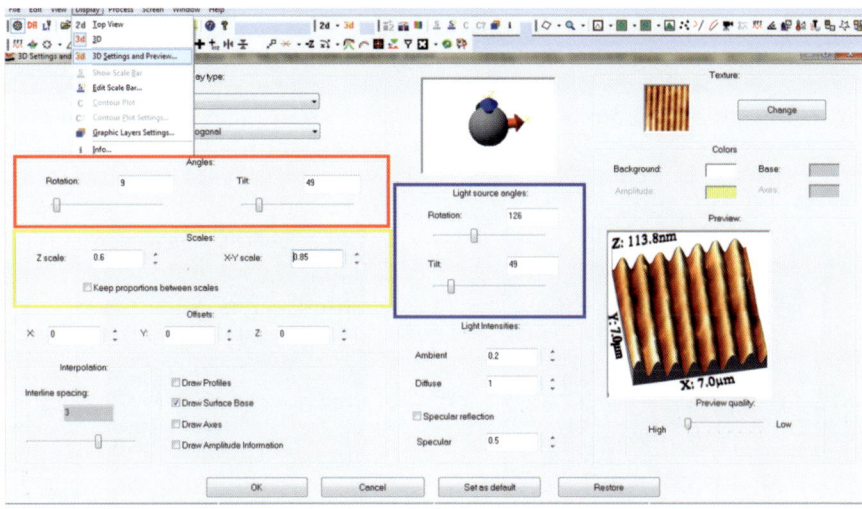

Fig. 39 Opzioni di visualizzazione 3D in WSxM

corre un software apposito, come appunto WSxM. La procedura per aprire un file è molto semplice: bisognerà selezionare dal menu *File*, l'opzione *Open*. A questo punto apparirà una schermata come quella mostrata in Fig. 38, dove si dovrà selezionare la cartella contenente i file e caricare (*Load*) quello desiderato.

Un'immagine di microscopia a sonda, descrivendo la topografia della superficie di un materiale, è intrinsecamente un'immagine tridimensionale. WSxM è dotato dunque di opzioni molto avanzate di visualizzazione 3D. Queste possono essere impostate selezionando dal menu *Display*, *3D Setting Preview*. Così facendo si ottiene una schermata come quella mostrata in Fig. 39.

I parametri principali da impostare sono gli angoli che determinano il punto di vista col quale l'immagine viene visualizzata (evidenziati in rosso); la sua scala orizzontale e verticale (evidenziate in giallo) e gli angoli che determinano la direzione con cui la superficie tridimensionale viene illuminata (evidenziata in blu).

Molto spesso però è decisamente più comodo sfruttare una visualizzazione bidimensionale dell'immagine. Questa è possibile rappresentando la dimensione verticale mediante una scala di colori. La scelta della scala cromatica è del tutto arbitraria e può essere modificata selezionando dal menù *Screen*, l'opzione *Palette Settings* (Fig. 40). Il sistema fa corrispondere ai due estremi della scala cromatica il valore di quota minimo e massimo rilevato nell'immagine. Questi valori sono evidenziati in Fig. 40 e devono essere sempre riportati nella legenda dell'immagine 2D per permetterne la lettura.

La Fig. 41 riporta la medesima immagine sia in visualizzazione 3D sia in diverse visualizzazioni bidimensionali corrispondenti a diverse scale cromatiche.

In molti casi, però, l'attribuzione del massimo e minimo valore di quota come estremi della scala di colori non è la scelta più opportuna per mettere in risalto i particolari dell'immagine. Con l'opzione *Z Scale Control* dal menù *Screen* è possibile

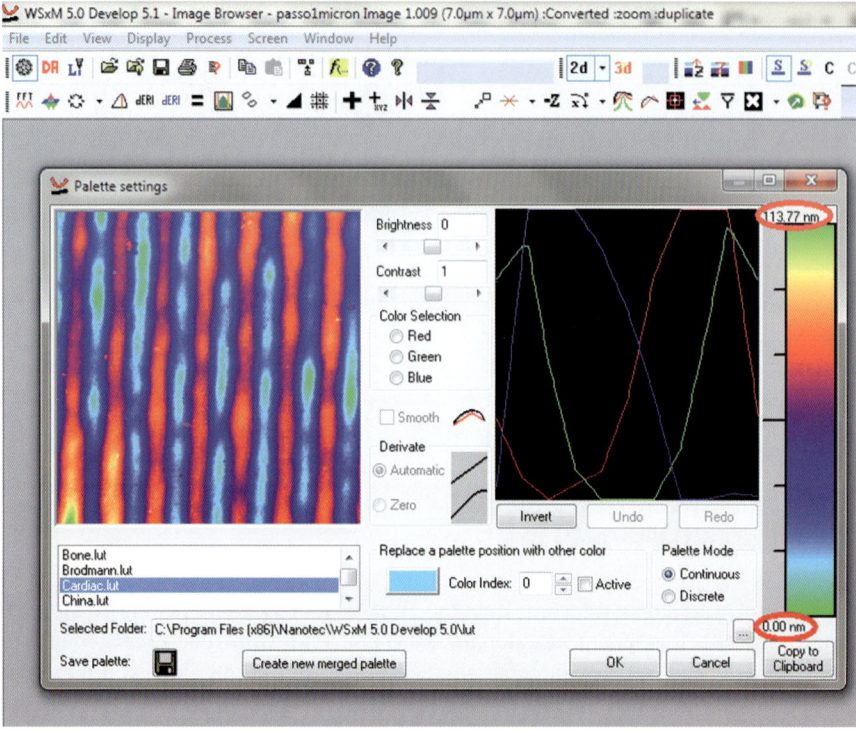

Fig. 40 Menù Palette Settings per la scelta della scala cromatica per la visualizzazione 2D

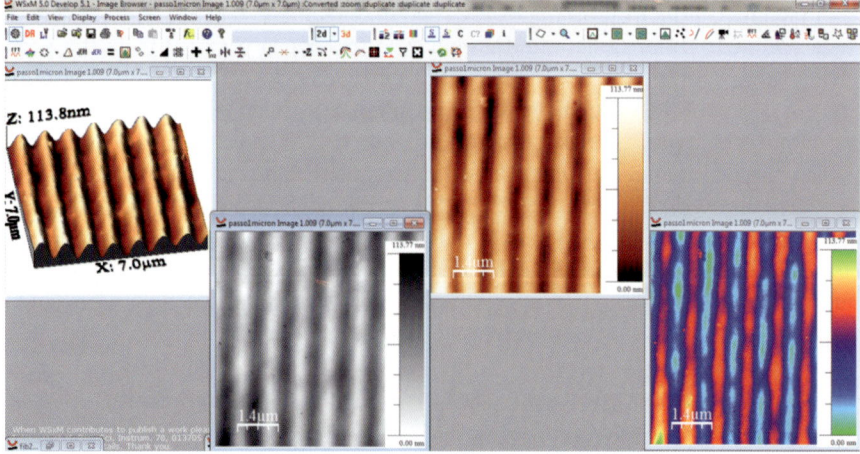

Fig. 41 Visualizzazione 3D e 2D della medesima immagine. Le immagini 2D sono presentate con diverse scale cromatiche

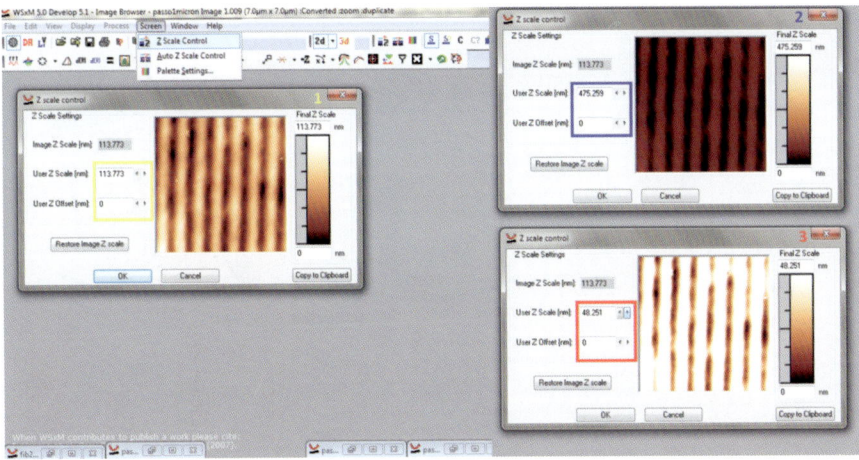

Fig. 42 Controllo dei valori estremi della scala cromatica mediante l'opzione Z Scale Control

impostare manualmente tali valori.

In Fig. 42, riportiamo diverse visualizzazioni della medesima immagine ottenute impostando diversi valori estremali alla scala di colori. Nel pannello **1** si sono utilizzati i valori di default (evidenziati in giallo), corrispondenti a $Z_{max} \sim 113.8$ nm, $Z_{min}=0$ nm. Nel pannello **2** si è invece impostato $Z_{max} \sim 475.3$ nm, saturando l'immagine nei toni scuri. Al contrario con la scelta $Z_{max} \sim 48.3$ nm si ottiene una saturazione nei toni chiari. La visualizzazione migliore va scelta ovviamente caso per caso e a seconda di quali particolari si voglia far risaltare.

Sottrazione del fondo e applicazione di filtri

Un'operazione fondamentale nell'analisi di un'immagine di microscopia a sonda corrisponde nella sottrazione del *fondo* dell'immagine. L'origine del fondo è dovuta a una serie di diversi fattori:

- Tutte le immagini hanno un fondo dovuto a un effetto di rotazione del piano del campione durante l'acquisizione, dovuto a un accoppiamento (non del tutto eliminabile) tra spostamento verticale e orizzontale (cross-coupling) del piezoelettrico tubulare. Questo accoppiamento fa sì che il campione si muova su una superficie sferica invece che su un piano dando luogo a una *apparente concavità* dell'immagine da eliminare via software (Fig. 43).
- La non perfetta planarità nel montaggio del campione sullo stage.

Il fondo può essere rimosso per mezzo del filtro *Flatten*, a cui si accede dal menù *Process->Filter*. Nel pannello **1** di Fig. 44, troviamo l'immagine originale: si nota chiaramente come, alle strutture del reticolo che si vuole misurare che appaiono

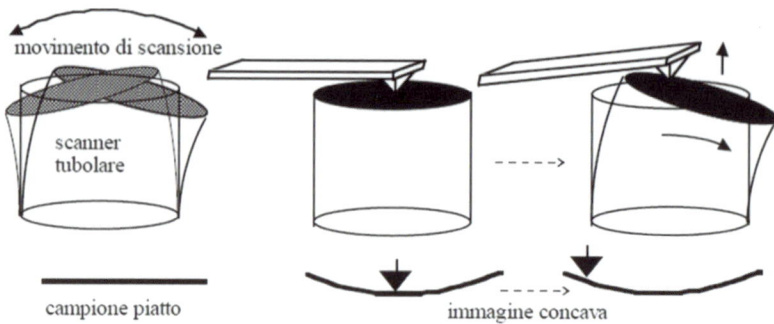

Fig. 43 Accoppiamento dei movimenti orizzontale e verticale dei piezoelettrico tubulare come causa dell'origine del fondo di un'immagine

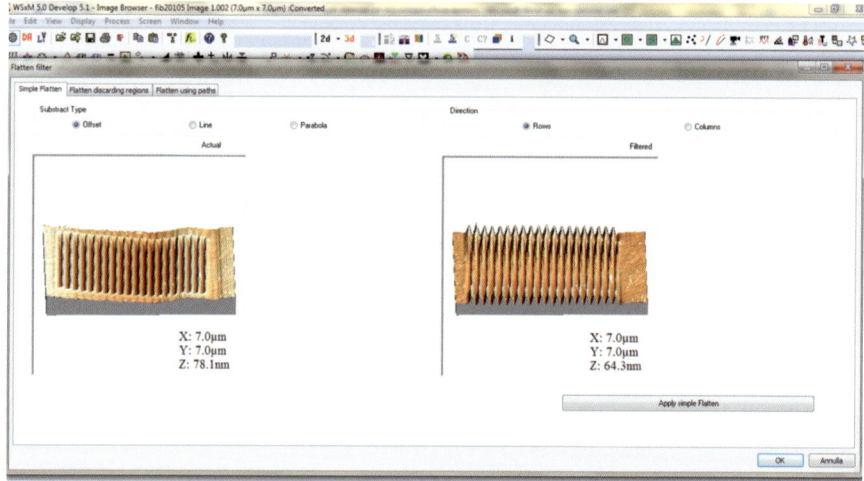

Fig. 44 Filtro Flatten per la rimozione del fondo: 1) Immagine originale; 2) Immagine filtrata

come striature, si sovrapponga un fondo molto pronunciato. Il software procede interpolando il profilo del fondo e poi sottraendolo dall'immagine: a questo proposito esistono varie opzioni di interpolazione che consistono nell'utilizzare come funzione di prova per il *fit* del fondo un polinomio di grado crescente (costante-*offset*; lineare-*Linear*; quadratico-*Parabola*). Il risultato della sottrazione è mostrato nel pannello **2**: è evidente come le strutture periodiche del reticolo siano ora molto più evidenti, perché non nascoste dal fondo.

Ovviamente, può essere utile in molte occasioni *zoomare* (ingrandire) una determinata regione dell'immagine: questo è possibile mediante l'opzione *Zoom* alla quale si accede dal menù *Process*. Non appena selezionata l'opzione, apparirà una

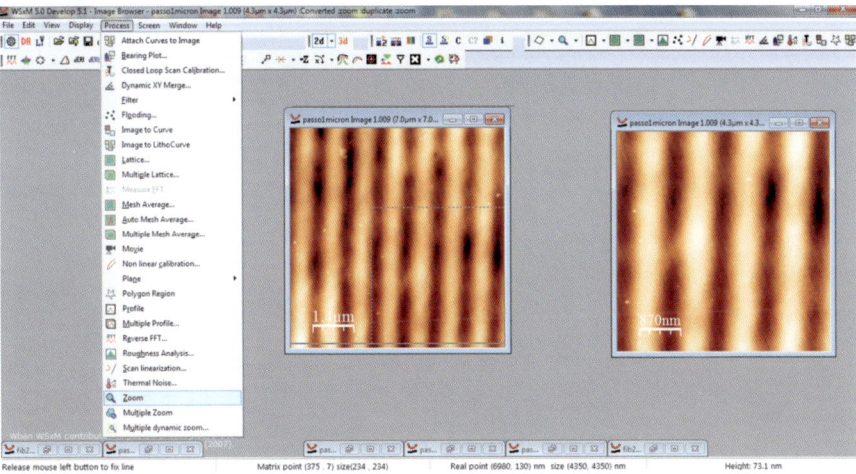

Fig. 45 Controllo dello zoom con WSxM

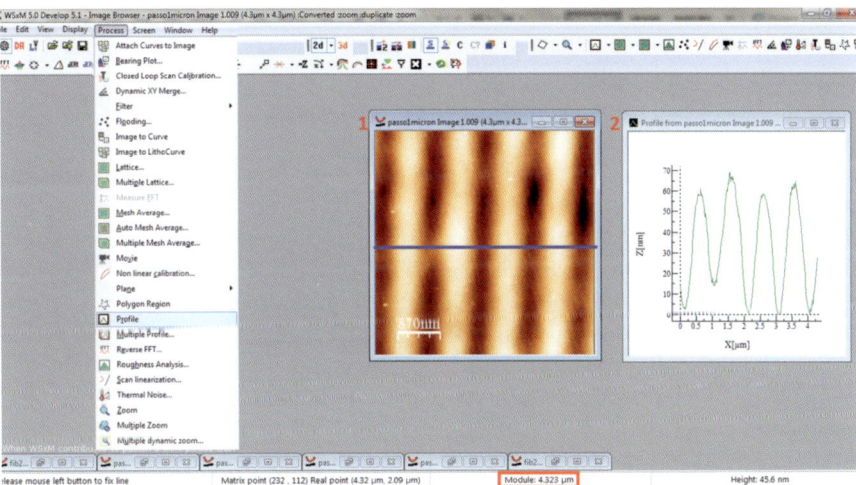

Fig. 46 Profili di un'immagine per la misura quantitativa dei parametri morfologici della superficie

schermata come quella mostrata in Fig. 45. Con il *mouse*, è possibile delimitare la regione da ingrandire; in tempo reale, nella barra in basso, verrà mostrata la dimensione (evidenziata in rosso) dell'area selezionata nella finestra **1**. Rilasciando il tasto destro del *mouse*, si aprirà una nuova finestra (indicata come **2**) con la regione in questione ingrandita.

Oltre alla semplice visualizzazione, il *software* permette anche di ottenere un'ampia gamma di informazioni quantitative. In questa sede, ci limiteremo a presentare la funzionalità più importante che consiste nel ricavare dei profili di sezione della

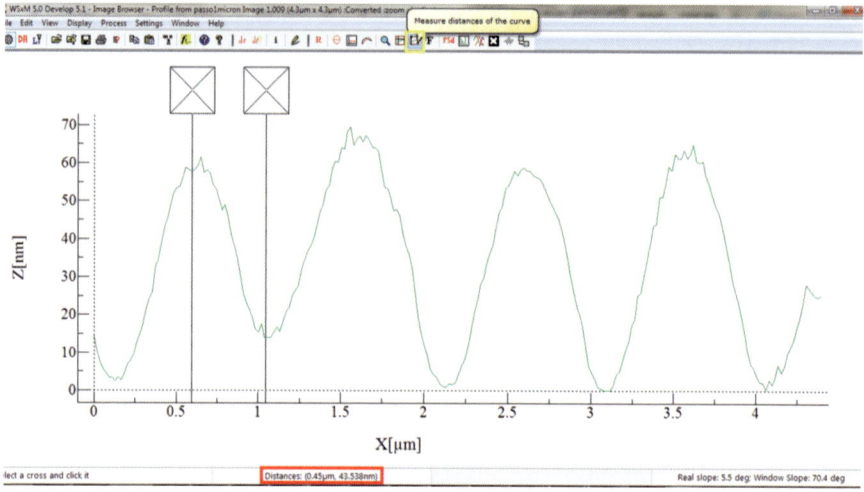

Fig. 47 Misura di parametri morfologici su un profilo

superficie lungo una direzione scelta dall'utente. Ciò permette di misurare, per esempio, l'altezza e la dimensione laterale di strutture significative che appaiono sulla superficie. Dal menu *Process*, si dovrà selezionare l'opzione *Profile*. A questo punto comparirà una schermata come quella di Fig. 46. Cliccando con il *mouse* su un punto dell'immagine (finestra **1**) e tenendo premuto il tasto sinistro, si potrà condurre una linea (blu nell'esempio) che rappresenta la direzione lungo la quale l'immagine verrà sezionata: in tempo reale la sezione risultante apparirà in una nuova finestra (**2**). Nella barra in basso, appaiono informazioni circa il profilo che si sta conducendo, come per esempio la sua lunghezza (evidenziata in rosso).

Una volta che si è deciso che il profilo ci soddisfa, cliccando il tasto destro del *mouse*, si uscirà dalla modalità *Profile*. A questo punto, l'utente potrà misurare una molteplicità di parametri del profilo cliccando sul bottone *Measure distance* (evidenziato in giallo in Fig. 47). Volendo per esempio misurare l'altezza di una delle strutture del reticolo, basterà posizionare i due cursori che compaiono nella finestra, rispettivamente, su un massimo e un minimo del profilo: la differenza di quota fra i due punti selezionati con i cursori apparirà nella barra in basso (come evidenziato in rosso). Allo stesso modo posizionandoli su due massimi adiacenti si potrà misurare il passo del reticolo.

Salvataggio delle immagini

Le immagini che aperte nelle varie finestre possono essere copiate e incollate su di un *file* di testo o una presentazione semplicemente con l'opzione *Edit->Copy*. Inoltre, le immagini si possono salvare come *file* **.stp**, da aprire successivamente con WSxM oppure come *file* **.jpg** mediante l'opzione *File->Save As*.

Bibliografia

Saleh B.E.A., Teich M.C.: Fundamentals of photonics. Wiley (1991).

Wilson J., Hawkes J.: Optoelectronics an introduction. Prentice Hall (1998).

Pollock C., Lipson M.: Integrated photonics. Kluwer Academic Publishers (2003).

Yeh P.: Optical waves in layered media. Wiley (1988).

Lifante G.: Integrated photonics: fundamentals. Wiley (2003).

Brinker C.J., Scherer G.W.: Sol-gel science. Academic Press (1990).

Wright J.D., Sommerdijk N.A.J.M.: Sol-gel materials chemistry and applications. CRC Press (2000).

Stroscio J.A.: Methods of Experimental Physics: Scanning Tunneling Microscopy. Academic Press (1993).

http://www.almaden.ibm.com/vis/stm/

http://www.nanoscience.de/nanojoom/index.php/en/

STM movies: http://people.roma2.infn.it/~nanolab/gallery1.html

http://webnemo.roma2.infn.it

L'esperienza degli *Stage a Tor Vergata* e la ricaduta sull'attività didattica

Rosalba Guadalupi
Docente di Fisica presso L'Istituto Tecnico Industriale
Liceo Scientifico Tecnologico Ettore Majorana di Brindisi

Il Liceo Scientifico Tecnologico "E. Majorana" di Brindisi partecipa al Progetto Didattico Nazionale "Stage nelle Università". Il progetto, nato nel 2010 con gli "Stage a Tor Vergata", è promosso dal MIUR, proposto dall'Università di Roma Tor Vergata e dal Comitato per lo Sviluppo della Cultura Scientifica e Tecnologica, nonché sviluppato dalla rete delle Università di Roma, l'Aquila, Camerino e Calabria. La proposta progettuale, articolata in stage invernali (febbraio) ed estivi (giugno), dal 2010 a oggi ha permesso ai partecipanti di realizzare percorsi didattici nel rispetto delle indicazioni nazionali relativi allo studio delle scienze. Tali percorsi, attraverso lo studio approfondito della matematica e delle scienze fisiche e naturali, realizzato con l'utilizzo sistematico del laboratorio, hanno messo gli alunni e i docenti nelle condizioni di approcciarsi all'acquisizione della "cittadinanza scientifica" con la consapevolezza che l'apprendimento si acquisisce con la ricerca-azione. In particolare il progetto ha permesso agli studenti di fruire delle esperienze di laboratorio nell'ambito dell'astrofisica e della scienza dei materiali in termini di saperi disciplinari, competenze analitiche e critiche nei confronti della Fisica.

In questo contesto, attraverso lo strumento metodologico del "problem-solving", è stato possibile intendere il concetto di laboratorio in modo più ampio rispetto al curricolo. Infatti gli studenti, sotto la guida di esperti universitari, hanno partecipato ad attività di ricerca che li hanno avvicinati alla scienza e al suo linguaggio spesso incomprensibile per gli iscritti al primo anno di un corso di laurea scientifica. I moduli sviluppati nei laboratori di approfondimento/orientamento sono serviti a "preparare" l'alunno allo studio universitario. In questa fase è stato fondamentale il ruolo di noi docenti referenti della scuola che abbiamo partecipato a tutti i gruppi di ricerca.

Nella sperimentazione del primo stage estivo del 2010, furono istituiti quattro gruppi di ricerca composti da studenti del IV anno di scuola secondaria di secondo grado predisposti per le scienze fisiche e con buone basi di matematica; da docenti di area scientifica, anch'essi di scuola secondaria di secondo grado, e da docenti universitari. Questi ultimi con il compito di coordinamento-guida del gruppo. I gruppi, nelle varie fasi, hanno sviluppato quattro moduli: Astrobiologia; Fisica Solare; Meccanica Celeste e Cosmologia. Gli studenti, con i loro docenti, hanno costruito delle apparecchiature con allegate le descrizioni delle esperienze didattiche:

L.M. Catena, F. Berrilli, I. Davoli, P. Prosposito, STUDENTI-RICERCATORI per cinque giorni. "Stage a Tor Vergata",
DOI: 10.1007/978-88-470-5271-0, © Springer-Verlag Italia 2013

dalla fase di progettazione a quella di svolgimento e i risultati conseguiti.

Il tutto poi è stato presentato dagli studenti in appositi incontri previsti presso l'Università Tor Vergata di Roma.

Il ruolo del docente referente

Il docente dell'area scientifica ha svolto il ruolo di coach prima all'interno del gruppo e poi all'interno del gruppo classe presso la propria scuola. L'esperienza maturata negli stages ha permesso loro di rivedere i contenuti e rivalutare l'opportunità di utilizzare le tecnologie nella prassi quotidiana. Spesso è stata utilizzata la metafora "Laboratorio" per attuare dei moduli preparatori al passaggio tra scuola e università. Infatti con il coinvolgimento degli alunni in attività sperimentali si è fatto si che il gruppo di ricerca si allenasse al problem-solving scientifico in modo da percepire il gruppo stesso come "comunità di pratica" che crea il clima positivo per la crescita di competenze significative. In questa maniera si è verificato che diventa più facile trasferire informazioni e indicazioni su metodologie, tempi, attività e impegni di un percorso universitario. Pertanto se tutto ciò viene percepito come un ampliamento dell'offerta formativa della scuola, l'attività laboratoriale diventa un utile strumento per incidere sull'approccio, sul metodo di studio, sulla conoscenza del linguaggio universitario ecc…

Un ulteriore e significativo aspetto delle attività svolte dal gruppo di ricerca è stato quello di far prendere coscienza ai giovani studenti delle enormi potenzialità delle ICT nella pratica quotidiana. In classe, prendendo spunto dallo stage, ogni alunno che ha partecipato alla ricerca a Roma, ha svolto il ruolo di "animatore" di uno dei gruppi in cui è stata divisa la classe stessa. In tal modo le tecnologie (ICT), spesso utilizzate con superficialità e in solitudine, sono diventate nel tempo strumenti di mediazione nelle relazioni tra studente-studente e tra studenti-docenti-personale della scuola. Ciò ha permesso agli alunni di essere più sereni nell'acquisire, e utilizzare, un linguaggio scientifico appropriato e corretto, per scoprire la scienza e la sua evoluzione, che non comporta necessariamente un premio o un voto.

Una testimonianza diretta

Il ruolo degli studenti è stato attivo e partecipe. Il progetto affidava agli studenti-ricercatori la scelta della modalità di comunicazione da utilizzare per il prodotto finale. I ragazzi del "Majorana" si sono subito orientati allo studio dei seguenti moduli:

- Materiali innovativi per l'astrofisica sperimentale.
- Realizzazione di Celle Solari.
- Applicazioni di nuovi materiali in dispositivi ottici integrati.

A conclusione di ciascun modulo gli studenti sono stati invitati sia a realizzare dei prototipi sia a preparare e testare dei campioni sia a produrre delle schede descrittive. Il tutto per realizzare del materiale multimediale da mettere a disposizione delle scuole partecipanti, e non solo, per dimostrazioni future e analisi delle ricadute sul curricolo. Scelto il tema un gruppo, condotto dalla docente referente, ha lavorato alla realizzazione di un telescopio sia per il fascino che esercita su di loro l'astrofisica sperimentale sia per le possibili ricadute sia i materiali a elevato contenuto tecnologico potranno avere sulla realizzazioni future. Gli studenti dell'istituto "Majorana" sono stati in grado di coordinare il lavoro e spiegare ai compagni come è stato realizzato il prototipo di cui sopra.

Sono stati organizzati alcuni incontri pomeridiani dove gli animatori hanno discusso e utilizzato il telescopio e le celle fotovoltaiche organiche.

Gli studenti, attenti e partecipi, hanno animato la discussione e non sono mancati i collegamenti con gli argomenti che vengono svolti nel curricolo. Il lavoro finale presentato agli esami di stato è stato originale e apprezzato dalla commissione esterna. Pertanto si può riepilogare il lavoro svolto attraverso le seguenti, e semplici, fasi che possono essere presi come modello di riferimento per la sperimentazione di percorsi didattici che possono svilupparsi in verticale e con una didattica laboratoriale.

Fase 1. Studio del tema, raccolta di esperienza. In questa fase gli studenti e il docente si sono preoccupati di acquisire le conoscenze sul tema in merito sia ai contenuti scientifici sia alla gestione didattica.

Fase 2. Analisi delle competenze e delle risorse, progettazione. La progettazione del prodotto da realizzare (telescopio, celle solari ecc.) è stata preceduta da un'analisi approfondita dei bisogni di tutti i soggetti coinvolti (studenti, insegnanti, ecc.) nonché delle competenze necessarie per l'obiettivo da perseguire.

Fase 3. Sperimentazione, valutazione e auto-riflessione. L'attività si è svolta sia nel contesto formale (la classe), sia in quelli informali (fuori dalla classe e/o dalla scuola) ed è stata valutata e documentata con il coinvolgimento di tutti gli attori. In questa maniera si è proceduto, tramite il confronto alla pari, ad apportare le modifiche necessarie per un buon prodotto finale incidendo sia sull'apprendimento sia sull'insegnamento.

Fase 4. Scambio di esperienze. La presentazione del prototipo realizzato è stata integrata da una discussione/valutazione sia interna che esterna alla scuola gestita con l'ausilio delle ICT.

Alcune riflessioni personali

Complessivamente l'esperienza dei gruppi è stata giudicata positivamente da tutti i soggetti coinvolti ed ha certamente inciso sulla professionalità docente in quanto per la prima volta ci si è trovati a sperimentare, contemporaneamente a livello nazionale, percorsi verticali con l'attenzione alla didattica laboratoriale e il coinvolgimento di gruppi eterogenei sia nella scuola che fuori dalla scuola (università). L'attività sperimentale di apprendimento cooperativo ha evidenziato, a mio avviso, l'importanza di tutte quelle pratiche basate sulla costruzione attiva dei saperi attraverso la cooperazione e la comunicazione attiva interpersonale. Tuttavia ancora oggi è facilmente constatabile che la pratica laboratoriale nelle nostre aule non è una prassi consolidata. Poiché il laboratorio è una innovazione didattica e metodologica che prevede il superamento del gruppo classe, ossia della lezione frontale, con un insegnamento basato sulla ricerca e sul fare, è necessario pensare a un nuovo modello didattico e una nuova figura docente. Pertanto è importante, ai fini della creazione di opportunità formative, riflettere su: l'atteggiamento del docente; l'organizzazione degli spazi; la scelta dei mediatori; la rivisitazione dei saperi; l'argomentazione e la socializzazione delle conoscenze.

Atteggiamento del docente

Il docente deve dimostrare agli alunni interesse per la disciplina che insegna in modo da motivarli alle proposte.

Gli alunni devono vivere l'esperienza giornaliera come un evento importante.

Il docente deve svolgere il ruolo di coach, ossia: predisporre il materiale adeguato, offrire suggerimenti; individuare contraddizioni ecc.

Organizzazione degli spazi

Disporre i banchi in modo da agevolare lo scambio tra alunni.

Disporre in maniera appropriata il materiale.

Rendere facilmente accessibile il materiale di consultazione.

Rendere disponibile i lavori prodotti dagli alunni.

Scelta dei mediatori

Usare con intelligenza l'informatica, senza trascurare la manualità.

Utilizzare materiali semplici e reperibili.

Utilizzare in modo appropriato materiali strutturati.

Rivisitazione dei saperi

Innestare nuovi saperi su quelli che lo studente già possiede.

Fare poche cose, ma bene.

Non accumulare conoscenze senza comprendere.

Argomentazione e socializzazione delle conoscenze

Il coach deve innescare la discussione.

L'alunno deve risolvere situazioni problematiche nuove.

L'alunno deve formulare ipotesi e argomentare sugli argomenti trattati.

Tutto ciò può essere utile per una autoformazione/formazione degli insegnanti a supporto di azioni didattiche che prevedono in classe attività di laboratorio.

Tesine per l'esame di stato

Fibre ottiche e guide d'onda

Tesina presentata all'Esame di Stato 2011/2012

Francesca Casaburi

Studentessa del Liceo L. Stefanini di Mestre (VE)

Introduzione

Ho scelto di approfondire quest'argomento sulle fibre ottiche e le guide d'onda in seguito all'esperienza di stage vissuta all'Università a Roma a Tor Vergata, durante la quale ho studiato e costruito una guida ottica.

Ritengo importante conoscere il funzionamento, la composizione e l'uso delle guide e fibre ottiche, che oggi sono usate soprattutto nella telecomunicazione.

Nel corso della storia, sin dall'antichità, un'esigenza fondamentale degli esseri umani è stata quella di ideare sistemi di comunicazione per inviare messaggi o informazioni tra luoghi distanti.

Un qualsiasi sistema di comunicazione è costituito da un canale di trasmissione che connette la sorgente alla stazione ricevente. Questi tipi di sistemi di comunicazione, generati mediante codifica dell'informazione su onde elettromagnetiche, sono da tempo utilizzati per la trasmissione dati; le onde radio, le microonde, le onde luminose e la più comune luce sono tutte onde elettromagnetiche, dette anche radiazioni elettromagnetiche. Tuttavia la trasmissione dati mediante queste onde elettromagnetiche, direttamente in atmosfera, presenta degli inconvenienti quali l'assorbimento legato a fenomeni atmosferici, come pioggia, nebbia, neve e polveri inquinanti che possono alterare la trasmissione dati. Anche se questo tipo di uso è ancora presente in vari settori della tecnologia, ha preso il sopravvento l'utilizzo di strumenti più adatti alla trasmissione di informazioni tramite segnale luminoso, tra i quali le fibre ottiche che, come vedremo, possiedono evidenti vantaggi rispetto ai cavi in rame comunemente usati. L'importanza di queste è a dir poco enorme e costituisce una vera e propria rivoluzione tecnologica nel campo delle telecomunicazioni.

In cosa consiste l'inquinamento elettromagnetico?

Quando si parla di inquinamento, generalmente ci si riferisce a sostanze già presenti in natura che, a causa dell'attività dell'uomo, aumentano sino ad alterare comple-

L.M. Catena, F. Berrilli, I. Davoli, P. Prosposito, STUDENTI-RICERCATORI
per cinque giorni. "Stage a Tor Vergata",
DOI: 10.1007/978-88-470-5271-0, © Springer-Verlag Italia 2013

tamente tutti gli equilibri naturali.

L'elettricità è uno degli elementi che esiste in natura e la cui presenza, dal dopoguerra in avanti, è fortemente aumentata sul nostro pianeta a causa, soprattutto, degli impianti di trasmissione radio e televisiva. L'inquinamento elettromagnetico deriva da radiazioni elettromagnetiche non ionizzanti, quali quelle prodotte dalle infrastrutture di telecomunicazioni come la radiodiffusione e la telediffusione (emittenti radiofoniche e televisive), ponti radio, reti per telefonia cellulare, dagli stessi telefoni cellulari, dagli apparati wireless utilizzati soprattutto in ambito informatico (campi elettromagnetici ad alta frequenza) e dalle infrastrutture di trasporto dell'energia elettrica tramite cavi elettrici percorsi da correnti alternate di forte intensità, come gli elettrodotti della rete elettrica di distribuzione (campi elettromagnetici a bassa frequenza). Per questo sarebbe vantaggioso riuscire a usare le fibre ottiche per diminuire l'inquinamento elettromagnetico, infatti in esse non circola corrente elettrica.

Per riuscire a spiegare il funzionamento delle fibre ottiche bisogna partire dalla definizione di luce.

La luce è:

• un'onda elettromagnetica;
• un flusso di energia;
• una particella priva di massa (fotone).

Spieghiamo cos'è un'onda elettromagnetica servendoci del campo elettromagnetico: in fisica, il **campo elettromagnetico** è un campo generato nello spazio dalla presenza di cariche elettriche, e può manifestarsi anche in assenza di esse, trattandosi di un'entità fisica che può essere definita indipendentemente dalle sorgenti che l'hanno generata. Si propaga per mezzo della radiazione elettromagnetica, un fenomeno ondulatorio che non richiede alcun supporto materiale per diffondersi nello spazio, e che nel vuoto viaggia alla velocità della luce.

Il campo elettromagnetico è dato dalla combinazione del campo elettrico e del campo magnetico: il campo elettrico è una grandezza fisica vettoriale che caratterizza i punti dello spazio vicino a una distribuzione di cariche elettriche, mentre il campo magnetico è un campo vettoriale generato da cariche in moto. Il campo elettromagnetico si propaga dunque sotto forma di onde elettromagnetiche; in particolare si hanno due tipologie di propagazione: la propagazione nello spazio libero (o in mezzi tenui) come quello atmosferico e la propagazione guidata in mezzi guidanti, come le guide d'onda. Un'onda elettromagnetica è soggetta a fenomeni tipici ondulatori, quali la riflessione e la rifrazione, quando il raggio di luce si sposta da un mezzo con un proprio indice di rifrazione n1 verso un secondo mezzo con indice di rifrazione n2 (n1<n2).

La **rifrazione** è la deviazione subita da un'onda che passa da un mezzo con un indice di rifrazione (n2) a un mezzo con un indice di rifrazione (n1). Sul bordo dei due mezzi la velocità di fase dell'onda è modificata, cambia direzione, e la sua lunghezza d'onda è aumentata o diminuita mentre la sua frequenza rimane costante.

La **riflessione** è il fenomeno per cui un'onda, che si propaga attraverso l'interfaccia tra differenti mezzi, cambia di direzione a causa della differenza dell'indice di rifrazione delle due sostanze.

Quando l'energia radiante incide su un corpo, una parte viene assorbita, una parte viene riflessa e una parte viene trasmessa. Per la legge di conservazione dell'energia, la somma delle quantità di energia rispettivamente assorbita, riflessa e trasmessa, è uguale alla quantità di energia incidente.

La riflessione di onde elettromagnetiche è regolata da due leggi fondamentali, ricavabili dal principio di Fermat e da quello di Huygens-Fresnel:
- il raggio incidente, il raggio riflesso e la normale al piano nel punto di incidenza giacciono sullo stesso piano;
- l'angolo di incidenza (i) e l'angolo di riflessione (r) sono uguali.

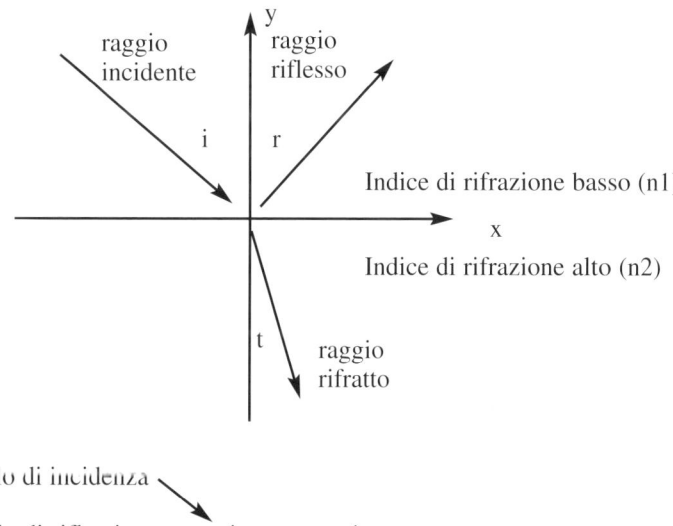

Quando l'indice di rifrazione del mezzo da cui proviene il fascio è maggiore dell'indice di rifrazione dell'altro mezzo, il raggio rifratto forma un angolo maggiore di quello del raggio incidente (t > i) e, a un certo valore dell'angolo di incidenza i, l'angolo di rifrazione t sarà pari a 90° (grado massimo). Se il raggio incidente forma un angolo di incidenza maggiore dell'angolo di rifrazione, e si supera il valore dell'angolo limite (detto anche angolo critico), tutta la luce si riflette nel mezzo di provenienza, e avviene il fenomeno della riflessione totale.

Questi fenomeni avvengono all'interno delle **Fibre Ottiche**. Queste sono filamenti di materiali vetrosi o polimerici, realizzati in modo da poter condurre al loro interno la luce. Hanno raggiunto un elevatissimo livello di diffusione soprattutto nel campo delle comunicazioni.

Le fibre ottiche sono dei cavi flessibili, immuni ai disturbi elettrici e alle condi-

Fig. 1 Fibra ottica

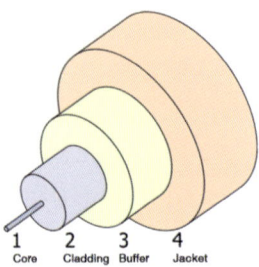

Fig. 2 Struttura di una fibra ottica

zioni atmosferiche estreme, e poco sensibili a variazioni di temperatura (Fig. 1).

La fibra ottica

Costituzione

Ogni singola fibra ottica è composta di due strati concentrici di materiale trasparente estremamente puro: un nucleo cilindrico centrale, o *core*, e un mantello o *cladding* attorno ad esso. Il core presenta un diametro molto piccolo di circa 10 μm, mentre il cladding ha un diametro di circa 125 μm. I due strati sono realizzati con materiali con indice di rifrazione leggermente diverso, il cladding deve avere un indice di rifrazione minore rispetto al core. Come ulteriore caratteristica il mantello deve avere uno spessore maggiore della lunghezza di smorzamento dell'onda evanescente.

La fibra ottica funziona come una specie di specchio tubolare. La luce che entra nel core a un certo angolo (angolo limite) si propaga mediante una serie di riflessioni alla superficie di separazione fra i due materiali del core e del cladding.

All'esterno della fibra vi è una guaina protettiva polimerica (jacket) che serve da protezione e a dare resistenza agli stress fisici e alla corrosione, ed evitare il contatto tra la fibra e l'ambiente esterno.

Il core e il cladding della fibra ottica possono essere realizzati in silice oppure in polimeri plastici.

Composizione

All'interno delle fibre ottiche sono presenti materiali vetrosi, scelti per:

- Elevata **trasparenza** nella regione spettrale del visibile e **durezza** (5-7 nella scala di Mohs).
- **Resistenza** agli agenti chimici con l'esclusione dell'acido fluoridrico che aggredisce la silice.
- **Indice di rifrazione 1,5-1,8** con specifici valori per ogni tipo di vetro.
- Capacità di sopportazione a riscaldamenti uniformi e graduali.
- Caratteristiche di bassa conducibilità elettrica e termica.

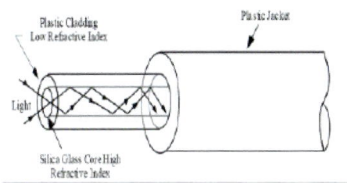 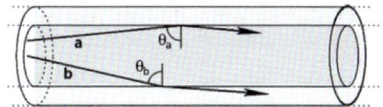

Fig. 3 Schema di funzionamento di una fibra ottica

Fig. 4 Condizione di riflessione totale all'interno di una fibra ottica

Per questo i vetri sono alla base delle fibre ottiche.

Funzionamento
Nelle fibre ottiche avviene un fenomeno di riflessione totale interna, perciò la discontinuità dell'indice di rifrazione tra i materiali del nucleo e del mantello intrappola la radiazione luminosa.

In Fig. 4 due raggi luminosi incidono sull'interfaccia tra nucleo e mantello all'interno della fibra ottica. Il fascio **a** incide con un angolo θ_a *superiore* all'angolo critico di riflessione totale e rimane intrappolato nel nucleo; il fascio **b** incide con un angolo θ_b *inferiore* all'angolo critico e viene rifratto nel mantello e quindi perso (onda evanescente). Nella rifrazione l'**angolo critico** (noto anche come angolo limite) è quell'angolo di incidenza oltre il quale si ottiene una riflessione interna totale.

L'uso nelle telecomunicazioni
Le fibre ottiche che sono già elementi essenziali nell'industria delle telecomunicazioni e delle relative comunicazioni ottiche, sono ancora in corso di ulteriore evoluzione tecnologica.

Tutte le linee logiche principali della rete telefonica e di Internet, compresi i collegamenti intercontinentali sottomarini, sono già in fibra ottica, avendo sostituito da tempo il classico cavo coassiale.

Le **comunicazioni in fibra ottica** sono l'insieme delle tecniche finalizzate a trasmettere informazioni da un luogo a un altro attraverso la propagazione di segnali ottici (luce) in una fibra ottica come mezzo trasmissivo.

I principali vantaggi delle fibre rispetto ai cavi in rame nelle telecomunicazioni sono:
- bassa perdita di energia, che rende possibile la trasmissione su lunga distanza senza ripetitori;
- grande capacità di trasporto di informazione o velocità di trasmissione;
- immunità da interferenze elettromagnetiche (la luce, infatti, rimane confinata in fibra, non si disperde all'esterno creando interferenza);
- peso e ingombro modesto;
- buona flessibilità;

- ottima resistenza a condizioni climatiche avverse;
- basso consumo d'energia perché non c'è corrente che fluisce all'interno.

Un cavo di fibra ottica, che contiene più fibre, è solitamente molto più piccolo e leggero di un filo o cavo coassiale con simili capacità di canale. È più facile da maneggiare e da installare.

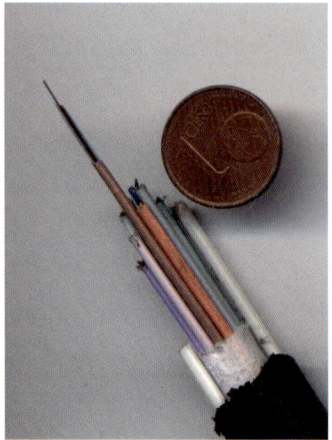

Fig. 5 Cavo composto da più fibre ottiche

La guida d'onda

Una **guida d'onda** è una struttura lineare che conduce fasci di luce all'interno di un percorso compreso fra le due estremità, consentendone così una propagazione guidata.

Ottica in guida d'onda
Si può intuitivamente pensare che il campo elettromagnetico sia confinato attraverso la "riflessione" sulle pareti della guida d'onda, causata dalla differenza dell'indice di rifrazione dei due mezzi.

In ottica integrata, la guida d'onda rappresenta l'elemento di base che viene combinato per ottenere funzioni più complesse.

Esistono diverse tecnologie che si differenziano principalmente in base al substrato utilizzato e alla tecnica usata per ottenere l'innalzamento locale di indice di rifrazione. Inoltre:

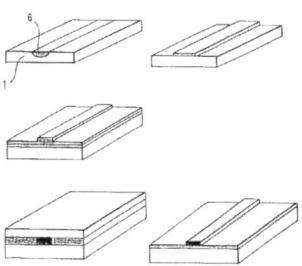

Fig. 6 Tipologie di guida d'onda

- l'ottica in guida d'onda è utile per la trasmissione di luce a lunga distanza ed ha importanti applicazioni nel campo dell'ottica integrata, consentendo di realizzare dispositivi miniaturizzati e dispositivi optoelettronici;
- l'ottica integrata è la tecnologia che integra dispositivi ottici e componenti per la generazione, la ricombinazione, la modulazione, la rivelazione di luce su un singolo substrato (chip);
- il concetto di base su cui si fonda è la riflessione totale (se l'indice di rifrazione n1 del primo mezzo è minore dell'indice di rifrazione n2 del secondo mezzo per particolari ango-

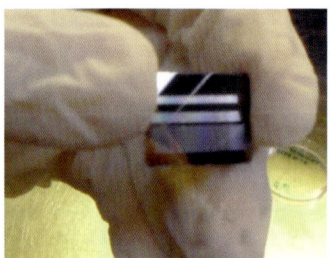

Fig. 7 Guida d'onda realizzata allo stage all'Università di Tor Vergata a Roma

li, superiori all'angolo limite, si avrà riflessione totale all'interno del secondo mezzo).

Costruzione

Durante i laboratori all'Università di Tor Vergata è stato utilizzato il metodo sol-gel per realizzare delle guide d'onda. Le fasi della preparazione sono le seguenti:

- **idrolisi**: Formazione di una sospensione colloidale di particelle solide nel liquido (Sol);

- **condensazione**: Processo di trasformazione del Sol in Gel (parte liquida);

- **essiccamento**: Trasformazione attraverso trattamenti termici in ossido ceramico (il liquido evapora e rimane un solido).

Il processo **sol-gel** costituisce uno dei principali metodi per la fabbricazione di materiali ceramici, tipicamente ossidi di metalli. Il processo prevede la formazione di sospensioni colloidali (*sol*) che costituiscono i precursori per la successiva formazione di un *gel* (un reticolo inorganico continuo contenente una fase liquida

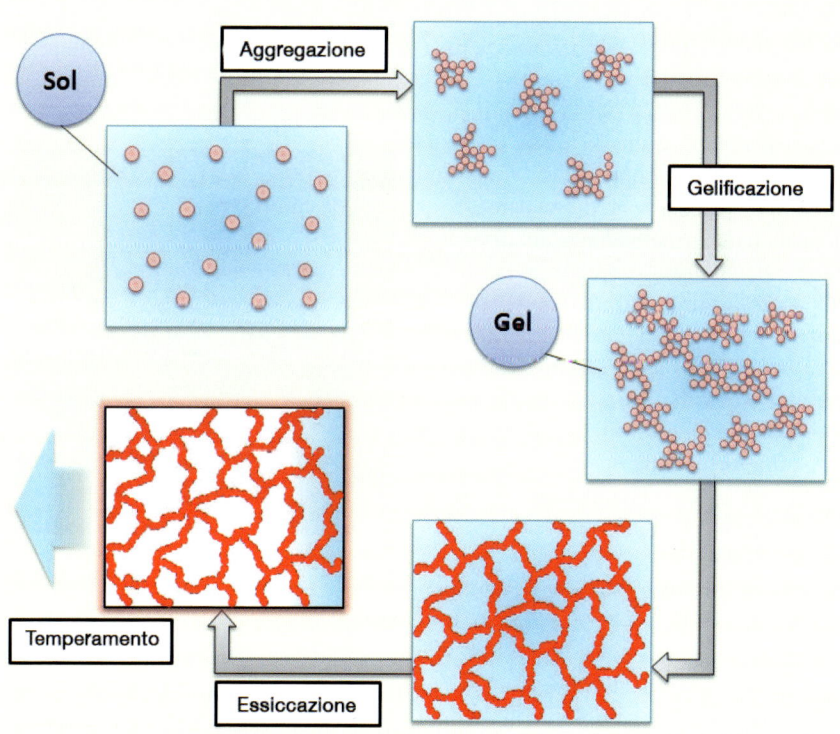

Fig. 8 Schematizzazione del processo Sol-Gel

interconnessa) attraverso reazioni di idrolisi e condensazione. Post-trattamenti termici di essiccamento e solidificazione sono generalmente impiegati per eliminare la fase liquida dal *gel*, promuovere ulteriore condensazione e incrementare le proprietà meccaniche (Fig. 6).

Com'è fatta

- Substrato di silicio;
- strato di ossido di silicio (SiO_2);
- strato Sol-Gel (TiO_2/TMSPM).

È uno strato con indice di rifrazione maggiore rispetto all'ossido di silicio e l'aria per permettere la riflessione totale, quindi la conduzione della luce.

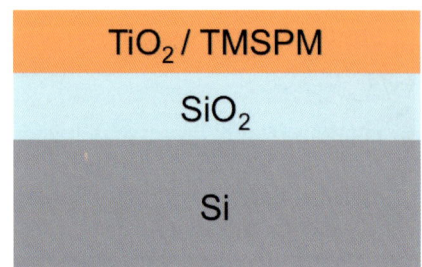

Fig. 9 Struttura di guida d'onda

Esso è formato da una parte organica (TMSPM), fotopolimerizzabile, e da una parte inorganica (ossido di titanio), che garantisce l'elevato indice di rifazione.

Fotolitografia ottica

Processo usato per la rimozione selettiva di parti del substrato. Viene usata la luce per trasferire un disegno geometrico da una maschera a una sostanza chimica sensibile alla luce (resist) stesa sopra il substrato.

La maschera è una lastra di quarzo su cui è deposto un sottile strato di Cromo, e presenta zone di trasparenza e di opacità in corrispondenza del disegno geometrico da riprodurre.

Il processo fotolitografico avviene in camera pulita per evitare che le polveri compromettano tutto il lavoro. Questo è composto di varie fasi:

- creazione di un film, cioè di un substrato formato da una parte organica (TMSPM) e da una inorganica (ossido di titanio: TiO_2), attraverso la tecnica Sol-Gel;

Fig. 10 Maschera utilizzata nello Stage

- deposizione per spinning (rotazione veloce del substrato) a 6000 giri/min;
- processo termico di pre-baking per consolidare la struttura del film;
- esposizione del campione alla luce u.v. attraverso una maschera. Le parti del substrato illuminate vengono densificate, invece quelle non illuminate vengono eliminate;

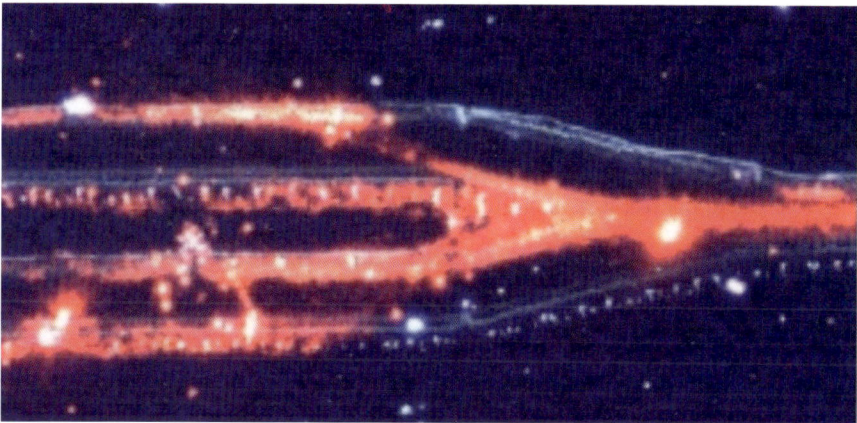

Fig. 11 Fenomeno di scattering in una struttura realizzata durante lo stage

- eliminazione del resist indesiderato mediante la soluzione isopropanolo (fase dello sviluppo);
- post-baking, ultima fase termica, per il consolidamento definitivo della struttura;
- verifica del funzionamento della struttura attraverso il microscopio ottico.

Si utilizza il microscopio ottico per osservare la qualità della guida d'onda realizzata e per incanalare al suo interno un fascio di luce che, attraverso la riflessione totale, fuoriesce al termine della guida.

Purtroppo nel nostro caso la riflessione totale non è avvenuta completamente, ma si è verificato il fenomeno dello scattering: presenza di particelle indesiderate sulle pareti di guida d'onda, non perfettamente lisce, che provocano la dispersione del raggio di luce che viaggia nella guida, nella parete frastagliata che sarà quindi visibile lungo il canale d'onda, come in Fig. 7.

Fig. 12 Microscopio ottico

Fig. 13 Fascio di luce, incanalato nella guida, che fuoriesce al termine di essa

Abbiamo riscontrato questo problema perché il processo fotolitografico non è stato effettuato solo nella camera pulita (camera esente da polveri), a causa del breve tempo a nostra disposizione, ma anche in altri luoghi dove vi era la presenza di polveri e altri agenti che hanno interferito con il nostro lavoro.

Se la riflessione totale fosse avvenuta correttamente, la luce non si vedrebbe lungo il canale, ma solo nello spot iniziale e in quello finale.

Nonostante questo, il risultato finale è più che accettabile.

Bibliografia

Bergamischini E., Magazzini P., Mazzoni L.: Fenomeni e fisica. Minerva Scuola (2008).
Documenti tratti dallo stage preso l'Università di Tor Vergata.

Sitografia

Fibra ottica, http://it.wikipedia.org/wiki/Fibra_ottica
Guida d'onda, http://it.wikipedia.org/wiki/Guida_d'onda

Studio per lo sviluppo di guide di luce canale

Tesina presentata all'Esame di Stato 2011/2012

Alessandro Sorrentino

Studente del Liceo Scientifico e Linguistico Statale di Ceccano (Frosinone)

> *Ho visto più lontano degli altri, perché stavo sulle spalle di giganti.*
>
> Isaac Newton

Solo grazie all'aiuto dei giganti (i miei professori) sono riuscito a indagare ciò che pochi considerano o reputano importante. Solo grazie a loro sono arrivato a dare importanza a un granello di polvere o a un cucchiaio di zucchero. E ora che sto crescendo anch'io non vedo l'ora di poter mostrare a chiunque lo voglia ciò che ho imparato e forse arrivare a sentirmi anch'io importante. Sentirmi anch'io un po' gigante.

L'ottica integrata è lo studio e lo sviluppo di componenti miniaturizzati su uno stesso substrato di vari elementi ottici (modulatori, rivelatori, sorgenti, filtri, ecc.) per la realizzazione dei circuiti ottici integrati.

Lo sviluppo dell'ottica integrata garantisce dei vantaggi basati su miglioramenti in termini di:
- velocità;
- costi limitati;
- basso consumo di energia;
- assenza di cross-talk (rumore o interferenza elettromagnetica tra canali contigui);
- sostituzione degli apparecchi elettronici per sistemi "All Optical".

Proprio queste caratteristiche hanno garantito il suo impiego nella tecnologia delle comunicazioni.

Il sistema di trasmissione basato sull'ottica integrata sfrutta la struttura della Guida d'onda definita come: *un dispositivo che permette di condurre fasci di luce sfruttando alcune proprietà delle onde tra cui la riflessione totale.*

All'interno dello stage, al quale ho partecipato grazie all'opportunità propostami dalla scuola, ho imparato a costruire e comprendere il corretto funzionamento della stessa.

L.M. Catena, F. Berrilli, I. Davoli, P. Prosposito, STUDENTI-RICERCATORI
per cinque giorni. "Stage a Tor Vergata",
DOI: 10.1007/978-88-470-5271-0, © Springer-Verlag Italia 2013

La guida d'onda è una componente che sfrutta la riflessione totale delle onde all'interno di un'appropriata struttura caratterizzata da un'opportuna differenza di indici di rifrazione.

$$N_1 \sin \theta_1 = N_2 \sin \theta_2.$$

Questo fenomeno si basa sulla legge di Snell. La legge di Snell descrive le modalità di rifrazione di un raggio luminoso nella transizione tra due mezzi con indice di rifrazione diverso. Se l'indice di rifrazione (n1) del primo mezzo è maggiore dell'indice di rifrazione (n2) del secondo mezzo per particolari angoli, superiori all'angolo limite, allora avviene la riflessione totale all'interno del secondo mezzo.

L'angolo critico è quell'angolo di incidenza oltre il quale si ottiene una riflessione interna totale, esso si trova tramite la legge

$$\theta_c = \arcsin(n_2/n_1)$$

dove θ_c è l'angolo critico, n_2 è l'indice di rifrazione del mezzo meno denso e n_1 è l'indice di rifrazione del mezzo più denso.

La nostra guida d'onda è stata ottenuta tramite il processo SOL-GEL che ci permette di ottenere materiali vetrosi attraverso un passaggio di stato, a temperatura ambiente, da liquido a solido di un'opportuna soluzione.

Nel nostro caso abbiamo utilizzato come base un substrato di silicio coperto da uno strato di 8 µm di ossido di silicio (SiO_2) con n_1 pari a 1,46. Su di essa abbiamo deposto uno strato di ossido di titania/TMSPM (parte inorganica/organica utile nella fotolitografia) con indice di rifrazione n2 pari a 1,53. La titania conferisce al secondo mezzo l'alto indice di rifrazione.

La preparazione di questo strato avviene grazie all'unione di due soluzioni. La prima è composta dal silicio metacrilato TMSPM con l'alcool isopropilico per diluire la soluzione e l'acido HCl diluito in acqua (0,01 molare) che funge da catalizzatore per innescare la soluzione e aumentare la velocità di reazione.

Mentre la seconda è formata dal precursore della Titania e dall'acido acetico glaciale (puro) con funzione di agente chelante che "copre" il titanio dall'aria ed evita che la reazione avvenga troppo velocemente compromettendo la stabilità e l'uniformità del materiale.

All'unione delle due soluzioni viene aggiunto l'irgacure 184 una componente sensibile alla luce ultravioletta che permetterà la condensazione di legami nella parte organica nel processo fotolitografico.

Il processo *Sol-Gel* consente la realizzazione a bassa temperatura di materiali vetrosi partendo da componenti liquidi (*precursori*). Catalizzando opportunamente una miscela di precursori ed acqua si ottiene una prima fase liquida (*sol*) che è costituita da una sospensione di particelle di dimensioni colloidali (costituite da aggregati di dimensioni dell'ordine di 1÷1000 nm).

Per condensazione delle particelle solide presenti in fase sol si arriva alla formazione di una nuova struttura, definita gel, costituita da una rete rigida con pori delle dimensioni submicrometriche immersa in una fase liquida.

Per essiccamento si ottiene poi lo strato solido finale.

Fotolitografia

La fotolitografia vuol dire disegnare con la luce, ed è il processo tramite il quale le configurazioni geometriche tracciate su di una maschera sono trasferite su un sottile strato di materiale organico, generalmente chiamato resist, sensibile alla radiazione, con il quale viene preventivamente ricoperta l'intera superficie della fetta di semiconduttore. Per generare gli elementi veri e propri, le sagome di resist devono a loro volta essere trasferite agli strati sottostanti. Questo trasferimento avviene per mezzo di un processo di incisione o attacco chimico che rimuove in modo selettivo parti non mascherate di uno strato.

Il processo fotolitografico è formato da varie fasi:

- **Pulizia.** Pulizia dello strato su cui si vuole depositare il resist (il nostro $TiO_2/TMSPM$).

- **Deposizione del resist** (deposizione del nostro resist sui due substrati di Si/SiO_2. La tecnica usata è stato lo spinnaggio, a 6000giri/minuto).

- **Pre baking** (RISCALDAMENTO). Elimina i solventi in eccesso. Nel nostro caso abbiamo deposto i campioni in forno alla temperatura di 82/83 gradi all'incirca per 80 minuti.

- **Esposizione.** Ossia l'esposizione del campione, coperto da una maschera di quarzo, alla luce ultravioletta prodotta da una lampada mercurio-xenon. La maschera è posizionata in maniera precisa sul campione grazie a degli strumenti chiamati Mask Aligner.

  Ma cosa sono le **maschere**? Sono lastre di quarzo (trasparenti nella regione spettrale di interesse) su cui è deposto un sottile (decine di nanometri) strato metallico (Cromo). Su queste vengono realizzati i disegni che si vogliono trasferire sui wafer attraverso il processo fotolitografico. I disegni sulla maschera sono realizzati di solito con litografia a fascio elettronico.

  Cos'è la **lampada mercurio-xenon**? La fotolitografia usa luce ultravioletta ($\lambda <$ 400 nm). Le lampade producono di solito spettri di radiazione ampi e si può usare un filtro per selezionare bande di energia più ristrette. Le lampade comunemente usate sono quelle a scarica di Mercurio. Per aumentare il potere risolutivo (realizzazione di strutture più piccole) si cerca di usare sempre più sorgenti con lunghezze d'onda minori (energie più alte).

- **Sviluppo del resist** il campione viene immerso nell'isopropanolo e leggermente centrifugato al fine di eliminare il resist non fissato dalla luce ultravioletta e ottenere i nostri canali.

- **Riscaldamento (Post-bake)** in forno a 120° per un'ora per irrigidire e stabilizzare definitivamente la struttura.

Tutti questi processi avvengono in camera pulita per evitare che le particelle di polvere o altro si depositino sul nostro campione compromettendo il nostro lavoro.

La guida è pronta. Tra i vari tipi di guida che possiamo osservare qui sotto la nostra è come quella nel primo disegno.

Bene siamo arrivati alla fase conclusiva della creazione della guida. Non ci resta che vedere se questa funziona.

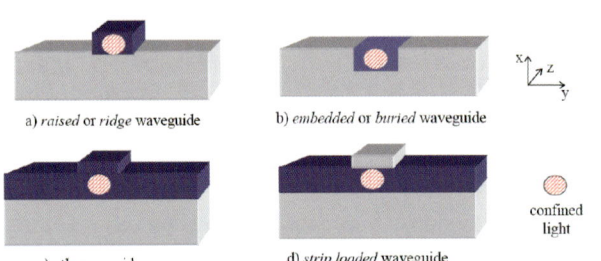

Fig. 1 Diverse tipologie di guide d'onda

Fig. 2 Guida d'onda realizzata nello stage

Sottoponiamo il nostro campione all'osservazione in maniera diretta con l'utilizzo del microscopio ricordando che l'ampiezza dei canali è determinata dal disegno impresso sulla maschera, nel nostro caso ci aspetteremo di trovare canali di ampiezze pari a 50,20 e 10 µm.

In alcuni casi questi canali possono avere delle biforcazioni (beamsplitter) così come disegnati sulla maschera.

Per verificare se la guida d'onda è efficiente ora è indispensabile immettere in uno dei canali la luce. Utilizziamo la luce rossa di un laser e uno strumento di precisione nell'ordine dei micron per immettere la luce nel canale. Affinché avvenga l'esperimento la luce deve entrare in un canale e uscire nel lato opposto, o dallo stesso canale o dalle biforcazioni createsi nel canale d'entrata.

Nell'osservazione al microscopio notiamo, che non tutta la luce resta nella guida e parte di essa viene dispersa in seguito ad un fenomeno chiamato SCATTE-RING causato dalla presenza di pareti della guida d'onda non perfettamente lisce. Ne consegue che parte del raggio incidente non viene completamente riflesso, pro-

vocando dispersione o rifrazione nella parte frastagliata.

Nonostante questa imperfezione non possiamo lamentarci. La guida d'onda che abbiamo costruito si è rivelata efficace.

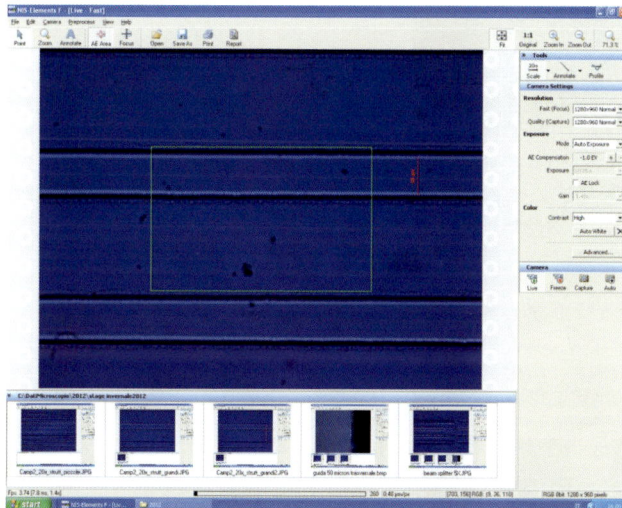

Fig. 3 Immagine della guida d'onda al microscopio ottico

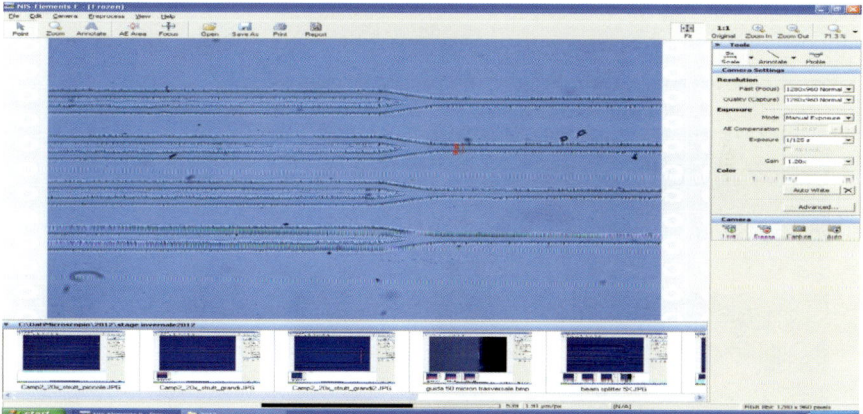

Fig. 4 Immagine del beasmsplitter al microscopio ottico

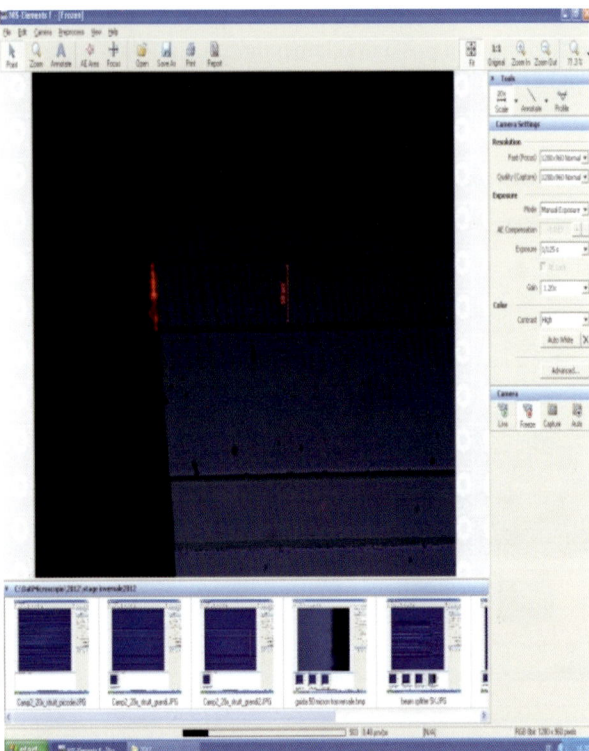

Fig. 5 Uscita della luce

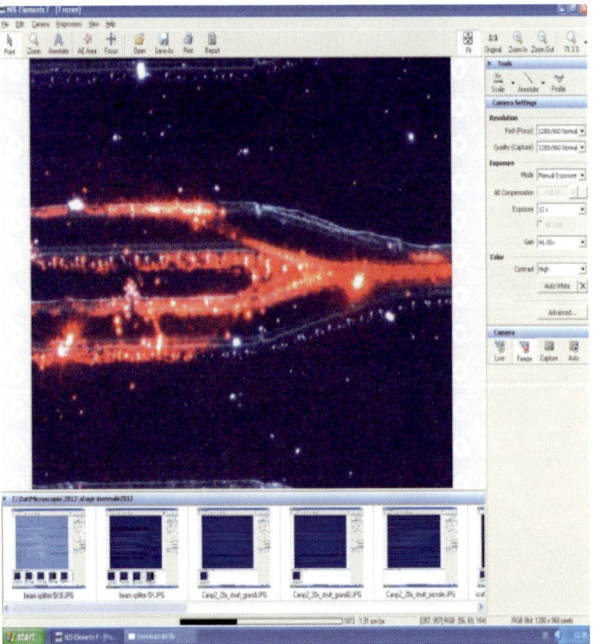

Fig. 6 Luce
nella biforcazione

Parte V

Interviste

Com'è andato lo stage? Parliamone al telefono

Sabina Simeone
Giornalista
Dipartimento di Fisica, Università degli Studi di Roma Tor Vergata

Ventitre su circa 60 ragazzi hanno raccontato la loro esperienza degli *Stage a Tor Vergata*. Voci giovani e in presa diretta, voci di chi ora è all'università o di chi ci sta ancora pensando.

Sono i ragazzi che da tutta Italia hanno raggiunto Roma, meta assegnata Università Tor Vergata, per partecipare a due settimane di stage, al termine del quarto e durante il quinto anno delle superiori. La prima settimana a giugno alla fine della scuola, la seconda settimana a febbraio dell'anno successivo, nell'inverno che guarda a una maturità vicina. Ragazzi molto spesso "eccellenze" del loro istituto, ma a volte anche studenti a cui è stata data un'opportunità da insegnanti che la sapevano lunga.

Gli anni di riferimento sono l'anno scolastico 2010-2011 e il successivo 2011-2012 e i moduli Astrofisica, Fotovoltaico e ICT.

È interessante il contributo di tutti, un tirar fuori dai denti l'esperienza vissuta, senza l'eventuale filtro di insegnanti presenti. Il telefono in questo ha aiutato a dire quello che si pensava e il tono è proprio quello della spontaneità: tanti complimenti, qualche puntualizzazione, commenti positivi, alcune note negative. Le testimonianze scorrono velocemente: risposte frizzanti a domande del tipo com'è stato lo stage, perché hai accettato di partecipare, la figura del ricercatore, la laboratorialità o metodo scientifico della sperimentazione anche oltre l'esperienza dello stage, che cosa farò da grande e via così.

Le risposte sono per ognuno concentrate in poco più di una cartella, ma valgono molto più delle righe che occupano: vanno oltre il commento allo stage, parlano del loro futuro e delle loro idee.

L.M. Catena, F. Berrilli, I. Davoli, P. Prosposito, STUDENTI-RICERCATORI per cinque giorni. "Stage a Tor Vergata",
DOI: 10.1007/978-88-470-5271-0, © Springer-Verlag Italia 2013

FOTOVOLTAICO anno 2011/2012

Erica Abena

Scuola di provenienza: Liceo Scientifico Sperimentale "Newton" - Torino
Tesina non certificata ma inerente gli argomenti dello stage
Voto di maturità: 98/100
Corso di Laurea scelto: Scienze della Formazione Primaria
Università degli Studi di Torino

Lo stage è stato un'esperienza formativa: abitando a Torino, mi ha anche permesso di vedere una città come Roma e anche dal punto di vista culturale è stata importante. Come preparazione e come spiegazione è stata interessante: io ho fatto il modulo del fotovoltaico, si è trattato di un tema molto attuale e penso uno dei più importanti per ricavare energia, in questo momento. È stato essenziale capire come funziona, perché uno vede i pannelli fotovoltaici, però poi capire come funzionano è un'altra cosa.

Mi ha colpito la parte del laboratorio: io comunque venivo da uno scientifico e avevamo i laboratori, però non erano così forniti e il fatto di creare la cella fotovoltaica nei minimi dettagli con tutte le procedure chimiche è stato veramente interessante. Nel nostro laboratorio non avremmo potuto mai farlo, non avendo le attrezzature adeguate. Quindi soprattutto il punto di vista pratico è stato veramente preparato in modo ottimo.

A scuola mi hanno chiamato e mi hanno detto "Sono stati selezionati tre ragazzi per andare giù a Roma. Sei interessata o no?" e mi hanno detto quello che si faceva. Siamo stati scelti in base al voto di Fisica del primo semestre della quarta e in base alla media totale dei voti. Ho accettato di partecipare perché mi piaceva l'argomento. Sono partita sapendo che avrei fatto un corso di Fisica, ho visto che c'era anche astrofisica, tutte materie che m'interessavano. Io non sono proprio "impallinata" con la Fisica, però mi piace tanto la scienza, e quindi m'interessava. E poi non ero mai stata all'università e quindi questa esperienza mi ha dato anche la possibilità di vedere come funziona un'università.

Mi è piaciuto come era organizzato: forse avrei messo un po' più ore di laboratorio, anche perché nei licei la parte dei laboratori viene un po' trascurata. Però era abbastanza equilibrato. Penso che sia un'opinione comune che quando uno fa le cose, riesce a capirle meglio e se le ricorda anche meglio. Difatti all'esame di maturità non ho dovuto ripassare la cella fotovoltaica, è stato naturale spiegarla! Secondo me se le cose si fanno, poi si ricordano: quindi, se anche adesso dovessero chiedermi come funziona la cella fotovoltaica, io gliela so spiegare!

Magari tra una cosa e l'altra c'era un'ora di 'buca', magari dovevamo aspettare che cuocessero i vetrini, forse si potevano ridurre le ore in generale: essendo abituata al mondo del liceo, uno fa solo il mattino e quindi il pomeriggio era un po' pesan-

L.M. Catena, F. Berrilli, I. Davoli, P. Prosposito, STUDENTI-RICERCATORI per cinque giorni. "Stage a Tor Vergata",
DOI: 10.1007/978-88-470-5271-0, © Springer-Verlag Italia 2013

tuccio. Però poi il laboratorio non era così pesante. Ma ora che faccio l'università e ho lezioni teoriche fino alle 8 di sera, posso dire che non era pesante!

Erano argomenti del tutto nuovi, allo stage abbiamo fatto delle cose che si fanno in quinta: e comunque anche quando sono ritornata a febbraio i contenuti di fisica che hanno spiegato, dovevamo ancora farli. E quindi è stato tutto nuovo.

Io ho sempre pensato che i ricercatori fossero persone che lavoravano molto in laboratorio, e quindi non ho visto un mondo diverso da quello che mi aspettavo. Il mio futuro nella ricerca? Beh, sinceramente non penso, più che altro perché io adoro i bambini e voglio insegnare la matematica e la scienza ai bambini! E quindi penso che sceglierò di fare l'insegnante in Italia e non di continuare a fare la ricerca. Più che altro, secondo me, per fare ricerca ci vuole una mente eccelsa e io non penso di avere questa mente eccelsa per la ricerca! Bisogna esser delle menti e avere tanta inventiva: io sono molto più concreta, molto più pratica…

L'iniziativa è stata molto bella: chi partecipa è veramente fortunato. Nella mia scuola eravamo mille e cento (sette o otto quinte) e hanno potuto partecipare solo tre persone. È stata bella come esperienza, la promuoverei ancora per i ragazzi del quarto e del quinto anno.

FOTOVOLTAICO anno 2010/2011

Mattia Bagnato

Scuola di provenienza: Liceo scientifico "Guerrisi" – Cittanova (RC)
Tesina non certificata ma inerente gli argomenti dello stage
Voto di maturità: 100 e lode/100
Corso di laurea: Ingegneria Gestionale
Università degli Studi della Calabria

Personalmente mi è servito molto, dal momento che vorrei prendere la specialistica in Ingegneria Energetica. Soprattutto il secondo stage, riguardante il fotovoltaico: mi ha indirizzato! E mi è stato di aiuto perché mi ha indicato una via di sbocco.

Mi ha colpito tanto lavorare con professori e ricercatori che sono a un livello avanzato, stare a contatto con i professori dell'università. Non come al liceo dove le cose vengono fatte un po' così, a Tor Vergata lavoravamo sul concreto. Io penso che soprattutto nelle scuole si dovrebbe puntare di più sul metodo scientifico e sperimentale: a scuola viene spiegata la fisica in maniera un po' superficiale e un po' noiosa. Mentre stare a contatto con i ricercatori, fare esperimenti, vedere come in realtà avvengono le cose può essere di aiuto ai ragazzi. Soprattutto materie come la chimica e la fisica sembrano noiose, ma proprio perché gli studenti non sperimentano queste materie in laboratorio. Ci si dovrebbe puntare molto di più sul fare più laboratori: non solo sui libri, teoria, teoria...

Non ricordo troppo impegnativa questa esperienza, era quasi un premio questo stage, per me non era un sacrificio arrivare dal centro fino a Tor Vergata e per quanto riguarda le ore di studio erano sufficienti e non stressanti.

Per lo stage a scuola, hanno scelto noi due ragazzi, ma non conosco i parametri della scelta. Ho accettato di partecipare perché sono stato affascinato dai temi che ci venivano proposti. Sono sempre esperienze nuove e alla fine si è rivelato la via giusta perché, ripeto, credo di prendere proprio questa strada. E personalmente è stata un'ottima iniziativa. Una bellissima esperienza, che rifarei!

Le mie prospettive sono di lavorare in qualche azienda, per quanto riguarda il fotovoltaico e le nuove energie. E se c'è la possibilità anche all'estero. Infatti sto cercando di imparare l'inglese.

L.M. Catena, F. Berrilli, I. Davoli, P. Prosposito, STUDENTI-RICERCATORI
per cinque giorni. "Stage a Tor Vergata",
DOI: 10.1007/978-88-470-5271-0, © Springer-Verlag Italia 2013

ICT anno 2011/2012

Davide Campagnano

Scuola di provenienza: Istituto Superiore "Telesi@" – Telese Terme (BN)
Tesina certificata su "Guide d'onda: elementi di base per
la trasmissione di segnali ottici"
Voto di maturità: 100/100
Corso di Laurea scelto: Agraria
Università Federico II di Napoli (sede di Portici)

Lo stage è stato interessantissimo: a livello di contenuti, perché abbiamo trattato argomenti che a scuola ancora non si trattano e poi perché abbiamo avuto un diverso rapporto con il laboratorio, cosa che è difficile che le scuole superiori offrano. I professori sono stati chiarissimi e sono riusciti ad adeguarsi a noi che venivamo da un liceo, non abituati all'ambito universitario. E ci hanno aperto nuove prospettive, mostrandoci orizzonti che penso nessuno di noi conosceva. Lì, non mi sono fermato a un lavoro teorico ma sono arrivato a un lavoro pratico.

Immaginavo dei professori molto freddi, alla lavagna, che spiegavano e facevano le lezioni molto distaccate e invece abbiamo trovato dei professori che ci sono stati vicini, che hanno creato un rapporto diretto. Il mestiere del ricercatore dal mio punto di vista è un mestiere bellissimo: è bello stare nei laboratori e cercare ogni giorno di scoprire qualcosa di nuovo. È un ambiente che in futuro anch'io cercherò di approcciare.

L'attività è stata impegnativa, ma grazie all'organizzazione non è stata molto pesante. Soprattutto la prima parte dello stage, quando vai ad affrontare una lezione universitaria, anche se non c'era quel distaco freddo del professore che ti potevi aspettare. Comunque ci impartivano lezioni come s'impartiscono all'università e all'inizio è stato un po' impegnativo: prendere gli appunti, capire…

È stata la scuola a scegliermi e io ho detto di sì perché amo le materie scientifiche e le sfide. Avevo letto delle testimonianze su internet, ho parlato anche con un mio amico che aveva partecipato allo stage l'anno precedente e quindi sono stato ulteriormente spinto a partecipare. Parere ottimo, quindi: ritengo che sia un'esperienza da fare per tutti i ragazzi. Quando si riesce a uscire fuori da quelli che sono gli schemi quotidiani della scuola in generale, ci si inizia ad aprire. E quando uno si apre e vede nuovi orizzonti, è sempre una cosa buona.

A proposito della mia scelta universitaria, io avevo le idee chiare sin dal primo e quindi questa esperienza non mi ha influenzato. La mia idea è quella di terminare i cinque anni dell'università e diventare agronomo. Successivamente, spostarmi in California e fare enologia. E poi se faccio "presto" e ho ancora la volontà di studiare, vorrei tentare un dottorato. Non ho accantonato la ricerca: anche qui stando in facoltà andiamo molto spesso in laboratorio, mi affascina molto il lato della ricerca.

L.M. Catena, F. Berrilli, I. Davoli, P. Prosposito, STUDENTI-RICERCATORI
per cinque giorni. "Stage a Tor Vergata",
DOI: 10.1007/978-88-470-5271-0, © Springer-Verlag Italia 2013

ICT anno 2010/2011

Francesco Ciulla

Scuola di provenienza: Liceo Scientifico Statale "Vito Volterra" – Ciampino (RM)
Tesina su argomenti non inerenti i temi dello stage
Voto di maturità: 100/100
Corso di laurea scelto: Ingegneria Meccanica
Università di Roma Tor Vergata

Lo stage è stato interessante e mi ha spronato a venire all'università: non ero così sicuro, avevo qualche dubbio, anche provenendo da un liceo, mi sarei messo a lavorare subito. Fisica mi piaceva, però ho deciso per Ingegneria Meccanica perché comunque ha molti esami che riguardano la Fisica.

Purtroppo ora, al secondo anno di università, ancora siamo lontani dai laboratori: ancora non ho visto l'ombra di un laboratorio, qui si leggono solo le indicazioni, per i laboratori. Però mi ha fatto molto piacere vedere la realtà sperimentale dietro gli studi, la parte teorica e anche la sperimentazione, m'è piaciuto molto, l'ICT che ho sperimentato sulla mia pelle era una cosa nuova. È stata un'esperienza positiva, senz'altro.

A scuola è passata una professoressa in aula chiedendo chi fosse interessato a fare uno stage tra quelli proposti: ho fatto richiesta perché mi è sempre piaciuta la Fisica, sarà stato anche per i professori che ho avuto a scuola, che mi ci hanno fatto appassionare. Certo, poi proseguendo gli studi, è diventata sempre più difficile, però resta comunque una materia affascinante piena di… novità.

La cosa più impegnativa è stata abbandonare le lezioni a scuola per una settimana, a ridosso degli esami di maturità. E qualche difficoltà logistica a raggiungere Tor Vergata perché vengo da lontano.

A scuola non s'era mai fatta un'attività di laboratorio così e anche gli argomenti erano abbastanza distanti: giustamente l'approccio universitario scende più nel dettaglio, mentre in classe si rimane nel generico. A proposito degli argomenti trattati nello stage, avevo sentito parlare solo di lunghezze d'onda e onde elettromagnetiche, ma senza approfondire.

Pensavo di trovarmi di fronte a una situazione completamente diversa, con professori disinteressati per i quali lo studente non conta più di tanto; invece mi sono trovato a lavorare con persone gentilissime, disponibili, che spiegavano la stessa cosa più e più volte con passione, cercavano di far capire in tutti i modi l'argomento che stavamo trattando con esempi pratici e teorici, con molta accuratezza e professionalità.

Iniziativa quindi buona, buonissima, la rifarei e la consiglierei.

La scuola che ho frequentato mi ha preparato molto bene: certamente quello che mi è piaciuto di questo stage è stato che mi ha molto tranquillizzato per quanto ri-

L.M. Catena, F. Berrilli, I. Davoli, P. Prosposito, STUDENTI-RICERCATORI
per cinque giorni. "Stage a Tor Vergata",
DOI: 10.1007/978-88-470-5271-0, © Springer-Verlag Italia 2013

guarda il mondo universitario, orari di lezioni, ecc.

In futuro vorrei lavorare in un'azienda grande: in realtà vorrei andare all'estero dopo il triennio e finire fuori la magistrale. Assolutamente nessuna paura di uscire dall'Italia: il problema è la lingua che non sia l'inglese che già un po' so, avrei qualche difficoltà con il giapponese o il tedesco che sia.

ASTROFISICA anno 2010/2011

Elvia Colella

Scuola di provenienza: Istituto di Istruzione superiore Telesi@
(liceo classico) – Telese Terme (BN)
Tesina inerente i temi dello stage
Voto di maturità: 100 e lode/100
Corso di laurea scelto: Fisica
Università degli Studi di Pisa

Lo stage del quarto anno, quello estivo, mi è piaciuto di più: proprio l'argomento era più centrato sull'astrofisica, sullo studio del Sole. Invece il secondo mi è piaciuto un po' meno, perché era legato ai materiali che si potevano utilizzare, forse più ingegneristico.

Mi è piaciuta molto l'organizzazione: si è creato un clima speciale con gli altri ragazzi e anche l'albergo era molto confortevole.

Sono venuta a sapere dello stage attraverso la preside e i professori. Ora sto facendo Fisica all'università: l'interesse già a scuola per questa materia era tanto e per questo ho chiesto di partecipare.

In pratica è stata proprio una novità: in classe, il laboratorio non era come quello che abbiamo fatto all'università. All'università eravamo in prima persona a simulare attraverso i programmi o proprio con le mani, a fare delle cose. Invece a scuola ci facevano assistere, ma era per lo più l'insegnante che svolgeva l'esperimento. Poterlo fare in prima persona penso sia una cosa importante per lo studente: capisce molte più cose e ricorda anche meglio. Quindi, è stato molto stimolante.

Lo stage è stato impegnativo ma piacevole, la mattinata e parte del pomeriggio erano dedicate a quelle attività. È stata una *full immersion*, però siccome gli argomenti erano veramente belli non si è sentita molto la fatica.

I ricercatori alla fine erano più normali di quello che credevo. Me li aspettavo un pochettino più *"nerd"* e invece…

Il parere complessivo è quindi molto positivo: è stata un'opportunità molto importante. Bisognerebbe farla fare agli studenti: più contatti hanno con l'università tanto meglio è, anche perché poi il passaggio liceo-università è difficile e avere un'idea di quello che si va a fare dopo è importante.

Se è stata un'esperienza utile, questo ancora non lo so: che cosa si fa in un laboratorio e cosa si fa in una università mi ha completamente convinto a fare la scelta che ho fatto, e anche a scegliere Fisica. Non tanto invece a livello di metodologia di studio: a scuola, il lavoro fatto in classe ha ancora grande importanza e lo stage, per quanto ti possa aver impressionato, dura solo una settimana e non porta grandi cambiamenti a livello di organizzazione mentale. Ti può convincere a intraprendere una strada, ti può far vedere che ti piace…

Io spero di rimanere all'università a fare ricerca, a fare la ricercatrice e non mi

L.M. Catena, F. Berrilli, I. Davoli, P. Prosposito, STUDENTI-RICERCATORI
per cinque giorni. "Stage a Tor Vergata",
DOI: 10.1007/978-88-470-5271-0, © Springer-Verlag Italia 2013

faccio tanti problemi, se in Italia o all'estero. Se riesco a inserirmi all'estero, mi fa-
rebbe piacere ritornare poi in Italia, dopo che uno magari è dentro l'ambiente.

ICT anno 2010/2011

Luca Di Mascolo

Scuola di provenienza: Liceo scientifico "Volterra" – Ciampino (Roma)
Tesina certificata: "Legati da una stringa"
Voto di maturità: 100 e lode/100
Corso di laurea: Fisica
Università degli Studi di Roma Tor Vergata

Secondo me lo stage è stato prima di tutto utile e poi entusiasmante: l'ho trovato utile perché sono state trattate materie mai fatte al liceo e si è avuto modo di andare un po' oltre l'aspetto didattico del libro. Il limite del liceo secondo me è che poche volte si va oltre questo muro della didattica, per motivi ovviamente legati al liceo stesso. E poi entusiasmante: per lo stesso motivo in realtà, ma - è più personale come giudizio - mi ha proprio trascinato in ogni materia trattata. La voglia di partecipare a questo stage è partita da una passione di fondo: trattare materie che non ho mai neanche visto - ad esempio, il primo stage mi ha totalmente preso, ho trattato la parte degli eso-pianeti e della vita fuori dal sistema solare – mi ha appunto colpito e sorpreso perché non mi aspettavo che si parlasse anche di questo, non mi aspettavo che esistessero degli studi in proposito. Ripeto, la cosa che più mi ha colpito è stata la possibilità di andare oltre l'aspetto puramente didattico del liceo.

Sicuramente l'incontro con i ricercatori è stato costruttivo, nel senso che per lo più ignoravo il mondo della scienza e della ricerca. Non avevo ben definita la figura del ricercatore, prima dell'incontro, soprattutto perché purtroppo secondo me la fisica a scuola è un qualcosa di totalmente aleatorio: non si pensa a fare ricerca attiva, ma è tutto molto "la fisica di Newton" ed è rimasta così, ancorata alla storia.

Per fortuna, ho avuto moto di frequentare di più il laboratorio a scuola grazie in realtà a un professore, il prof. Giorgio Malizia: con lui abbiamo fatto tante esperienze, e più che altro 'sensate'. La cosa su cui non si insiste abbastanza al liceo è utilizzare il laboratorio per l'insegnamento della fisica. Mancanza, che ho notato negli ultimi anni del liceo, in cui ovviamente cercavo di farmi un'idea sulla scelta dell'università e del mio futuro: l'idea è arrivata grazie alle esperienze esterne. Fosse stato solo per la fisica insegnata e la parte di sperimentazione del liceo, secondo me, adesso non sarei a Fisica a Tor Vergata.

Oltre ai due Stage a Tor Vergata, ho fatto un'esperienza alla Ducati con "Fisica in Moto" propostami dalla dottoressa Liù Maria Catena: e anche quello è stato entusiasmante, diciamo che già l'ambiente della Ducati crea aspettative e in più ho avuto modo di conoscere docenti e tutor che ci hanno seguito e un alto livello di formazione e di ricerca.

Negli stage ho visto una predisposizione da parte dell'insegnante a voler insegnare, o meglio al voler far partecipare noi ragazzi alla materia specifica. Secondo

L.M. Catena, F. Berrilli, I. Davoli, P. Prosposito, STUDENTI-RICERCATORI
per cinque giorni. "Stage a Tor Vergata",
DOI: 10.1007/978-88-470-5271-0, © Springer-Verlag Italia 2013

me alla base c'è questa voglia a far partecipare i ragazzi, una spinta alla divulgazione: ecco perché considero queste esperienze accoglienti. E utili, per affrontare la scelta di un futuro di studio all'uscita del liceo; costruttive, perché permettono di toccare con mano realtà mai affrontate in altri casi.

Lo stage ha decisamente influenzato la mia scelta universitaria e in parte ha influenzato anche la scelta della sede: dall'interno dell'università ho potuto vedere l'ambiente di Tor Vergata. Poi la scelta della sede è stata comunque pilotata dai vari consigli dei professori di fisica, confrontando diversi atenei.

Dico sempre che, iscrivendomi a Fisica, ho ripreso il mio grande sogno di quando ero bambino, ovvero diventare astronauta e poter entrare nei programmi spaziali, magari tra qualche anno: io ci spero! Il mio interesse riguarda tutto ciò che è del mondo dell'astrofisica e dell'astronomia: quindi studierò per avere una formazione solida riguardo l'astrofisica. Ovviamente sarebbe fantastico poter rimanere in Italia, ma l'estero non si può escludere. Adesso dire di voler restare in Italia sembra piuttosto difficile: mi sembra più facile entrare nel programma spaziale per astronauti!

FOTOVOLTAICO anno 2010/2011

Francesco Galluccio

Scuola di provenienza: Liceo Scientifico Statale "M. Guerrisi" –
Cittanova (RC)
Tesina inerente i temi dello stage
Voto di maturità: 100 e lode/100
Corso di laurea scelto: Ingegneria Energetica
Politecnico di Milano

Assolutamente un'esperienza nuova, per quanto mi riguarda, sia perché abbiamo avuto modo di entrare nell'ambito universitario - essendo liceali era un mondo completamente diverso, questo lo penso sempre e lo continuerò a dire – e poi interessante per quello che abbiamo appreso. La seconda parte è stata molto più pratica rispetto alla prima; abbiamo realizzato celle solari in laboratorio e frequentare attivamente un laboratorio per me è sempre al primo posto nella scienza.

"Mettere le mani" nella sperimentazione ancora manca molto, secondo me, in tutta Italia, soprattutto perché non sono seguite bene le esperienze di laboratorio. Si fa sempre attività di gruppo e c'è il rischio di apprendere poco o comunque di distrarsi facilmente. Cosa che invece nello stage non è successa: lì c'è stata la possibilità di sperimentare e poi lavoravamo in gruppi di due. Alla fine è stato davvero interessante.

Di solito si dice che i professori universitari siano un po' così, chiusi nel loro modo di ricerca: invece no, sono stati sempre disponibili a ogni richiesta, "alla mano", hanno voluto argomentare al meglio le cose e hanno seguito quello che facevamo. Soprattutto nella seconda parte dello stage, quando c'è stato il laboratorio didattico, siamo stati seguiti nella parte pratica e lì le cose si apprendono veramente. Le nozioni che ci sono state date quei giorni hanno completato e arricchito le cose fatte al liceo e il nostro bagaglio culturale. L'attività è stata impegnativa, molto concentrata, piena di contenuti, ma non stancante.

Non ho deciso io di partecipare! Sono stato chiamato dalla presidenza: sono stato invitato, ho accettato e mi ha fatto piacere perché già entrare all'università al quinto anno… sicuramente dietro c'era una passione. Sono partito proprio con quest'obiettivo: c'era qualcosa da scoprire, da realizzare.

Posso dire che questa esperienza ha confermato la mia scelta universitaria: le materie scientifiche mi sono sempre piaciute e la passione per la fisica c'è sempre stata. Anche all'università: la scelta che ho fatto – Ingegneria Energetica – è nata proprio con quelle celle solari fatte in laboratorio. Ancora nelle università manca tanto l'aspetto della sperimentazione: non c'è proprio la possibilità di amalgamare l'ambito sperimentale con l'ambito teorico.

Do un parere positivo allo stage perché ho avuto l'esperienza di stare nel mondo universitario, mi è servito molto. Cioè, vedere le lezioni, il metodo che poi cambierà

L.M. Catena, F. Berrilli, I. Davoli, P. Prosposito, STUDENTI-RICERCATORI
per cinque giorni. "Stage a Tor Vergata",
DOI: 10.1007/978-88-470-5271-0, © Springer-Verlag Italia 2013

dal liceo all'università e poi soprattutto nella conferma della scelta, per chi è già indirizzato alle materie scientifiche.

Dopo il triennio di Ingegneria Energetica, vorrei fare Ingegneria Nucleare e preferirei poter lavorare in Italia, anche senza precludere un'esperienza all'estero.

Successivamente alla trascrizione dell'intervista, abbiamo ricevuto da Francesco Galluccio via email un ulteriore commento agli Stage a Tor Vergata: commento ragionato, appassionato e unico. Per queste ragioni, abbiamo deciso di pubblicarlo, integralmente.

Il lavoro di laboratorio fatto presso il dipartimento di fisica riguardo le celle solari è risultato interessante e a mio parere coinvolgente, perché come le dicevo al telefono abbiamo messo mano a quello che la mente umana ha ottenuto in teoria... per dirla con Leonardo Da Vinci "la canoscenza si basa sulla sperienza"... e questo per me è un'espressione forte.

Poi è stata positiva l'esperienza perché è divenuta parte integrante della mia tesina che era tutta concentrata su argomenti di fisica, in particolare ho trattato la teoria delle stringhe; il lavoro è stato accompagnato da una lunga esposizione sulle modalità di svolgimento dello stesso e una spiegazione del funzionamento di una cella solare.

Vedere delle celle solari dal vivo, realizzate in laboratorio è stato per la commissione un'esperienza eccezionale, almeno secondo quanto detto da loro, è stata veramente apprezzata.

L'impegno e la passione per la conoscenza, vero scopo per stare dietro i banchi di scuola, che ho mantenuto in cinque anni e la tesina arricchita dall'esperienza di laboratorio mi hanno portato al cento e lode, che alla fine non per falsa modestia ma è solo un numero, tenendo ancora a precisare che lo studio non deve avere solo come scopo un valore finito (voto), bisogna mirare oltre.

La passione per le materie scientifiche e per le scienze tecniche mi ha fatto intraprendere il corso di ingegneria energetica, presso il Politecnico di Milano dove sono ora al secondo anno; voglio precisare che la scelta universitaria è stata molto influenzata dall'esperienza fatta a Tor Vergata in particolar modo dalla seconda, che ha visto come modulo le celle solari, naturalmente c'era già un'idea, ma questa esperienza mi è servita a confermarla.

Come le dicevo sempre per telefono l'esperienza fatta non solo è stata costruttiva da un punto di vista didattico ma anche come una prima visione del mondo universitario che devo dire è molto lontano da quello liceale... e se non molto quasi.

Con questo chiudo quello che è stato il mio giudizio riguardo all'esperienza di qualche anno fa, fatta a Tor Vergata con la speranza che i contatti non s'interrompano, anzi nel caso si dovesse decidere di fare come era stato detto una rivista scientifica on-line, a me farà piacere prendervi parte o qualunque altra cosa, sarò, nel limite del possibile disponibile.

FOTOVOLTAICO anno 2010/2011

Michele Grasso

Scuola di provenienza: Istituto di Istruzione Superiore "Telesi@" - Telese Terme (BN)
Tesina inerente i temi dello stage
Voto di maturità: 95/100
Corso di laurea scelto: Medicina e Chirurgia
Università degli Studi dell'Aquila

Lo stage è stata un'esperienza utilissima perché mi ha fatto comprendere cos'erano le scienze matematiche, fisiche e naturali. È stato di molta utilità nello studio successivo della Fisica: mi ha fatto avvicinare ancora di più a queste materie, ma allo stesso tempo mi ha spinto a non sceglierle come percorso universitario. Nel senso che – dal momento che sono un tipo molto pragmatico, direi anche materialista – ho visto che la difficoltà nel percorso di studi non portava a benefici nella vita futura, ma a una vita lavorativa molto difficile: essere ricercatore è sì una bella cosa, che però ti porta a tralasciare molte altre cose. Ho preso Medicina e Chirurgia e i medici hanno sicuramente più tempo libero rispetto ai ricercatori.

La nostra preside ci ha informato dello stage e ha scelto in base ai nostri voti. L'attività a Tor Vergata è stata poi impegnativa, ma abbiamo avuto dei bravissimi tutor che ci hanno aiutato e grazie a questo è stata resa leggera ed erano facilmente comprensibili tutti i passaggi. Indubbiamente istruttivo: realizzare una cella fotovoltaica non è una cosa che si sente tutti i giorni.

È stata inoltre un'esperienza a mio parere molto istruttiva: si tocca con mano prima lo studio universitario e poi anche il lavoro che verrà dopo l'università. La sperimentazione è un'attività che può essere applicata e semplifica di molto il lavoro che uno va a fare sui libri: tutto ciò che è teorico può anche annoiare una persona; mentre "vedendo con mano", nel vero senso della parola, e applicando la teoria nel laboratorio, è più facile ricordare e capire tutto alla fine. E funziona! L'ho provato anche in Anatomia.

In futuro vorrò esercitare la professione del medico: per ora sono indeciso tra cardiologia o pediatria e spero di restare in Italia, semplicemente perché l'Italia offre il miglior servizio sanitario del mondo e non c'è bisogno di andare all'estero per diventare medico d'*élite*.

L.M. Catena, F. Berrilli, I. Davoli, P. Prosposito, STUDENTI-RICERCATORI
per cinque giorni. "Stage a Tor Vergata",
DOI: 10.1007/978-88-470-5271-0, © Springer-Verlag Italia 2013

ASTROFISICA anno 2010/2011

Andrea Laurenti

Scuola di provenienza: Liceo Scientifico Tecnologico "Sarrocchi" - Siena
Tesina certificata su "Metodi di costruzione e materiali per gli specchi
dei grandi telescopi ottici"
Voto di maturità: 100 e lode /100
Corso di laurea scelto: Ingegneria Meccanica
Università degli Studi di Pisa

Lo stage è stato sicuramente molto interessante, anche perché toccava materie che a scuola non si fanno. Il primo era sulla meccanica celeste, il secondo più sulla scienza dei materiali: cose che chiaramente non si fanno a scuola.

Ho preferito il secondo stage (quello invernale, tema "scienza dei materiali in astrofisica", *ndr*): all'università ho scelto Ingegneria meccanica e quindi era più attinente allo studio dei materiali, più o meno elastici.

L'approccio che è stato riservato alle esperienze di laboratorio mi ha colpito: son cose che al primo, secondo anno di università non si fanno ancora, o solo nell'ambito di materie particolari (ad esempio, nello studio di un progetto). Ora all'università uno fa lezioni frontali e studia su un libro. Decisamente quindi la parte di laboratorio è stata la cosa più interessante.

Ci propose lo stage la nostra insegnante di Fisica. Lo disse in classe e non interessava praticamente a nessuno, eravamo solo io e un altro ragazzo. Ho voluto partecipare perché mi piaceva, era un'esperienza nuova.

Quando uno studia certe materie, sperimentare è una delle cose più utili: quando si studia Ingegneria e più in generale materie scientifiche, l'esperienza del laboratorio, per me, è fondamentale. Nella scuola che ho fatto, c'erano un sacco di laboratori, di Meccanica, di Fisica, di Chimica: erano utilissimi. Noi facevamo ore di laboratorio tutte le settimane: molto utili per capire meglio e avere un riscontro pratico di quello che uno studiava. E il laboratorio dello stage è stato migliore ancora: lì, la ricerca che viene fatta è a livello molto più alto.

Le lezioni nello stage sono state abbastanza pesanti, ma comunque si sopportavano tranquillamente, specie per noi che eravamo interessati.

Sinceramente non mi ero fatto un'idea dei ricercatori universitari: sono persone normalissime, la maggior parte sono ragazzi – almeno quelli con cui abbiamo lavorato noi – molto disponibili, simpatici con cui si stava bene insieme. E quindi il mestiere del ricercatore per me è un mestiere abbastanza normale, dopo aver studiato all'università.

Mi interessa la carriera accademica, ma più in là nel tempo: subito dopo la laurea specialistica preferirei andare a lavorare per un'azienda automobilistica – sarebbe l'ideale! - o comunque sempre nella progettazione di macchinari, anche industriali, per la produzione di pezzi meccanici.

L.M. Catena, F. Berrilli, I. Davoli, P. Prosposito, STUDENTI-RICERCATORI
per cinque giorni. "Stage a Tor Vergata",
DOI: 10.1007/978-88-470-5271-0, © Springer-Verlag Italia 2013

Tornando agli stage, secondo me è un'iniziativa molto valida che va riproposta negli anni successivi: anche solo per la tesina dell'esame di stato, per me è stato utilissimo. Per quanto riguarda la scelta dell'università, io già avevo in mente di fare Ingegneria e inizialmente ero indeciso tra navale, aerospaziale, meccanica, e quindi lo stage non mi ha influenzato più di tanto, anche se ci si è resi conto di quello che si sarebbe andati a fare.

E poi lo stage ti dà una mentalità diversa: dopo aver fatto un'esperienza del genere, quando si studia, si tende sempre a vederne il lato pratico. Quando uno ha più o meno capito come funziona un laboratorio, poi si chiede sempre "ma come sarebbe davvero?", specie studiando la teoria.

FOTOVOLTAICO anno 2010/2011

Roberta Macchia

Scuola di provenienza: I.T.I.S. "E. Majorana" (Liceo Scientifico
Tecnologico) - Brindisi
Tesina inerente i temi dello stage.
Voto di maturità: 100/100
Corso di laurea scelto: Medicina e Chirurgia
Università degli Studi "G. D'Annunzio" Chieti-Pescara

In ogni caso è stata una bella esperienza da fare: ritengo però lo stage invernale molto più interessante rispetto a quello estivo. Quello estivo trattava argomenti un po' troppo lontani da quella che era la realtà di uno studente, mentre quello invernale era più pratico. Quello che mi ha colpito di più è stato sicuramente il poter conoscere altra gente al di fuori della piccola realtà scolastica, confrontarsi con altre persone, conoscere quello che è il mondo universitario già nell'ultimo anno della scuola, rendendosi un po' conto di quello che ci aspettava una volta usciti fuori dal liceo.

Lo studente immagina il ricercatore e il laboratorio tipo film americano: ovviamente non trovi quello, perché sappiamo benissimo la situazione dell'università italiana qual è. Comunque i laboratori erano ben attrezzati. Con i ricercatori, persone "in gambissima".

Tramite la scuola, mi hanno comunicato telefonicamente che ero stata selezionata per partecipare a questo stage. E ho accettato perché mi sembrava una bella esperienza, che valeva la pena di fare. L'attività è stata stancante, molto più in estate: sono rimasta più ore al computer. Ma in generale non era una fatica insopportabile.

Al momento, non utilizzo il metodo scientifico all'università, ma credo che in futuro mi servirà: il medico non sarà uno scienziato o un ricercatore, però in ogni caso anche lui andrà a fare un tipo di diagnosi, di - chiamiamola - ricerca, comunque dovrà porsi delle domande e verificare se quello che ha ipotizzato è vero oppure falso. Quindi al momento non mi è servito, però in futuro sicuramente un minimo di strumento lo sarà.

Spero di esercitare la professione in Italia, ma vista la situazione, non so. Non mi precludo nulla: se ci si preclude qualcosa oggi, sarà difficile esercitare la professione.

L.M. Catena, F. Berrilli, I. Davoli, P. Prosposito, STUDENTI-RICERCATORI
per cinque giorni. "Stage a Tor Vergata",
DOI: 10.1007/978-88-470-5271-0, © Springer-Verlag Italia 2013

ASTROFISICA anno 2011/2012

Matteo Maffucci

Scuola di provenienza: ITIS "Galileo Galilei" - Roma
Tesina non certificata e non inerente ai temi dello stage
Voto di maturità: 68/100
Corso di Laurea scelto: Ingegneria Elettrica
Sapienza Università di Roma

È stato interessante! Erano tre corsi interessanti: mi piaceva di più quello sulle celle fotovoltaiche, comunque anche quello sull'astrofisica è stato divertente. I laboratori erano ben forniti, mentre avevo sentito in precedenza che a Tor Vergata c'erano pochi materiali e invece mi sono trovato bene, con tutta la strumentazione utile.

La scuola ci ha dato la possibilità di partecipare allo stage: i professori hanno deciso quelli tra noi che potevano saltare senza problemi qualche giorno di scuola. A differenza di quest'anno, che invece hanno organizzato un bando interno per la selezione dei ragazzi che parteciperanno alla prossima edizione dello stage.

Era tutto nuovo, diverso dal solito giorno scolastico e comunque era interessante, o così mi è sembrato di primo acchito. Quello che abbiamo fatto nel laboratorio di astrofisica non c'entrava nulla con quello che avevamo fatto a scuola, del tutto nuovo.

Era la prima volta che facevo un corso del genere: a scuola sì, però erano cose più scolastiche. Alcune parti erano pesanti e qualcosa di teorico è stato un po' noioso: ma poi quando siamo passati alla sperimentazione, al telescopio e al suo montaggio, come era composta la struttura: quello è stato bello, interessante.

I ricercatori erano persone molto alla mano: si comportavano come se fossimo amici... meglio così! Mi aspettavo invece che fossero come dei professori; avevo quindi un'idea sbagliata...

L'iniziativa dello stage è stata buona: è stata una cosa diversa rispetto alla solita presentazione dei corsi universitari, quando ti dicono "Qui facciamo questo e questo e questo". Lo stage, essendo una cosa pratica, era più addentro all'ambiente universitario e quindi l'idea che mi sono fatto dell'università è cambiata. Era un po' come un corso di orientamento e alla fine ci ha fatto conoscere l'ambiente universitario.

Sono iscritto alla Sapienza a Ingegneria Elettrica: inizialmente ero più propenso a non andare all'università. In questo stage aver incontrato anche i professori universitari mi ha dato l'opportunità di conoscere l'università in modo diverso da come la conoscevo prima. È stato un incentivo a iscriversi.

L.M. Catena, F. Berrilli, I. Davoli, P. Prosposito, STUDENTI-RICERCATORI per cinque giorni. "Stage a Tor Vergata",
DOI: 10.1007/978-88-470-5271-0, © Springer-Verlag Italia 2013

ASTROFISICA anno 2011/2012

Marco Malvindi

Scuola di provenienza: ITIS "Majorana" (liceo scientifico tecnologico) - Brindisi
Tesina non certificata ma inerente ai temi dello stage
Voto di maturità: 100 e lode/100
Corso di Laurea scelto: Ingegneria Aerospaziale
Politecnico di Torino

Lo stage è stato un'esperienza stupenda, utile per imparare qualcosa di diverso, per conoscere altra gente e nuove attività, differenti dalle attività curricolari che si fanno a scuola. Un modo per imparare nuove cose e incontrare gente diversa e comunque produrre qualcosa di utile non solo a livello teorico ma anche pratico. Appunto, abbiamo messo in pratica quello che abbiamo imparato, soprattutto nella prima parte dello stage.

È importante avere un approccio con i professori e sapersi relazionare con persone di ogni livello: si sono dimostrati tutti disponibili e pronti a ripetere ciò che non è chiaro. Abbiamo affrontato argomenti diversi dal solito programma scolastico e quindi è stato utile soprattutto per quello che sarà il nostro progetto di vita, il nostro percorso di studi.

Quello che mi ha colpito è stato in primo luogo la costruzione del telescopio, perché è difficile pensare che un ragazzo di diciotto anni riesca a costruire, ad assemblare uno strumento del genere da solo. Uno strumento poi che ci permette di osservare cose come il Sole! È stata un'esperienza utilissima osservare il Sole: i giusti strumenti, il filtro, tutte le premesse sulla pericolosità di un'osservazione solare... È stato molto gratificante poter usare quello che si è realizzato. E trovare quindi anche un'utilità in quello che si fa: altrimenti avremmo perso solo del tempo, no?

Spesso nelle scuole italiane si ha una grande conoscenza teorica, però poi si hanno poche possibilità di mettere in pratica quello che si studia; e invece lo stage è un ottimo modo per unire "l'utile al dilettevole" nel senso che un ragazzo che magari ha studiato le leggi fisiche, il comportamento dei materiali e come bisogna montare uno strumento, può davvero costruirlo e apprezzare le potenzialità dell'oggetto che ha realizzato. Vedere che c'è qualcosa di pratico, che si può riscontrare rispetto alla teoria, agli studi degli scienziati che ci hanno preceduto. Nella mia scuola in verità si fa molto laboratorio quindi non era la mia prima esperienza pratica, solo che per quanto riguarda il campo astrofisico era tutto nuovo. Posso però garantire che la mia scuola mi aveva già dato una buona preparazione per quanto riguarda l'approccio sperimentale, essendo un liceo scientifico tecnologico.

Se non la mia (avevo in realtà le idee già abbastanza chiare), credo che questa esperienza abbia influenzato la scelta universitaria di qualcun altro nello stage: ci siamo un po' confrontati, stando parecchi giorni insieme. È stato impegnativo però

L.M. Catena, F. Berrilli, I. Davoli, P. Prosposito, STUDENTI-RICERCATORI
per cinque giorni. "Stage a Tor Vergata",
DOI: 10.1007/978-88-470-5271-0, © Springer-Verlag Italia 2013

non troppo stancante: l'impegno era gratificato dai risultati. Sono state due settimane piuttosto piacevoli, sia quella estiva sia quella invernale.

Avevo conosciuto fino ad allora pochi ricercatori: sono rimasto colpito in senso positivo vista la loro grande disponibilità, la loro chiarezza. Hanno dimostrato che anche ragazzi che non hanno ancora finito gli studi nella scuola superiore possono trovare un riscontro positivo nelle esperienze che magari sono più comuni a studenti universitari.

Lo stage mi è stato proposto dai miei professori e poi tramite internet ho trovato tutte le informazioni necessarie per documentarmi. La scuola ci ha selezionati secondo un criterio, per me, corretto: una gara di Fisica. C'è stato un test e i primi tre classificati hanno potuto partecipare allo stage. Ho accettato di partecipare innanzi tutto perché, avendo scelto Ingegneria, mi piacciono le materie scientifiche: dalla Matematica alla Fisica sono materie che sento molto vicine. Poi è un'esperienza per crescere, per avere un confronto diverso dal solito, che secondo me a questa età non bisogna mai rifiutare. E quindi ho colto l'occasione al volo…

Spero di concludere gli studi di Ingegneria al più presto per poi lavorare nell'ambito aeronautico o aerospaziale. In Italia, se il mio Paese me lo consentirà e perché voglio contribuire alla crescita dell'Italia, altrimenti anche all'estero.

ASTROFISICA anno 2010/2011

Alberto Maniscalco

Scuola di provenienza: Liceo Statale "Luigi Stefanini"
(Scientifico Sperimentale) – Mestre (VE)
Tesina inerente i temi dello stage
Voto di maturità: 94/100
Corso di laurea scelto: Ingegneria dell'Energia
Università degli Studi di Padova

Lo stage è stato molto interessante e le tematiche erano diverse da quelle fatte in quarta e poi in quinta: si è messo in pratica a livello di laboratorio quello che purtroppo a scuola si studia solo a livello teorico.

Ho apprezzato la parte di sperimentazione e soprattutto il fatto che pur essendo ancora alle superiori anche con un minimo di strumentazione gli studenti potevano fare osservazioni sul Sole o avere dati sull'analisi dei materiali: verifiche che non si pensa che uno studente possa fare. Poi, invece, supportato da gente competente...

I laboratori delle scuole magari si potrebbero attrezzare con un minimo di strumentazione: anche senza spendere chissà che cifre, secondo me, si potrebbero mettere in piedi laboratori efficienti.

Sono venuto a sapere di questo stage tramite il nostro professore di Fisica che aveva contatti nell'università con un professore di Fisica solare: dato che affrontare tematiche di Fisica solare mi interessava abbastanza, ho dato la mia disponibilità. I contenuti dello stage non sono stati strettamente legati poi all'università scelta: io ero indeciso tra Fisica e Ingegneria. Ora sono a Ingegneria dell'Energia che in parte può essere legata alle energie rinnovabili.

È stata un'attività impegnativa più di quanto pensassi: ma in positivo! Dalle 9 di mattina alle 5 del pomeriggio, ma in ambiente amichevole, senza tempi morti. Uno stage organizzato molto bene.

La parte applicativa era fattibile per dei ragazzi di quarta e quinta superiore. Gli approfondimenti da parte dei professori e dei ricercatori rendevano tutto molto inerente e anzi stimolavano ancora di più quello che si era studiato in maniera molto marginale in classe.

Sperimentare è stata una cosa utile, e sarebbe utile anche ora all'università. Il problema è che ai primi anni dell'università non c'è molta attività di laboratorio. Comunque più avanti potrò applicare a livello ingegneristico quello che studio: sperimentare è utile, assolutamente.

Ho trovato persone assai competenti e valide, anche dal punto di vista del rapporto umano: persone che ci mettevano passione. Ragazzi anche giovani, di cinque/sei anni più grandi di noi, che sapevano spiegare bene l'argomento. Devo dire che il nostro gruppo è stato fortunato anche da quel punto di vista!

Vedrò se specializzarmi in energia rinnovabile o no, ma dopo penso che eserciterò

L.M. Catena, F. Berrilli, I. Davoli, P. Prosposito, STUDENTI-RICERCATORI
per cinque giorni. "Stage a Tor Vergata",
DOI: 10.1007/978-88-470-5271-0, © Springer-Verlag Italia 2013

la professione: la ricerca può essere anche interessante, ma non vorrei fare ricerca in prima persona, magari lavorare su prodotti già finiti.

Se trovassi lavoro in Italia non mi dispiacerebbe e studiando Ingegneria, anche qua si dovrebbe trovare!

FOTOVOLTAICO anno 2011/2012

Eleonora Marra

Scuola di provenienza: Liceo artistico "De Chirico" – Roma
Tesina certificata su "La conversione fotovoltaica"
Voto di maturità: 90/100
Corso di laurea: Scienza dei Materiali
Università degli Studi di Roma Tor Vergata

Alla maturità ho presentato una tesina che parlava di un percorso scolastico personale che avevo portato avanti, poi però ho aggiunto anche la tesina che racconta l'esperienza dello stage perché pensavo potesse essere utile per l'esame: e in effetti si è rivelato così! E dato che nello stage abbiamo realizzato delle celle solari fotovoltaiche in laboratorio, alla maturità ho anche portato uno dei campioni che abbiamo creato. È stata doppiamente utile come esperienza!

Mi sono iscritta al corso di laurea in Scienza dei Materiali, perché nello stage abbiamo trattato argomenti che facevano parte di questo corso di laurea: la realizzazione di celle fotovoltaiche, i materiali e le particolarità dei materiali che abbiamo usato, i vari tipi di celle. Noi infatti allo stage estivo abbiamo realizzato in laboratorio un tipo di cella che è quella che poi ho portato alla maturità e allo stage invernale ne abbiamo realizzato un altro tipo: purtroppo non ho potuto portare anche questo tipo all'esame di maturità perché c'erano pochi campioni non sufficienti per tutti.

Tutto questo semplicemente per dire che questa esperienza ha molto influenzato la mia scelta universitaria: mi è piaciuto il fatto di essere in laboratorio e creare con le mani il frutto dei propri studi. Quindi, ho voluto 'addentrarmi' meglio...

Lo stage è stato sicuramente un'esperienza che non mi sarei mai aspettata: vengo da un liceo artistico e diciamo che entrando in quel laboratorio mi si è aperto un mondo nuovo perché i laboratori della mia scuola erano utilizzati dal punto di vista artistico, con il computer si realizzavano digitalmente i disegni.

Ho accettato di partecipare allo stage un po' perché è bene comunque provare le novità; poi, nonostante io abbia scelto un liceo artistico, a me le materie scientifiche sono sempre piaciute molto, ho pensato che sarebbe stato interessante partecipare a un'esperienza del genere e quindi mi sono 'buttata nella mischia' e ne sono contenta, perché ne sono poi uscita soddisfatta. È stato impegnativo, ovviamente forse per me più che per gli altri: mentre i docenti ci facevano lezione durante lo stage, affrontavano argomenti che i ragazzi che provenivano da uno scientifico o da un istituto tecnico avevano già affrontato e io no. Ho quindi faticato un po' di più, però fondamentalmente sono riuscita a star dietro ai docenti e a comprendere le lezioni. Alla fine mi sono trovata bene anche da questo punto di vista.

Della figura del ricercatore avevo sentito parlare e non sarei mai riuscita a immaginare l'attività e il lavoro di un ricercatore finché non avessi provato questa

L.M. Catena, F. Berrilli, I. Davoli, P. Prosposito, STUDENTI-RICERCATORI
per cinque giorni. "Stage a Tor Vergata",
DOI: 10.1007/978-88-470-5271-0, © Springer-Verlag Italia 2013

esperienza. Penso che sia un lavoro appassionante che dà molte soddisfazioni dal momento che si vedono i frutti di ciò che si studia. Soprattutto si sa che quello che si studia e crea può evolvere con il tempo e quindi si possono anche apportare continui miglioramenti a ciò che si fa e questo mi colpisce molto.

Il parere sull'iniziativa è positivo perché sicuramente è un progetto che può aprire gli occhi a uno studente che magari è indeciso nelle proprie scelte. È un'esperienza che poi va fuori dal quotidiano scolastico e fa vivere in prima persona cosa si prova nel lavorare nel laboratorio e nell'università.

Quello che mi piacerebbe fare in futuro è la ricercatrice, proprio perché sono rimasta colpita da questa esperienza e penso che sia interessante riuscire a lavorare tutti i giorni in laboratorio. L'ambito ancora non l'ho chiaro in mente: penso che lo scoprirò con il tempo, ma credo che sia già importante il fatto che abbia abbastanza chiare le idee di quello che desidero fare. In Italia o all'estero, purtroppo è un'incognita perché dipenderà dalla situazione che ci sarà nei prossimi anni. Comunque a me piacerebbe rimanere in Italia.

ICT anno 2010/2011

Eleonora Matteo

Scuola di provenienza: Liceo Scientifico "A. Vallone" (indirizzo chimico) – Galatina (LE)
Tesina inerente i temi dello stage
Voto di maturità: 100/100
Corso di laurea scelto: Medicina e Chirurgia
Università di Bologna

Lo stage è stato bellissimo, un'esperienza molto interessante e mi dispiaceva che fossimo in pochi. Eravamo soltanto due della mia scuola e sarebbe stato bello coinvolgere più persone.

È stato piacevole pur essendo abbastanza impegnativo. Poi la sera abbiamo visitato la città, Roma è stupenda. È stato bello anche quello: il fatto che fosse 'a Roma'!

Ho chiesto di partecipare perché ci hanno detto che lo stage era riservato all'indirizzo chimico della mia scuola e alle persone della classe con la media più alta: io ero la seconda, la prima aveva rifiutato. E quindi, visto che mi interessava molto, ho deciso di partecipare. Mi piaceva la Fisica, in particolare l'Astrofisica e anche l'ICT.

Dello stage ho apprezzato di più il fatto che professori universitari riuscissero ad appassionare dei ragazzi più giovani, noi liceali, ad argomenti che erano molto approfonditi: cose che avevamo studiato a scuola, ma non con quel tipo di approfondimento. Sono stati bravi perché hanno reso semplici e fruibili anche a noi questi argomenti difficili.

I ricercatori? Avevo l'idea che fossero topi da laboratorio, però in realtà sono persone tranquillissime! Poi è stato bellissimo il fatto che ci abbiano fatto lavorare con strumentazioni che non si vedono tutti i giorni: ci hanno fatto entrare nel laboratorio isolato (camera pulita, *ndr*), ci hanno fatto lavorare con l'ultracentrifuga, il laser, con il microscopio elettronico… sono cose che ovviamente a scuola non si vedono e che io ho visto solo lì, è stato bello anche questo… Abbiamo partecipato alle misurazioni, facevamo esperimenti con il laser, lavoravamo col computer e partecipavamo alla misurazione.

Il metodo sperimentale ormai è una prassi convalidata, è lo strumento necessario in ogni ambito scientifico, non soltanto nella Fisica: per esempio in medicina, è necessario che si facciano delle ipotesi, poi gli esperimenti e anche la misurazione su scala: su tante persone diverse, l'esperimento si ripete tante volte per estrapolare il dato oggettivo e non soggettivo.

Il parere complessivo su questa iniziativa è ottimo, sono pienamente soddisfatta. E infatti mi ha messo un po' in crisi quando ho dovuto scegliere la strada da intraprendere in seguito. Dopo lo stage sono stati mesi difficili: mi ha entusiasmato davvero tanto.

L.M. Catena, F. Berrilli, I. Davoli, P. Prosposito, STUDENTI-RICERCATORI
per cinque giorni. "Stage a Tor Vergata",
DOI: 10.1007/978-88-470-5271-0, © Springer-Verlag Italia 2013

A scuola non si faceva molto laboratorio, soprattutto di Fisica, il laboratorio era una cosa 'così', quasi non esisteva insomma. Mentre Fisica è una materia sperimentale, va fatto il laboratorio: dovrebbe passare di più questo messaggio nelle scuole.

Da grande vorrò fare il medico, però sono orientata verso la ricerca, non verso la professione: mi piacerebbe fare ricerca nell'ambito delle neuroscienze. Ancora non so se in Italia o all'estero, certo non sono buone le premesse in Italia e quindi sto studiando le lingue!

E se si organizzano ancora queste esperienze di laboratorio a Tor Vergata, magari per laureandi, io ritorno volentieri!

FOTOVOLTAICO anno 2011/2012

Roberto Palermo

Scuola di provenienza: ITIS "Majorana" - Avezzano (AQ)
Tesina non certificata e non inerente ai temi dello stage
Voto di maturità: 100/100
Corso di Laurea scelto: Scienze Motorie
Università degli Studi dell'Aquila

Io ho fatto solo lo stage estivo perché d'inverno abbiamo avuto il problema della neve (nevicata del febbraio 2012, *ndr*) e siamo rimasti bloccati.

La parte estiva è stata molto interessante e costruttiva. Perché, a parte la teoria, la pratica è stata divertente: abbiamo potuto applicare subito le nostre conoscenze apprese in modo semplice e divertente, non è stato pesante e anche se stavamo quattro/cinque ore in laboratorio il tempo passava velocemente, costruendo celle fotovoltaiche. È stato diverso fare laboratorio all'università: eravamo meno persone rispetto alla scuola, si seguiva meglio e c'erano anche più materiali; insomma, si riusciva a fare un lavoro migliore. Eravamo gruppi da due persone mentre a scuola almeno in quattro o cinque e non tutti riescono a fare tutte le cose.

Gli argomenti proposti si basavano sull'infarinatura che ci davano a scuola però poi andavano ben oltre: noi abbiamo fatto le celle fotovoltaiche con i frutti di bosco! Cose che a scuola neanche immagini! Però a scuola avevamo già studiato il funzionamento, il passaggio degli elettroni, le nozioni di base, insomma.

Mi hanno contattato dalla scuola e mi hanno parlato dello stage: penso abbiano preso i tre migliori della scuola. Ho accettato di partecipare perché la ritenevo un'esperienza interessante, nuova, che mi avvicinava un po' all'ambiente universitario, vedere come sono fatte le università, entrare dentro un laboratorio universitario, le classi le lezioni i professori: una scoperta!

Noi abbiamo fatto lezione con dei ricercatori che erano quasi come noi: ci s'immagina il professore universitario con la barba bianca e gli occhiali che sta lì a spiegare, a parlare. Invece erano tutti ragazzi, a parte il professore di teoria, quelli che stavano in laboratorio avevano solo qualche anno più di noi. La laboratorialità è una cosa fondamentale, indispensabile, il laboratorio non dovrebbe mancare nelle scuole: questo lo dico sia perché a scuola ho fatto tanto laboratorio e poi me lo sono ritrovato, sia per l'esperienza dell'università. L'università dovrebbe incrementare le esperienze di laboratorio.

Complessivamente do un parere positivo: l'esperienza è stata ottima e la rifarei e la consiglierei assolutamente.

Io in realtà all'università avevo pensato di iscrivermi a Fisioterapia ma poi ho passato il test a Scienze Motorie: lo stage non mi è stato di aiuto per la scelta universitaria, ho scelto di testa mia. Io pratico arti marziali, faccio sport: nel futuro vorrei rimanere nello sport agonistico, fare l'atleta.

L.M. Catena, F. Berrilli, I. Davoli, P. Prosposito, STUDENTI-RICERCATORI
per cinque giorni. "Stage a Tor Vergata",
DOI: 10.1007/978-88-470-5271-0, © Springer-Verlag Italia 2013

FOTOVOLTAICO anno 2010/2011

Federica Pennarola

Scuola di provenienza: Liceo scientifico "Volterra" – Ciampino (Roma)
Tesina certificata su "Celle solari al silicio e celle di Graetzel"
Voto di maturità: 100/100
Corso di laurea scelto: Fisica
Università degli Studi di Roma "Tor Vergata"

È stato molto bello, l'ho trovato interessante perché sono temi che non avevo affrontato al liceo. Non è stato il solito sentirsi ripetere le stesse cose già conosciute, ma un informarsi, un imparare nuovo e anche interessante. Sono più predisposta per la teoria, per cui sono stata molto attratta dalle spiegazioni che mi hanno dato sul funzionamento interno delle celle solari, sulle giunzioni p-n ad esempio.

Lo stage mi è stato proposto a scuola dal mio professore di matematica. Ho detto di sì perché mi sembrava un'ottima occasione da poter prendere e mi rendeva contenta partecipare dato che comunque è stato richiesto solo agli studenti con una certa media scolastica. È stato gratificante, perché con tutte le questioni del "non dare merito" avere la possibilità di seguire uno stage se ci si è impegnati è comunque una bella iniziativa.

Lo stage è stato piacevole, bello, ma anche giustamente impegnativo: si saltava una settimana di scuola. Inoltre per capire bene e poi poter fare la tesina ci si doveva impegnare. Avevo degli elementi di base per la maggior parte delle cose, ho integrato le nozioni con nuove informazioni: per quanto riguarda ad esempio costante di Plank e corpo nero comunque li avevo trattati a scuola, non sono stata del tutto impreparata.

Nella mia scuola c'era laboratorio di fisica e c'era anche un laboratorio integrativo dopo la scuola per chi voleva seguirlo in più, una volta al mese: ma non era a livello dello stage. Gli esperimenti scolastici sono del genere caduta di un grave, rifrazione e interferenza: non sicuramente costruire una cella solare!

Io penso che la sperimentazione sia importante: facendo esperimenti si vanno a fissare certe idee e soprattutto si va a vedere, ed è entusiasmante, la teoria nella realtà. Tuttavia penso che debba essere parte integrante, ma non troppo; ovvero, penso che sia fondamentale fino ad un certo punto, comunque ci vuole una bella base teorica prima di poter affrontare un esperimento.

A me è veramente piaciuto tanto e devo dire che tra Tor Vergata e La Sapienza una bella parte di scelta è dovuta anche alla mia partecipazione allo stage. Non tanto allo stage in sé, ma nel vedere che Tor Vergata si era interessata in qualche modo a dare un certo tipo di opportunità agli studenti. E quindi mi è piaciuto il fatto che comunque è stato gratificato il merito e c'è stato modo di far avvicinare gli studenti del liceo al metodo scientifico, a un ambiente a noi lontano che è stato affascinante e bello. Poi, portando la tesina alla maturità, lo abbiamo anche divulgato tra gli altri ragazzi.

L.M. Catena, F. Berrilli, I. Davoli, P. Prosposito, STUDENTI-RICERCATORI
per cinque giorni. "Stage a Tor Vergata",
DOI: 10.1007/978-88-470-5271-0, © Springer-Verlag Italia 2013

Io avevo già incontrato altri ricercatori, partecipando a conferenze INFN e simili, ma mai così da vicino. A me è piaciuta come figura, ha rafforzato la buona idea che avevo del ricercatore che dedica la sua vita allo studio, alla sperimentazione e alle scienze in generale.

Spero in un futuro di poter diventare ricercatrice in Fisica, è il mio sogno nel cassetto. Dove? Dove c'è la possibilità: se non ci fosse la possibilità di sfruttare la mia testa in Italia, anche fuori sarebbe bellissimo lo stesso. Il luogo è indifferente, l'importante è lavorare come ricercatrice.

ICT anno 2010/2011

Veronica Pizziol

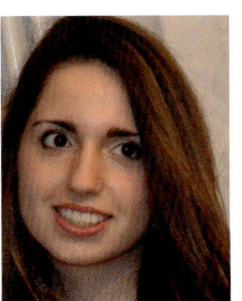

Scuola di provenienza: Liceo scientifico "Volterra" – Ciampino (Roma)
Tesina non certificata ma inerente i temi dello stage
Voto di maturità: 100 e lode/100
Corso di laurea scelto: Scienze Economiche
Università degli Studi di Roma Tor Vergata

In generale ho apprezzato tantissimo lo stage perché è stata una novità, uno stacco dal quotidiano andare al liceo. Possibilità di fare qualcosa di livello più avanzato. Per quanto riguarda l'organizzazione, tutto preciso, non ci hanno fatto mancare nulla. Quello che ricordo è che è stato bello sia la professionalità, sia i contenuti; il fatto che ci hanno fatto fare sia teoria che pratica di questi argomenti a livello avanzato. Siamo andati oltre il livello scolastico base, abbiamo potuto approfondire a livello universitario. Ricordo che nello stage invernale ci hanno fatto proprio sperimentare in laboratorio e abbiamo costruito una fibra ottica. Il bello è stato entrare nell'ambiente di ricerca oltre a quello teorico. Ma anche l'astrobiologia del primo stage 2010: è stato l'argomento della mia tesina di maturità. Forse sono più legata all'astrobiologia, il tema mi piaceva di più come argomento.

Avendo la possibilità di sperimentare sia l'ambiente universitario, che mi allettava parecchio, poi anche il fatto di fare una cosa che era offerta agli studenti più bravi, un'opportunità del genere mi ha molto interessata.

Sicuramente non è stato una passeggiata; dal punto di vista intellettivo, prendere appunti, ascoltare: sì, è stato impegnativo.

Per entrambe gli stage, abbiamo avuto una base data dal liceo: per esempio qualche base di ottica. In ogni caso era tutto a livello avanzato e quindi sì abbiamo scoperto cose nuove.

In realtà l'unico rapporto che avevo avuto con l'università era dovuto ai miei fratelli – di cui uno si è laureato in Fisica a Tor Vergata – e quindi l'avevo vista solo da lontano: pensavo fosse un ambiente più distaccato, distante. Attraverso lo stage mi sono resa conto che l'ambiente è molto più "familiare": la disponibilità nei chiarimenti, vivere a stretto contatto con i ricercatori, questo ha cambiato un po' la mia visione.

Parere complessivo direi positivo, al di là di quello che ho fatto dopo perché non ho seguito la scienza in senso stretto della parola, però la mia passione per la fisica a livello di hobby continua. A livello di maturità mi ha dato delle sicurezze in più: alla fine dello stage occorreva relazionare al pubblico quello che avevamo fatto e questa è una cosa che mi è servita e mi servirà, fare relazioni e spiegarle, come un ricercatore...

Poi la mia scelta universitaria, al liceo sono stata abbastanza indecisa: andavo molto bene e avevo molte materie che mi piacevano e non solo quelle scientifiche. E mi sarebbe dispiaciuto abbandonarle: allora ho pensato a un corso di laurea che per un

L.M. Catena, F. Berrilli, I. Davoli, P. Prosposito, STUDENTI-RICERCATORI
per cinque giorni. "Stage a Tor Vergata",
DOI: 10.1007/978-88-470-5271-0, © Springer-Verlag Italia 2013

certo periodo non avevo minimamente preso in considerazione, economia, che aveva sia materie come matematica, statistica, più scientifiche, sia materie come diritto, più legate al mondo letterario. Quindi la mia è stata una scelta "ad esclusione".

ICT anno 2011/2012

Marco Pizzo

Scuola di provenienza: ITIS "Giovanni XXIII" - Roma
Tesina certificata su "Realizzazione di guide d'onda canale,
strutture di base per l'ICT"
Voto di maturità: 84/100

Lo stage è stato interessante, molto coinvolgente, bello, divertente… è stato diverso dall'esperienza scolastica, perché a scuola sperimentavo in campi totalmente differenti da quelli affrontati all'università. Molta della strumentazione era proprio nuova per me. La prima parte dello stage di ICT, quella dove c'era la preparazione chimica, è stata più alla mia portata, visto che avevo fatto quelle cose a scuola; però tutto il resto era nuovo, mai visto, mai utilizzato. E quindi posso dire che mi ha colpito di più la parte più tecnica, rispetto ai contenuti.

L'attività è stata abbastanza impegnativa, perché era un'esperienza che prendeva gran parte della giornata: bisognava stare lì alle 10 e andar via alle 5 di pomeriggio.

Ho saputo dello stage tramite la mia professoressa di Fisica: mi ha proposto lei di fare questo stage e io ho accettato. Mi ha fatto leggere quello che si faceva: m'interessava l'idea di sperimentare nuove cose. Comunque è sempre un bagaglio di esperienze da portarsi dietro…

Quest'anno, quando nel mio istituto hanno dovuto fare la selezione degli studenti per il nuovo stage, l'ho consigliato ai ragazzi che erano un po' indecisi, dicendo che era un'esperienza per loro molto interessante, che sarebbe potuta servire anche a livello didattico e anche come persone, perché non sono cose che si possono poi rifare.

Parere molto molto positivo, quindi. L'esperienza di laboratorio è una cosa molto buona per i ragazzi, perché finché non sperimentano a livello pratico quello che gli viene insegnato, possono non capirlo. Io penso che sia molto meglio fare più pratica, che teoria.

Io non ho proseguito con l'università: è una decisione che mi porto avanti dalle medie, perché ero convinto che finite le superiori non avrei più voluto continuare negli studi. Ma successivamente mi sono detto "finita la scuola, un anno sono in pausa e poi vedo se cominciare l'università, o no". Di solito sono un ragazzo molto fermo: una volta che decido una cosa, la porto avanti. Però lo stage mi ha messo qualche dubbio e se prima ero intenzionato proprio a non fare l'università, ora sto pensando se andare a fare i test d'ingresso il prossimo anno. E penso a corsi di laurea come fisioterapia, o tecnico di laboratorio.

A oggi, "che farò da grande" è una domanda molto molto difficile cui rispondere: non ne ho la più pallida idea.

L.M. Catena, F. Berrilli, I. Davoli, P. Prosposito, STUDENTI-RICERCATORI
per cinque giorni. "Stage a Tor Vergata",
DOI: 10.1007/978-88-470-5271-0, © Springer-Verlag Italia 2013

FOTOVOLTAICO anno 2011/2012

Sara Shehata

Scuola di provenienza: Liceo Sperimentale "Stefanini" – Mestre Venezia
Tesina non certificata ma inerente ai temi dello stage
Voto di maturità: 83/100
Corso di Laurea scelto: Chimica e Tecnologia sostenibile
Università Ca' Foscari di Venezia

Lo stage era bene organizzato: la prima parte soprattutto, la seconda parte quella di febbraio, con la neve, è stata più 'movimentata'. Però anche riguardo gli argomenti affrontati, la prima parte è stata più interessante: io l'ho capita meglio rispetto a quella di febbraio.

È stato diverso rispetto alle superiori perché ero abituata diversamente. La parte di laboratorio per me non era una cosa particolare perché a scuola avevamo la materia Laboratorio di Chimica e Fisica e quindi ero abituata rispetto ad altri ragazzi dello stage. Magari a giugno ero un po' meno preparata perché gli argomenti che abbiamo sviluppato, li ho studiati dopo, in quinta. Però è stata molto diversa rispetto alla scuola la parte di teoria: non avevo mai seguito delle lezioni guardando un power point. E quindi posso dire che è stata, ripensandola adesso che sono al primo anno, una specie di preparazione all'università. Ho avuto un po' di difficoltà all'inizio nel seguire, però mi sembra che mi abbia un po' aiutato dopo, anche in quinta.

Io avevo fatto già delle Master Class a Padova in quarta liceo e il professore che organizzava gli stage ci aveva proposto diverse opportunità tra cui questo stage di Tor Vergata. Precedentemente non ero potuta andare da nessuna parte, allora è venuto da me, me l'ha proposto e sono riuscita a venire.

Ero interessata a partecipare a uno stage: se mi era stato proposto vuol dire che potevo riuscire a esserne capace. E infatti non tutti non possono farlo, sono stata orgogliosa.

L'attività è stata abbastanza impegnativa: le ore erano troppe rispetto alle superiori, non ero abituata. "Mi addormentavo" molto più nella teoria che nel laboratorio anche perché ci svegliavamo un po' presto la mattina e magari la sera facevamo un po' tardi… Non mi ero fatta un'idea di come potevano essere i professori universitari: sono sempre professori, sia delle superiori sia universitari, c'è sempre da dargli rispetto. Erano comunque molto professionali.

È un'iniziativa buonissima per i ragazzi del liceo: uno può rendersi conto prima di tutto com'è l'ambiente universitario. A me è servito perché se prima avevo un dubbio, dopo gli stage ho capito qual era la mia strada. Non parlo solo per me, ma anche per altri miei compagni di classe che hanno fatto degli stage: gli stage a Tor Vergata erano sulla Fisica e all'epoca pensavo di riuscire a fare Fisica all'università. Con gli Stage ho realizzato: "è troppo complicato per me". Comunque nel modulo del fotovoltaico c'era

L.M. Catena, F. Berrilli, I. Davoli, P. Prosposito, STUDENTI-RICERCATORI
per cinque giorni. "Stage a Tor Vergata",
DOI: 10.1007/978-88-470-5271-0, © Springer-Verlag Italia 2013

abbastanza di Chimica. A me proprio affascina la Chimica e vorrei saperne di più e quindi ho deciso di fare Chimica all'università, piuttosto che Fisica.

Da grande spero di diventare una chimica industriale e fare ricerca a livello industriale. E penso di farlo in Italia.

ICT anno 2011/2012

Alessandro Sorrentino

Scuola di provenienza: Liceo Scientifico e Linguistico di Ceccano (FR)
Tesina certificata su "Studio per lo sviluppo di guide di luce canale"
Voto di maturità: 98/100
Corso di Laurea scelto: Ingegneria Meccanica
Sapienza Università di Roma (sede di Latina)

Lo stage è stato senz'altro interessante, mi ha catturato molto. Tanto che nel periodo invernale, quando ha nevicato, dal posto in cui vivo sarebbe stato quasi impossibile arrivare, infatti i miei professori mi avevano detto che non saremmo venuti, io sono arrivato comunque a Tor Vergata nonostante ci fossero problemi, neve, vento e cose varie…

È stato bello e stimolante il fatto che ci fossero tanti ragazzi provenienti da altre scuole e che era un ambiente speciale, non la classica aula dove c'è il ragazzo interessato e quello cui non gliene frega niente. Erano tutte persone coinvolte, c'era tanto confronto, la cosa ti colpiva. Cioè, c'era tanta competitività, anche a livello di "io questa cosa la so, tu non la sai"; quando abbiamo fatto il test finale "io ho preso 30, tu hai preso 29!" Era una sfida, un confronto, ti invogliava a studiare, a seguire, a stare attento, proprio perché stavi in una classe dove c'era gente che era interessata, preparata, persone intelligenti, non l'asino o il secchione della classica aula del liceo. Un ambiente di crescita, perché se tu non sai una cosa e la chiedi a chi ti sta vicino, lui di sicuro ti sa rispondere! Qualcosa tipo i telefilm sui geni! M'ha colpito, per me è stata una bellissima esperienza!

Dello stage mi hanno riferito i miei professori: sono sempre stato appassionato di matematica, fisica, delle materie scientifiche. I professori mi hanno proposto di partecipare allo stage e io ho detto di sì. Mi allettava il fatto che mi allontanavo dalla scuola: per me entrare nell'università è stato proprio l'inizio di tutto! Quando sei in un liceo, ti viene data una preparazione complessiva, però devi fare anche quelle materie inutili … io ero sicuro sin dal primo anno del liceo che mi sarei iscritto a Ingegneria. Per me fare italiano, latino, storia era inutile: sarebbe stato meglio allora levarle e fare laboratorio: andare oltre la teoria e poter avere un riscontro di ciò che veniva spiegato. Oltre la solita frase "la matematica per andare a comprare il pane non ti serve", frase che dicono tutti e che ho detto anch'io. Invece poi mi sono ricreduto perché ho visto che la fisica ha applicazioni nelle cose di tutti i giorni e lì a Tor Vergata ne ho avuto un riscontro palese.

I contenuti dello stage erano diversi, più approfonditi, magari erano stati affrontati a scuola a grandi linee, ma lì ti colpivano. Anche la figura del professore mi ha entusiasmato: all'università lo vedo più convinto. A Tor Vergata ho visto ricercatori e professori aperti, preparati, come se anche per loro fosse una sfida. Ci mettevano tanto impegno

L.M. Catena, F. Berrilli, I. Davoli, P. Prosposito, STUDENTI-RICERCATORI
per cinque giorni. "Stage a Tor Vergata",
DOI: 10.1007/978-88-470-5271-0, © Springer-Verlag Italia 2013

per cercare di farti capire.

Lo stage è stato un'arma a doppio taglio! Perché all'esame di maturità io ho portato soltanto Fisica e soltanto quello che avevo fatto là. Non è stata la classica tesina in cui metti tutte le materie per evitare che ti facciano domande, io mi sono presentato con i contenuti dello stage e alla fine è stato pure positivo perché ho lasciato tutti stupefatti e non mi hanno fatto altre domande.

L'attività dello stage non è stata pesante perché non sei sempre seduto al banco, piegato e ti viene la gobba: a quelle due ore di teoria, seguiranno due ore di laboratorio che ti fanno svagare e ti mettono pure curiosità.

Diciamo che lo stage non ha influenzato la scelta universitaria, ma l'ha rafforzata: avrei comunque scelto materie scientifiche. E mi sono iscritto a Ingegneria solo per una questione di lavoro per il futuro, perché se avessi dovuto scegliere ciò che realmente mi piaceva avrei fatto Fisica o Chimica.

Vorrei fare l'ingegnere quindi, all'estero e a breve inizierò a fare un corso di inglese approfondito. Il mio sogno sarebbe quello di andare a lavorare all'ESA, l'Agenzia Spaziale Europea.

ICT anno 2010/2011

Giulia Speculatore

Scuola di provenienza: ITIS "Giovanni XXIII" (Liceo Scientifico Tecnologico) - Roma
Tesina su argomenti non inerenti i temi dello stage
Voto di maturità: 84/100
Corso di laurea scelto: Scienze Infermieristiche
Università Cattolica del Sacro Cuore di Roma

Lo stage è stato interessante, mi è piaciuto. Soprattutto la collaborazione tra persone che non si conoscevano, professori, altri ragazzi dell'età nostra: si era creato un clima molto favorevole.

La professoressa di Fisica ha chiesto in classe a chi poteva interessare e a me interessava. Mi colpiva l'esperienza nuova, il fatto che ero ancora al liceo e qui c'era invece l'università. Conoscere l'università, conoscerne la struttura e quello che si fa al suo interno, pur non essendo un'amante della Fisica.

I laboratori della scuola non hanno niente a che vedere con quelli dell'università: dove andavo io tante volte non erano attrezzati, non c'era neanche il materiale. L'esperienza dello sperimentare a me è piaciuta tantissimo, così non l'avevo mai fatta. Non è stato molto impegnativo, anche perché erano argomenti che non avevo mai fatto: lo rifarei.

Il ricercatore è sottovalutato e gli si dà poca credibilità ed è dimostrato dai pochi fondi che ha l'università: credo che bisogna dare più spazio alle persone che lavorano in questo campo come in tutti i campi della ricerca. Venendo da scuola, immaginavo che il ricercatore fosse una figura altamente professionale e questo è stato confermato. Parere complessivo dell'iniziativa, da 1 a 10? 10!

Lo stage non ha influenzato la mia scelta universitaria: la Fisica era un qualcosa che io studiavo al liceo perché ero obbligata ma non l'avrei mai presa. Andavo bene nella materia perché ero studiosa. Ora studio e lavoro in un ospedale e non frequento laboratori, ma il metodo sperimentale lo applico tutt'ora nel senso che noi facciamo un'ipotesi su un paziente, verifichiamo e "sperimentiamo" la cura migliore per lui. In questo senso il metodo di ricerca è rimasto e credo che sia utile un po' in tutte le cose.

Spero di fare l'infermiera e forse sono più orientata ad andare all'estero, conoscendo l'inglese.

L.M. Catena, F. Berrilli, I. Davoli, P. Prosposito, STUDENTI-RICERCATORI
per cinque giorni. "Stage a Tor Vergata",
DOI: 10.1007/978-88-470-5271-0, © Springer-Verlag Italia 2013

ASTROFISICA anno 2011/2012

Andrea Strazzulla

Scuola di provenienza: Liceo scientifico "Volterra" - Ciampino (Roma)
Tesina non certificata e non inerente i temi dello stage
Voto di maturità: 100/100
Corso di Laurea scelto: Informatica
Università degli Studi di Roma Tor Vergata

È stato abbastanza divertente e sicuramente molto interessante per diversi motivi: abbiamo incontrato ragazzi da tutta Italia e poi si parlava di cose che al liceo normalmente non si fanno. Argomenti che assolutamente non avevo trattato: ho fatto lo stage di fisica solare e l'ho fatto a cavallo tra il quarto e il quinto e per lo meno all'epoca non c'era Scienze della Terra prima del quinto anno e quindi non sapevo nulla in proposito.

Dello stage mi ha colpito proprio l'atteggiamento, diverso da quello delle lezioni, tanto da quelle del liceo, che da quelle dell'università: è stata una cosa "quasi tra amici". Oltre ai professori, i ricercatori avevano quasi la nostra età: e questo non mi ha sorpreso, perché mi aspetto dai ricercatori universitari che siano ragazzi che hanno fatto l'università e restano nell'ambiente. Hanno una grossa affinità con la ricerca. Sono ragazzi molto attivi e intelligenti.

Di quest'opportunità mi ha informato la mia scuola: alcuni professori si occupavano dello stage da tempo e mi hanno chiesto se ero interessato a partecipare. Ho aderito perché mi sembrava un'esperienza interessante, non è una cosa che capita tutti i giorni e magari poteva esser utile per dopo.

A scuola, ogni tanto andavamo in laboratorio di Fisica, ma non è che avessimo mai fatto cose molto importanti e difficilmente poi le facevamo di persona: c'era il tecnico di laboratorio…

Devo dire che nel mio stage non c'era moltissimo laboratorio. Cioè, la parte di laboratorio era montare un telescopio: gli altri hanno costruito celle solari e la loro forse è stata un'esperienza un po' più applicativa. Invece il nostro, alla fine, era come montare un mobile. E la teoria che c'era 'dietro' non era direttamente collegata con lo strumento: cioè il telescopio è stato il mezzo per vedere ad esempio le macchie solari e questo è stato molto interessante. Quanto a montare il telescopio in sé, non è che fosse così stimolante…

È ovvio che quando si fa qualcosa di nuovo ci vuole l'impegno mentale, però non è che fosse impossibile o eccessivo: insomma, era sostenibile.

Personalmente sono rimasto molto soddisfatto perché è stata un'esperienza particolare che secondo me è giusto far fare ai ragazzi: un approccio un po' diverso al mondo universitario. Mi è sembrata un'iniziativa molto bella.

Questa esperienza non ha influenzato la scelta universitaria. Io già da tempo avevo in mente di iscrivermi a Informatica e mi sono difatti iscritto a Informatica, a Tor Vergata.

L.M. Catena, F. Berrilli, I. Davoli, P. Prosposito, STUDENTI-RICERCATORI
per cinque giorni. "Stage a Tor Vergata",
DOI: 10.1007/978-88-470-5271-0, © Springer-Verlag Italia 2013

Finito di stampare nel mese di aprile 2013